Visio

图形设计从新手到高手

（兼容版）

宋翔◎编著

清华大学出版社

北 京

内容简介

本书详细介绍了在Visio中制作图表所需要掌握的相关技术，以及制作常用类型图表的方法和技巧。全书共10章，内容主要包括绘图前需要了解的基本概念、绘图文件和绘图页的基本操作与管理、自定义设置Visio绘图环境、形状的基本概念和特性、绘制与编辑形状、选择文本、输入与编辑文本、设置文本格式、绘制与连接形状、选择形状、调整形状的大小和位置、设置形状的布局和行为、使用容器对形状分组、使用图层管理形状、设置形状的边框和填充效果、为形状添加数据、使用数据图形显示数据、使用主题和样式设置绘图格式、链接和嵌入其他程序文件、创建和编辑Excel图表、与AutoCAD进行整合、创建常用类型的图表等。

另外，本书附赠案例源文件、重点内容的多媒体视频教程、Windows 10多媒体视频教程及教学PPT课件，读者可扫描前言中的二维码获取。

本书概念清晰，图文并茂，技术与案例并重，结构紧密，系统性强，注重技术细节的讲解；避免内容冗余重复以便节省篇幅。本书适合所有使用Visio进行图形图表设计的人员阅读，也适合对Visio图形图表设计有兴趣的读者阅读，还可作为各类院校和培训班的Visio教材。

图书在版编目（CIP）数据

Visio图形设计从新手到高手：兼容版 / 宋翔编著. —北京：清华大学出版社，2020.5（2022.8重印）

ISBN 978-7-302-55056-3

Ⅰ.①V… Ⅱ.①宋… Ⅲ.①图形软件－教材 Ⅳ.①TP391.412

中国版本图书馆CIP数据核字（2020）第040730号

责任编辑： 张　敏
封面设计： 杨玉兰
责任校对： 徐俊伟
责任印制： 宋　林

出版发行： 清华大学出版社
网　　址：http: //www.tup.com.cn，http: //www.wqbook.com
地　　址：北京清华大学学研大厦A座　　邮　　编：100084
社 总 机：010-83470000　　邮　　购：010-62786544
投稿与读者服务：010-62776969，c-service@tup.tsinghua.edu.cn
质量反馈：010-62772015，zhiliang@tup.tsinghua.edu.cn
印 装 者：天津鑫丰华印务有限公司
经　　销：全国新华书店
开　　本：185mm×260mm　　印　　张：14.75　　字　　数：387千字
版　　次：2020年7月第1版　　印　　次：2022年8月第4次印刷
定　　价：59.80元

产品编号：077609-01

前言 PREFACE

编写本书的目的是帮助读者快速掌握Visio绘图技术，使用Visio制作常用类型的图表，并可达到举一反三的效果，以便制作出类型更广泛的图形和图表。与市面上的同类书相比，本书具有以下几个显著特点：

1．概念清晰，图文并茂，技术与案例并重

本书不仅介绍Visio绘图的相关概念和操作方法，还介绍了使用Visio制作常用类型的图表的方法和技巧，以及需要注意的问题。同时配合大量的图解图示，使读者可以轻松学习和掌握书中的内容。

2．结构紧密，系统性强，注重技术细节的讲解

本书结构紧密，系统性强，注重对很多重要知识点细节上的讲解，而非同类其他书籍中的“走流程”“流水账”式的简略描述。这里举几个例子：

- 在介绍选择文本的方法时，详细说明了使用指针工具、文本工具和文本块工具的操作方法和区别，这些内容在同类书中只是简单介绍且没有指出它们之间的区别。
- 本书对文本和文本块之间的区别进行明确和详细的说明，同类其他书籍中基本没有说明。
- 在讲解将数据自动链接到多个形状的内容时，本书详细讲解了操作步骤，以及链接过程中字段匹配的具体条件和链接后的不同结果。在同类其他书籍中这些内容只是粗略提及或一笔带过，对读者没有起到任何帮助。
- 在介绍使用向导自动创建组织结构图时，对数据源必须具备的几个条件进行了详细说明，同类其他书籍中并未对此进行介绍，这样就会导致读者在创建过程中遇到各种问题并出现错误。

3．避免内容冗余重复，节省篇幅

本书在讲解技术点和案例操作步骤时，尽量避免在书中出现重复描述的情况，避免冗余内容，使全书内容非常紧凑，有效节省篇幅。

4．提示、技巧和注意

全书随处可见的提示、技巧和注意等小栏目，可以及时解决读者学习过程中遇到的疑难问题，同时提供一些技巧性的操作。

本书以Visio 2016为主要操作环境，但内容本身同样适用于Visio 2019以及Visio 2016之前的Visio版本，如果您正在使用Visio 2007/2010/2013/2019中的任意一个版本，那么界面环境与Visio 2016差别很小。本书共10章，各章内容的简要介绍如下表所示。

章　名	简　介
第 1 章 快速了解 Visio	主要介绍 Visio 的背景信息，以及绘图前需要了解的基本概念
第 2 章 使用与管理绘图文件和绘图页	主要介绍绘图文件和绘图页的基本操作、使用与管理方法
第 3 章 自定义绘图环境	主要介绍自定义 Visio 绘图环境的方法，包括功能区界面、形状、模具、模板等
第 4 章 绘制与编辑形状	主要介绍 Visio 中的形状的基本概念和特性，然后从多个方面详细介绍在 Visio 中绘制与编辑形状的方法
第 5 章 在绘图中添加文本	主要介绍在绘图中使用文本的方法，包括添加文本、选择文本、编辑文本、查找和替换文本、设置文本格式等
第 6 章 在绘图中使用图片	主要介绍在绘图中添加与设置图片的方法
第 7 章 为形状添加和显示数据	主要介绍在 Visio 中为形状添加数据，以及使用数据图形显示数据的方法
第 8 章 使用主题和样式改善绘图外观	主要介绍在 Visio 中使用主题和样式设置绘图格式的方法
第 9 章 链接和嵌入外部对象	主要介绍在 Visio 中链接和嵌入其他程序文件的方法，并介绍在 Visio 中创建和编辑 Excel 图表，以及与 AutoCAD 进行整合的方法
第 10 章 Visio 在实际中的应用	主要介绍常用图表的创建方法，包括框图、流程图、组织结构图和网络图

本书适合以下人群阅读：

- 以 Visio 为主要工作环境进行图形图表设计的各行业人员，包括商务办公人员、项目企划专员、网络组建人员、软件设计和开发人员、建筑工程设计人员。
- 使用 Visio 制作流程图、组织结构图、日程安排图、项目进度图、灵感触发图、网络图、UML 用例图、软件开发界面图、数据库模型、建筑和工程规划图等的用户。
- 对 Visio 有兴趣或希望掌握 Visio 绘图技术的用户。
- 在校学生和社会求职者。

本书附赠以下资源，读者可扫描下方二维码获取相关资源：

- 案例源文件。
- 重点内容的多媒体视频教程。
- Windows 10 多媒体视频教程。
- 教学 PPT 课件。

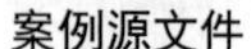
案例源文件

视频教程

PPT 课件

作者为本书建立了读者 QQ 群，群号是 102590806，加群时请注明“读者”以验证身份。读者也可以从群文件中下载本书的配套资源，如果在学习过程中遇到问题，也可以在群内与作者进行交流。

编　者

2020 年 4 月

目录 CONTENTS

第1章

快速了解 Visio

作为全书的第 1 章，本章主要介绍 Visio 的一些背景信息，以及绘图前需要了解的基本概念，这些内容可以为读者快速建立 Visio 绘图的基本框架与核心思想，为后面的学习打下基础。

1.1　Visio 简介

本节将对 Visio 的应用领域、版本及 Visio 文件格式进行简要介绍，使读者对 Visio 有一个初步的了解。

1.1.1　Visio 的应用领域

由于 Visio 内置了针对各行各业、不同用途的图表模板，因此，Visio 广泛应用于多个领域。

- 项目管理：通过“日程安排”模板类别中的甘特图、PERT 等模板，可以创建项目进度、工作计划等项目管理模型，从而对项目流程进度进行更好的设计和管理。
- 企业管理：通过“流程图”和“商务”模板类别中的工作流程图、组织结构图、BPMN、TQM、六西格玛等模板，可以创建企业的业务流程图、组织结构图、质量管理图等企业管理模型，从而对企业的生产、人力、财务等各个方面进行更好的监控和管理。
- 软件设计：通过“软件和数据库”模板类别中的 UML 用例、线框图表等模板，可以设计软件的结构模型或 UI 界面，从而为软件的设计和开发提供帮助。
- 网络结构设计：通过“网络”模板类别中的基本网络图、详细网络图等模板，可以创建从简单到复杂的网络体系结构图。
- 建筑：通过“地图和平面布置图”模板类别中的平面布置图、家居规划、办公室布局、空间规划等模板，可以设计楼层平面图、楼盘宣传图、房屋装修图等。
- 电子：通过“工程”模板类别中的基本电气、电路和逻辑电路、工业控制系统等模板，可以设计电子产品的结构模型。
- 机械：Visio 也可应用于机械制图领域，可以制作类似于 AutoCAD 的精确机械图。

1.1.2　Visio 版本及其文件格式

微软从 Visio 2013 开始为 Visio 绘图文件提供了新的文件格式，新文件格式的扩展名在原文件格式的扩展名的结尾多了一个字母 x 或 m，即.vsdx 和.vsdm。新的文件格式以绘图文件中是否包含宏（即 VBA 代码）作为划分标准，使用.vsdx 格式保存的绘图文件不能包含宏。如果希望绘图文件中包含宏，则必须将绘图文件以.vsdm 格式保存。如果使用早期 Visio 版本中的.vsd 格式保存绘图文件，则可以包含宏。

除了绘图文件之外，Visio 中的模板和模具也都以文件的形式存储在计算机中。表 1-1 列出了 Visio 2003/2007/2010/2013/2016/2019 包含的主要文件类型及其扩展名。

表 1-1 Visio 文件类型及其扩展名

Visio 版本	文 件 类 型	扩 展 名
Visio 2003/2007/2010	Visio 2003/2007/2010 绘图	.vsd
Visio 2003/2007/2010	Visio 2003/2007/2010 模板	.vst
Visio 2003/2007/2010	Visio 2003/2007/2010 模具	.vss
Visio 2013/2016/2019	Visio 绘图	.vsdx
Visio 2013/2016/2019	Visio 模板	.vstx
Visio 2013/2016/2019	Visio 模具	.vssx
Visio 2013/2016/2019	Visio 启用宏的绘图	.vsdm
Visio 2013/2016/2019	Visio 启用宏的模板	.vstm
Visio 2013/2016/2019	Visio 启用宏的模具	.vssm

1.2 Visio 绘图的基本概念和组成元素

本节将介绍 Visio 绘图的基本概念和组成元素，这些内容是在 Visio 中进行绘图的基础，了解这些内容可以使读者从整体上理解 Visio，为继续学习和使用 Visio 奠定基础。

1.2.1 Visio 绘图的基本概念

使用 Visio 可以准确、高效地绘制各种类型的图表，提高建模的效率，主要原因如下：

- Visio 提供了大量专业的形状和图标，这些图形元素体现了相关行业的专业知识。利用这些形状工具，用户可以快速制作出适用于特定行业的专业图表。
- Visio 提供了形状之间的多种连接方式，以及形状自身的智能行为方式。利用形状的这些特性，用户可以快速、精确地绘制、连接、排列一个或多个形状，提高创建图表的效率。

模板、模具、形状是 Visio 绘图的主要组成部分。在开始一个绘图前，都会以一个特定的模板作为起点，无论该模板是 Visio 内置的还是由用户创建的。用户选择的模板可能已经包含绘制好的样例图形，也可能是不包含任何内容的空白模板。无论基于哪种模板创建绘图文件，模板中都会自动包含适用于特定行业、特定图表类型的大量形状，这些形状按照功能或特定逻辑进行分组，每一个分组都是一个“模具”，用户从不同的模具中选择所需的形状，并将其添加到绘图中，最终构建出所需的图表。

1.2.2 模板

模板的概念和功能与在 Microsoft Office 的各个组件中的基本相同，如果使用过 Word 或 Excel 中的模板，则会很容易理解 Visio 中的模板。Visio 中的模板是一种特定类型的 Visio 绘图文件，根据 Visio 版本的不同以及是否包含 VBA 代码，模板的文件扩展名可以是.vst、.vstx 或.vstm。

不同版本的 Visio 都内置了多个模板类别，每一类模板中包含具体的模板。例如，Visio 2016 提供了常规、商务、流程图、日程安排、网络、软件和数据库、地图和平面布置图、工程 8 类模板，使用这些模板可以快速创建适用于不同行业、不同用途的图表。图 1-1 是 Visio 2016 中的部分模板。

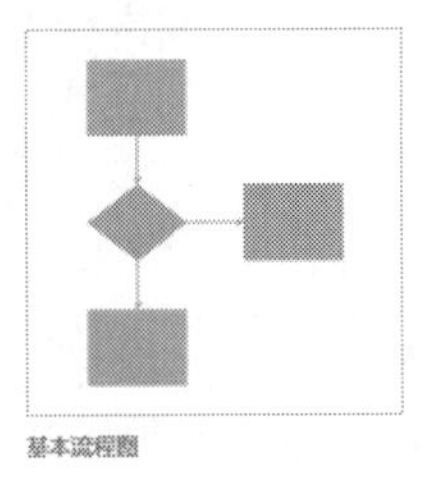

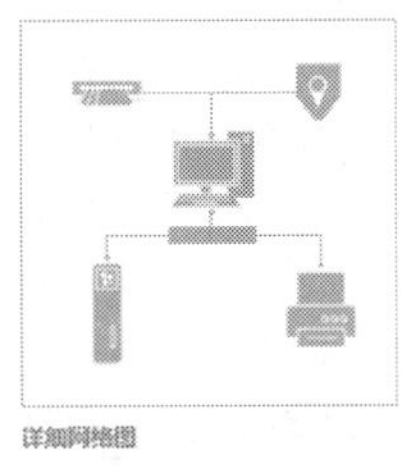

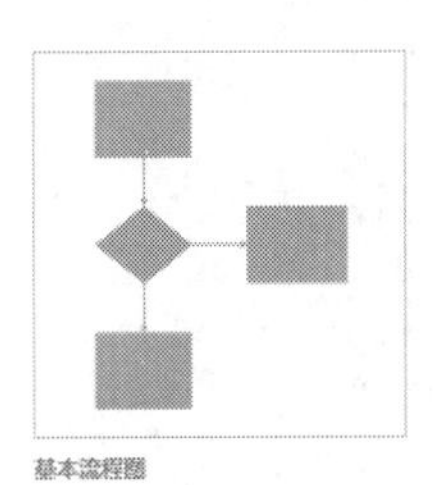

图 1-1　Visio 2016 中的部分模板

每个模板都包含用于创建一种专门类型的绘图所需要的工具，这些工具包括包含特定形状的一个或多个模具、绘图页的设置、文本和图形样式以及某些特殊命令。

例如，在“家居规划”模板中包含用于绘制家具、家电、柜子、墙壁的形状，这些形状被划分到不同的模具中。在使用“时间线”模板时，会自动在功能区中添加一个“时间线”选项卡，其中包含与配置时间线相关的命令。此外，在使用某些模板创建绘图时，将会显示一个绘图设置向导，用户可根据向导的提示，对当前绘图进行一些必要的设置。

由于模板也是一种绘图文件，因此，可以在模板中绘制所需的图表，在基于该模板创建的绘图中，不但包含模板所提供的绘图工具，还会包含模板中的图表，这样就可以通过模板快速创建多个相同或相似的图表。

1.2.3　模具

Visio 中的模具是包含不同形状的集合。模具中的形状都有一些共同点，这些形状可以是创建特定类型图表所需的形状，也可以是同一形状的不同版本。模具显示在“形状”窗格中，该窗格默认位于 Visio 窗口的左侧。当“形状”窗格中包含多个模具时，只显示当前选中的模具中包含的形状，其他模具只会显示为标题。单击模具的标题，即可选中该模具，并显示该模具中的形状。

例如，在使用“基本流程图”模板创建的绘图中，包含“基本流程图形状”和“跨职能流程图形状”两个模具，“基本流程图形状”模具中只包含一些常见的流程图形状，特殊的流程图形状则位于其他模具中，如图 1-2 所示。

每个 Visio 模板都包含与特定类型图表相关的一个或多个模具，用户还可以在基于特定模板创建的绘图中添加所需的其他模具，这些模具可以是与其他模板关联的 Visio 内置的模具，也可以是用户创建的自定义模具。换句话说，在使用某个模板创建的绘图中，并非只能使用该模板提供的模具，而可以根据需要随时添加并使用其他模板中的模具。

与模板类似，模具也是一种特定类型的 Visio 文件。根据 Visio 版本的不同，模具的文件扩展名可以是.vss、.vssx 或.vssm。

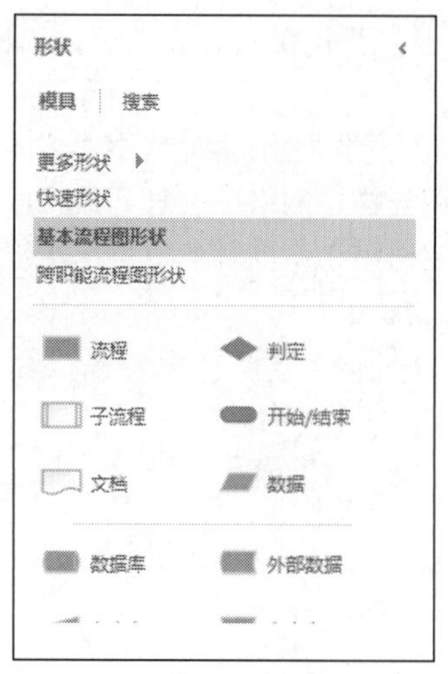

图 1-2 “形状”窗格中的模具

1.2.4 形状

形状是构成一个完整图表的独立单元或构建基块，它们按照功能或类别被分组到不同的模具中。位于模具中的形状是主控形状，将模具中的主控形状拖动到绘图中，就创建了主控形状的一个副本，也可将其称为主控形状的一个实例。可以在绘图中创建主控形状的任意数量的实例，然后排列各个实例的位置，并通过连接符将相关形状连接起来，最终形成完整的图表。

主控形状定义了一个形状最初的外观格式和行为方式，在绘图中创建主控形状的实例后，可以根据实际需要修改实例，使同一个主控形状的不同实例具有各自不同的外观格式和行为方式。

虽然可以简单地通过拖动的方式在绘图中添加形状，但是 Visio 中的形状功能要比这个强大得多，主要是因为形状具有内置的行为和属性，从而使形状变得更加智能。例如，当把一个门的形状放置到墙上时，门与墙会自动恰当地排列，并在墙上开启一个出口，如图 1-3 所示。此外，门的形状会包含一些数据来表示门的一些特性或状态，以便于识别特定的门。例如，“门宽”和“门高”属性决定了门的尺寸，“门开启百分比”属性决定了门开启的角度大小。

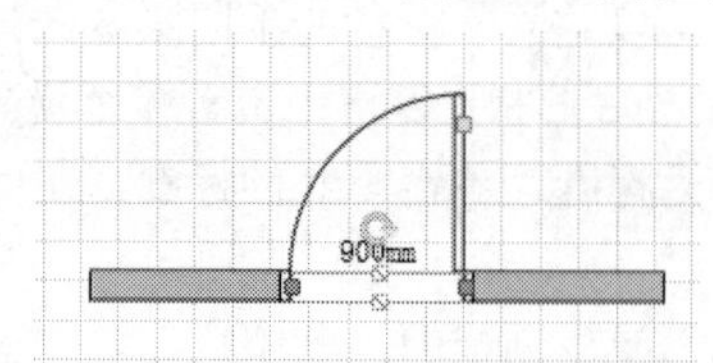

图 1-3 形状的行为和属性使形状变得更加智能

在绘图中可以通过形状上的手柄（控制点）快速对形状执行一些常规操作，例如改变大小、旋转角度以及执行某些形状特有的操作。手柄是在选中形状后，在形状上出现的一些拥有不同颜色的较小的方块或箭头。例如，在图 1-3 中，门的形状右边缘靠上的位置有一个黄色方块，门的底部两侧各有一个绿色的方框，门的底部中间位置靠上有一个顺时针方向的箭头，这几个就是门的形状上的手柄。形状手柄的相关内容将在第 4 章进行详细介绍。

1.2.5　连接符

Visio 中的连接符是指位于两个形状之间，用于连接两个形状的线条。当移动两个连接在一起的形状时，为了保持两个形状之间始终处于连接状态，它们之间的连接符会随着形状的位置自动调整。

连接符有起点和终点之分，连接符的起点和终点表示形状之间的连接方向。在一些特殊的连接中，连接符的起点和终点会产生很大影响。例如，在数据库模型中，与连接符起点相连的表是父表，与连接符终点相连的表是子表，使用这种连接方式的两个表用于表示关系模型中的“一对多”关系，客户与商品订单之间就是一对多关系，一个客户可以有多个订单，但每个订单只与一个客户对应。

根据连接符的行为方式，可以将连接符分为直接连接符和动态连接符两种。直接连接符是位于直线上的连接符，可以是水平、垂直或具有一定角度的直线。直接连接符能够通过拉长、缩短和改变角度来保持形状之间的连接。如图 1-4 所示，连接矩形和菱形的就是直接连接符，在这两个形状之间还有一个形状，直接连接符会贯穿该形状而不会绕过。

动态连接符比直接连接符更灵活，因为动态连接符可以根据两个形状之间的位置关系和障碍物（即形状），自动进行直角弯曲来绕过障碍物，而不是贯穿障碍物或与其重叠。用户可以拖动动态连接符上的直角顶点，或其中某个部分上的中点来调整连接符的路径。图 1-5 是一个动态连接符，它自动绕过了矩形和菱形之间的形状。

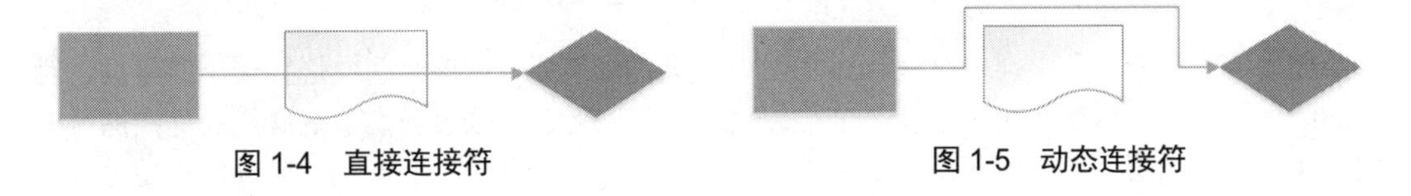

图 1-4　直接连接符　　　　图 1-5　动态连接符

1.2.6　绘图页

如果使用过 Word 或 PowerPoint，那么 Visio 中的绘图页就相当于 Word 中的文档页面或 PowerPoint 中的幻灯片，一个绘图中包含的形状、文本、背景等所有内容都位于绘图页中。

Visio 中的绘图页分为前景页和背景页两种，通常在前景页中放置形状、文本等图表的主要组成部分，在背景页中放置图表的一些辅助信息，例如图表标题、图表的背景色或图案等，用户可以将同一个背景页设置为多个前景页的背景。

一个绘图文件中可以包含多个绘图页，无论它们是前景页还是背景页，每一页都有独立的标签，单击标签即可显示相应的绘图页。

1.2.7　绘图资源管理器

在 Windows 操作系统的文件资源管理器中，以树状的形式显示了计算机中的所有磁盘、文件夹和文件。与此类似，Visio 使用绘图资源管理器显示当前绘图文件中的所有对象和元素，并以树状结构进行分类组织，如图 1-6 所示。

双击类别名称或单击类别名称左侧的+号，将展开其中包含的项目，如图 1-7 所示。右击任意类别或其中包含的项目，可以从弹出的快捷菜单中执行相应的命令。在绘图资源管理器中选择某个项目时，在绘图文件中会显示该项目。

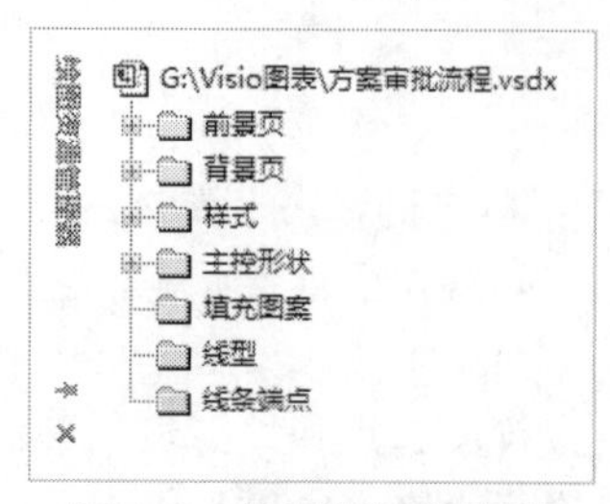

图 1-6　绘图资源管理器

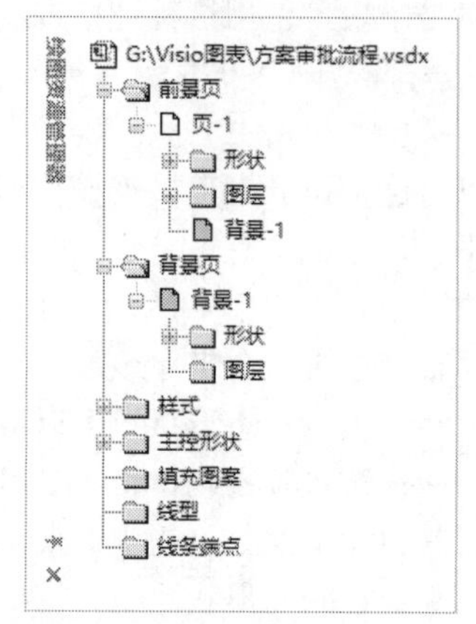

图 1-7　展开特定类别以查看其中包含的项目

例如，“前景页”类别中包含绘图文件中的所有前景页，在该类别中选择一个前景页，对应的绘图页就会显示在绘图区中。每个绘图页的内部还包含一些子类别，这些类别是绘图页中的所有形状和图层，如果展开“形状”类别，则会看到绘图页中每个形状的名称，使用这些名称可以准确地选择相应的形状。如果某个形状由一组更小的形状组成，则可展开该形状以查看其中包含的更小形状。

如果要显示绘图资源管理器，需要在功能区“开发工具”选项卡“显示/隐藏”组中选中“绘图资源管理器”复选框，如图 1-8 所示。

图 1-8　选中“绘图资源管理器”复选框

默认情况下，在 Visio 功能区中并未显示“开发工具”选项卡，需要先将“开发工具”选项卡添加到功能区中，才能使用上面的方法显示绘图资源管理器。在功能区中添加“开发工具”选项卡的方法有以下两种：

- 选择“文件”|“选项”命令，打开“Visio 选项”对话框，选择“自定义功能区”选项卡，然后在右侧选中“开发工具”复选框，如图 1-9 所示。
- 打开“Visio 选项”对话框，选择“高级”选项卡，然后在右侧选中“以开发人员模式运行”复选框，如图 1-10 所示。

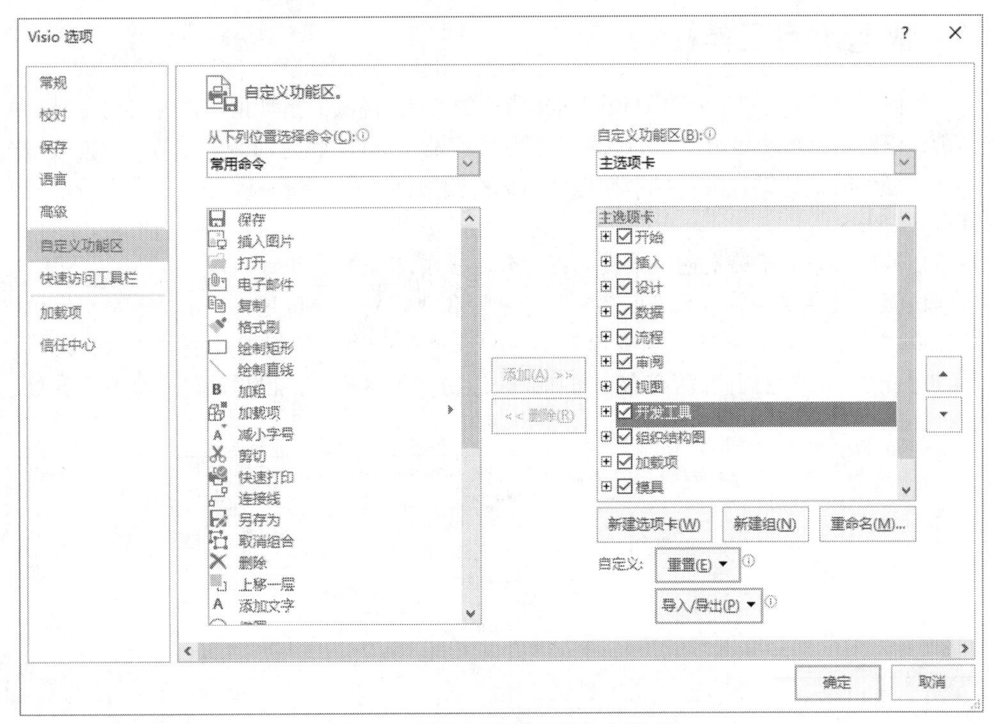

图 1-9　选中“开发工具”复选框

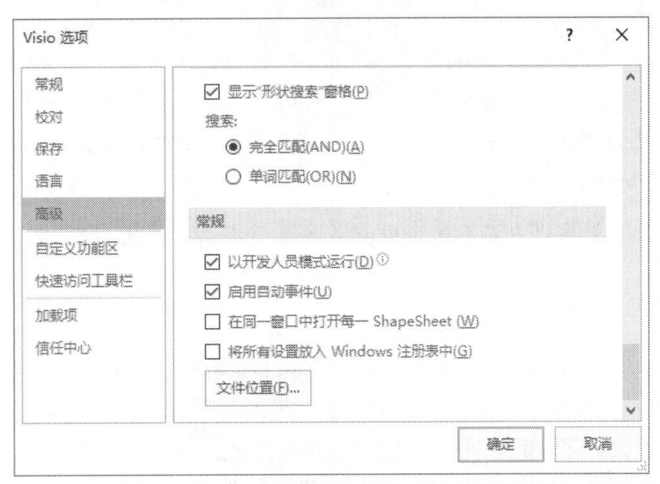

图 1-10　选中“以开发人员模式运行”复选框

1.3　熟悉 Visio 界面环境

Visio 2007 及更低版本的 Visio 一直使用传统的菜单栏和工具栏界面环境。从 Visio 2010 开始，微软使用新的功能区界面代替早期版本中的传统界面。如果之前一直使用 Visio 2007 或更低版本，那么通过本节可以快速了解 Visio 的功能区界面和绘图环境。

1.3.1 快速访问工具栏

快速访问工具栏位于 Visio 窗口顶部的标题栏的左侧，将鼠标指针指向快速访问工具栏中的按钮并稍做停留，将自动显示按钮的名称，该名称就是 Visio 中特定命令的名称。如果按钮对应的命令存在等效的快捷键，则会显示在按钮名称右侧的括号中。图 1-11 为“保存”按钮的名称和快捷键（Ctrl+S）。

注意：如果按钮显示为灰色，则说明该按钮在当前环境下不可用。

快速访问工具栏默认只显示“保存”“撤销”和“恢复”（重复）3 个命令，可以单击快速访问工具栏右侧的下拉按钮，在弹出的菜单中选择要在快速访问工具栏中显示的命令。图 1-12 为将“新建”和“打开”两个命令添加到快速访问工具栏中，已添加的命令左侧会显示对勾标记。

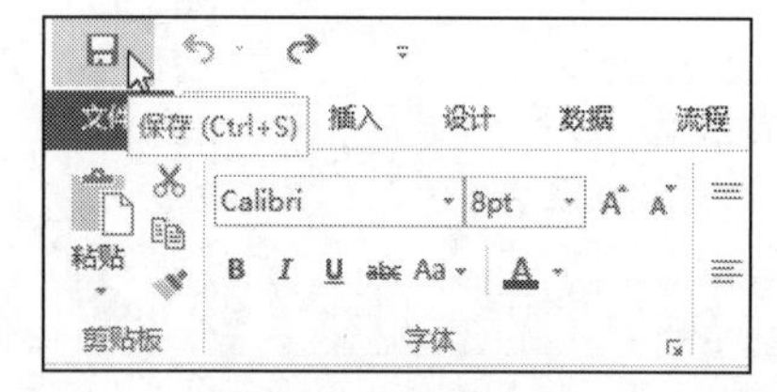

图 1-11 将鼠标指向按钮时会显示按钮的名称和快捷键

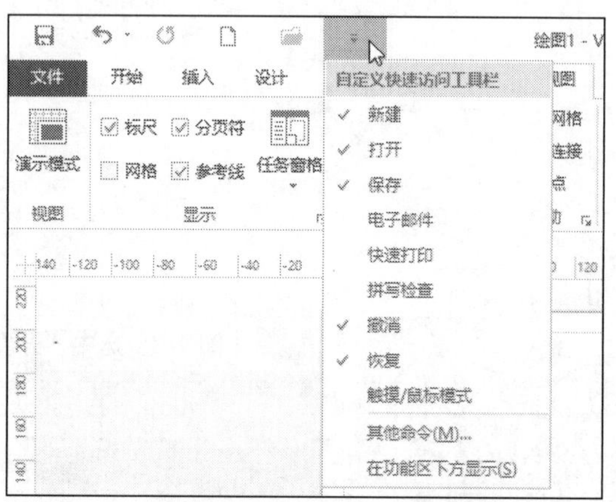

图 1-12 从弹出的菜单中选择要添加的命令

提示：向快速访问工具栏中添加命令的更多方法将在第 3 章进行介绍。

1.3.2 功能区

功能区是一个位于 Visio 窗口标题栏下方，与窗口等宽的矩形区域。功能区由选项卡、组和命令 3 个部分组成，通过单击选项卡顶部的标签，可以在不同选项卡之间切换。每个选项卡中的命令按功能和用途分为多个组，用户可以通过组快速找到所需的命令。图 1-13 为“开始”选项卡中的“剪贴板”和“字体”两个组及其中包含的命令。

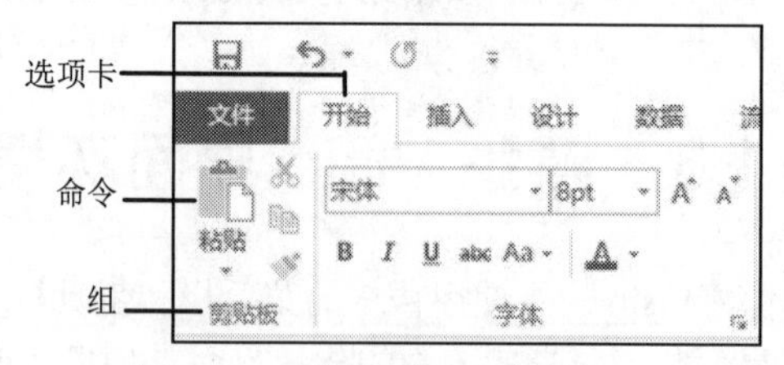

图 1-13 功能区的组成结构

在执行某些操作时，除了固定显示在功能区中的选项卡之外，功能区中还会临时添加一个或多个选项卡，这些选项卡出现在所有固定选项卡的右侧。例如，当在绘图页中选择图片时，功能区中

将出现名为“图片工具|格式”的选项卡，其中包含的命令用于设置图片的格式，如图 1-14 所示。

图 1-14　“图片工具|格式”选项卡

如果取消对图片的选择，“图片工具|格式”选项卡将会自动隐藏。由于这类选项卡只在执行特定操作时才会显示和隐藏，因此可以将它们称为“上下文选项卡”。

在选项卡中某些组的右下角会显示一个形状的按钮，这类按钮称为“对话框启动器”。单击对话框启动器将打开一个对话框，该对话框中的选项对应于按钮所在组中的选项，而且可能还会包含一些未显示在组中的选项。例如，单击“开始”选项卡“字体”组右下角的对话框启动器，将打开“文本”对话框中的“字体”选项卡，其中包含与文本字体格式相关的选项。

1.3.3　绘图区

绘图区是在 Visio 中进行绘图的工作区域，该区域主要由绘图页和“形状”窗格两部分组成。在“形状”窗格中显示了绘图文件中当前打开的所有模具，所有已打开模具的标题栏均位于该窗格的上方。单击标题栏可查看相应模具中包含的形状，将模具中的形状拖动到绘图页中，就完成了形状的初步绘制工作。

在一个绘图文件中可以包含多个绘图页，但是当前只能显示一个绘图页中的内容。每个绘图页的名称显示在绘图区的下方，单击名称即可切换到相应的绘图页，并显示其中的内容。图 1-15 是名为“页-2”的绘图页中的内容，在该绘图文件中还包含“页-1”和“背景-1”两个绘图页。

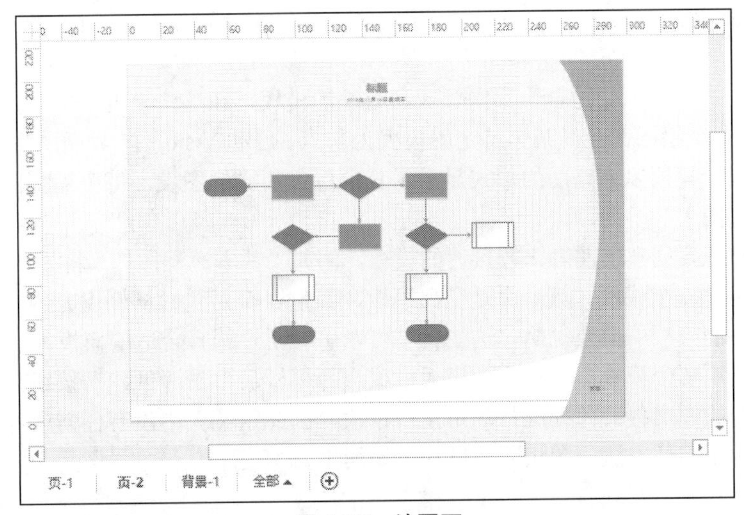

图 1-15　绘图页

1.3.4　状态栏

状态栏位于 Visio 窗口的底部，如图 1-16 所示。状态栏的左侧显示了与当前绘图相关的一些辅助信息，例如当前显示的是哪一页、一共包含多少页等；右侧提供了用于调整绘图页显示比例和窗口切换的控件，可以使用这些控件调整绘图页的显示比例，或在不同的 Visio 窗口之间切换。

用户可以选择在状态栏中显示哪些内容，只需右击状态栏，在弹出的快捷菜单中选择想要显示的选项，已显示在状态栏中的选项左侧会显示一个对勾标记，如图 1-17 所示。

图 1-16　状态栏

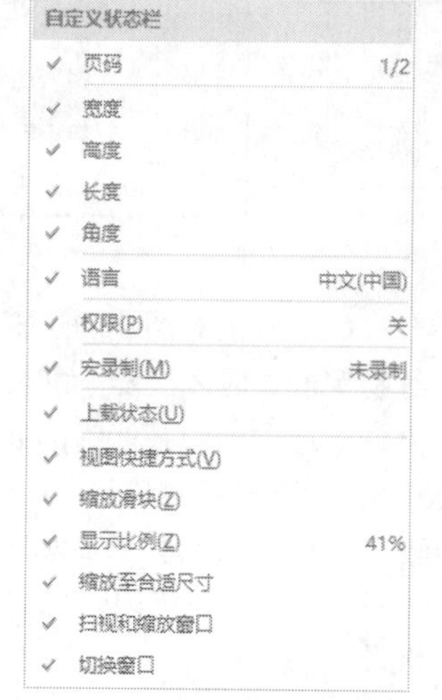

图 1-17　选择在状态栏中显示的内容

1.4　使用 Visio 绘图的基本步骤

为了使读者在一开始就可以对 Visio 绘图的整个过程有一个整体的了解，因此，本节将以绘制一个简单的流程图为例，介绍在 Visio 中完成一个绘图的基本步骤。复杂的 Visio 绘图仍需要遵循这些步骤，只是会涉及更多的细节。本节主要介绍的是在 Visio 中绘制一个图表的基本流程，因此不会过多地介绍绘制图表的技术细节。

1.4.1　选择模板

由于 Visio 内置了大量适合于不同行业和用途的模板，在这些模板中包含相关的模具和形状，因此，任何一个绘图都会以某个特定的模板为起点。启动 Visio 后，界面中将显示一些 Visio 内置的模板，每个模板以缩略图的形式显示了其中包含的样例图表，每个缩略图下方的文字是模板的名称，如图 1-18 所示。

选择一个与想要创建的图表比较接近的模板，例如“基本流程图”，将显示如图 1-19 所示的界面，其中包含 4 个模板，第一个是空白模板，其他 3 个是包含样例图表的模板。右侧的文字是对当前选中的模板的简要说明，这些文字可以引导用户选择合适的模板。

确定好要使用哪个模板后，双击该模板，或选择模板后单击“创建”按钮，将基于所选模板创建一个新的绘图文件。此处选择的是空白模板，因此绘图页中没有任何内容，但是在“形状”窗格中包含了与基本流程图相关的模具，如图 1-20 所示。

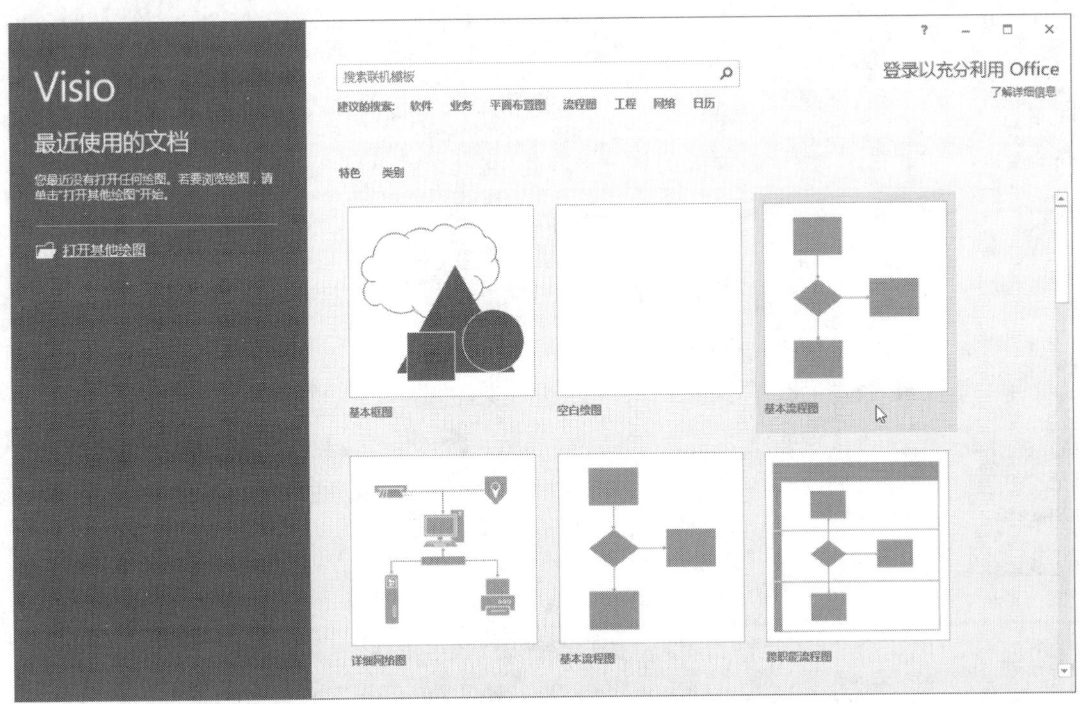

图 1-18　选择一个 Visio 模板

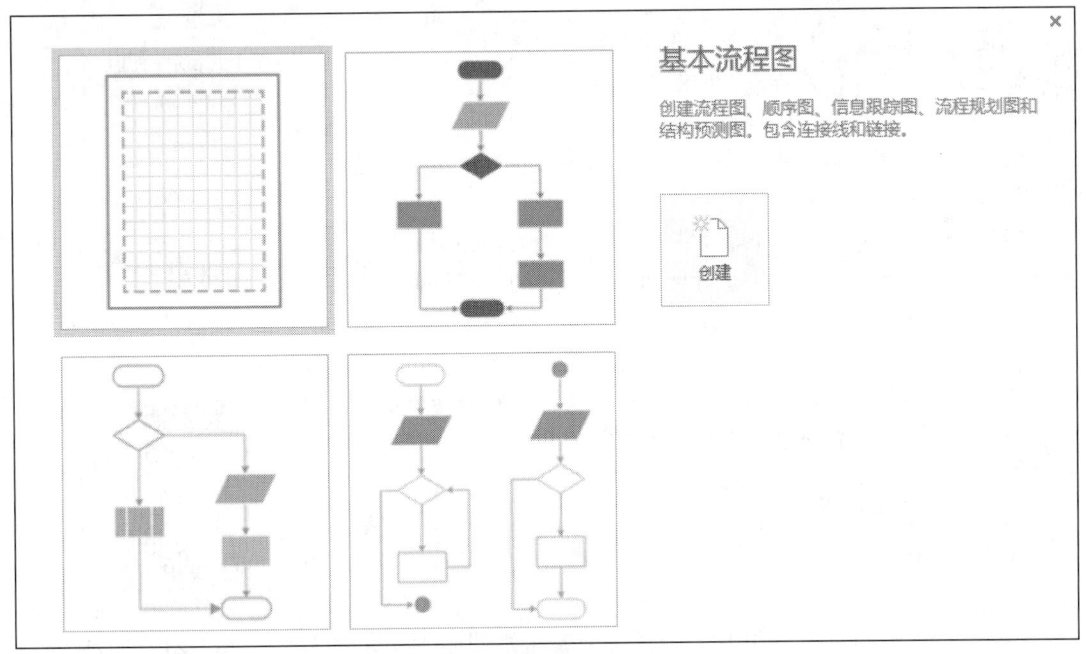

图 1-19　选择模板并查看简要说明

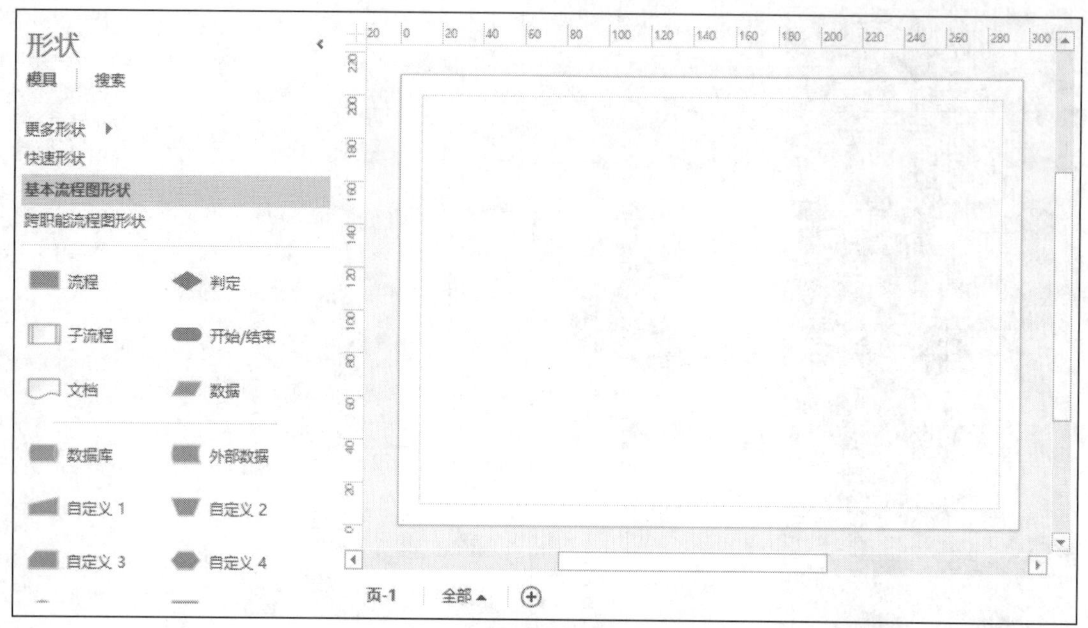

图 1-20　基于模板创建的绘图文件

1.4.2　添加并连接形状

创建绘图文件后，接下来需要在绘图页中绘制所需的图表。本例要绘制的是一个简单的流程图，如图 1-21 所示。

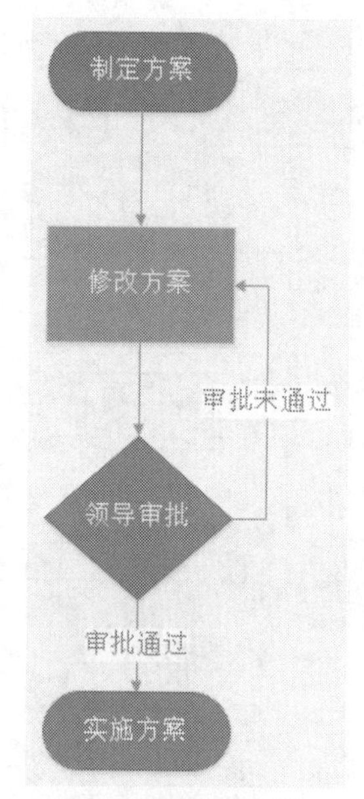

图 1-21　要绘制的流程图

绘制本例流程图的操作步骤如下：

（1）在“形状”窗格中单击“基本流程图形状”模具的标题，显示该模具包含的所有形状。

（2）单击“开始/结束”形状以将其选中，然后按住鼠标左键，将该形状拖动到绘图页中。如果正好拖动到绘图页的中间位置，则会自动显示对齐参考线，如图 1-22 所示。

（3）添加第一个形状后，将鼠标指针移动到该形状上，当出现蓝色箭头时，将鼠标指针移动到下方的蓝色箭头上，此时会显示一个浮动工具栏，将鼠标指针移动到工具栏中的第一个形状上，即“流程”形状，如图 1-23 所示。

（4）单击浮动工具栏中的第一个形状，在现有形状的下方添加一个“流程”形状，并自动在它们之间绘制一条箭头向下的连接线，如图 1-24 所示。

（5）使用类似的方法，利用浮动工具栏在第（4）步添加的形状下方再添加“判定”和“开始/结束”两个形状，菱形的是“判定”形状，如图 1-25 所示。

（6）现在需要绘制一条从判断形状到其上方的“流程”形状之间的连接线。将鼠标指针移动到“判定”形状上，当该形状四周显示蓝色箭头时，使用鼠标拖动右侧的蓝色箭头，将其拖动到上方的“流程”形状的右侧。拖动过程中会显示一条虚线，当到达流程形状右侧边缘的中点时，会显示一个绿色的方框，并在附近显示“粘附到连接点”字样，如图 1-26 所示。释放鼠标左键，在“判定”形状和“流程”形状之间绘制一条连接线。

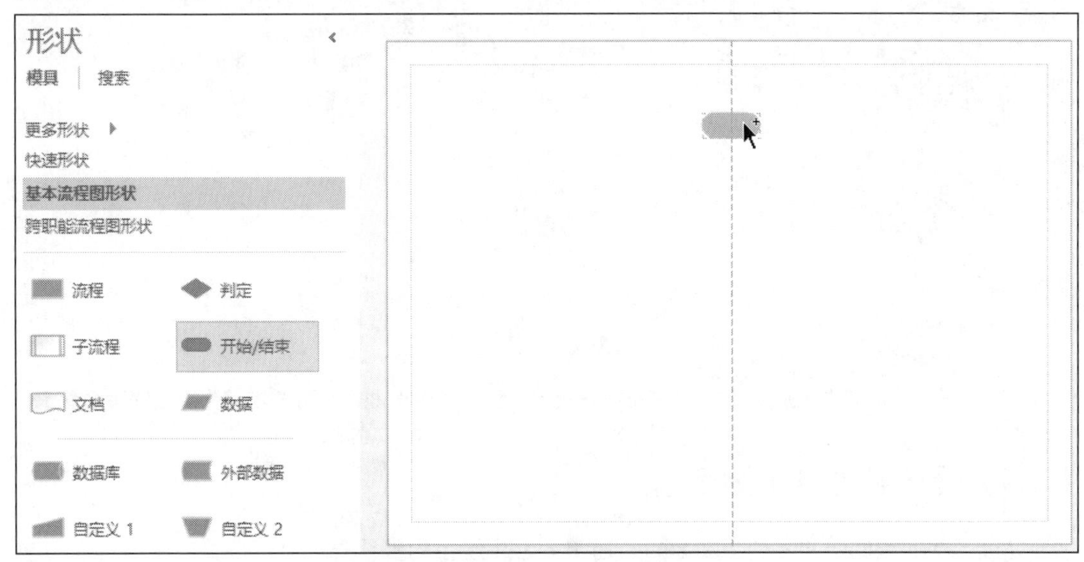

图 1-22　将第一个形状拖动到绘图页中

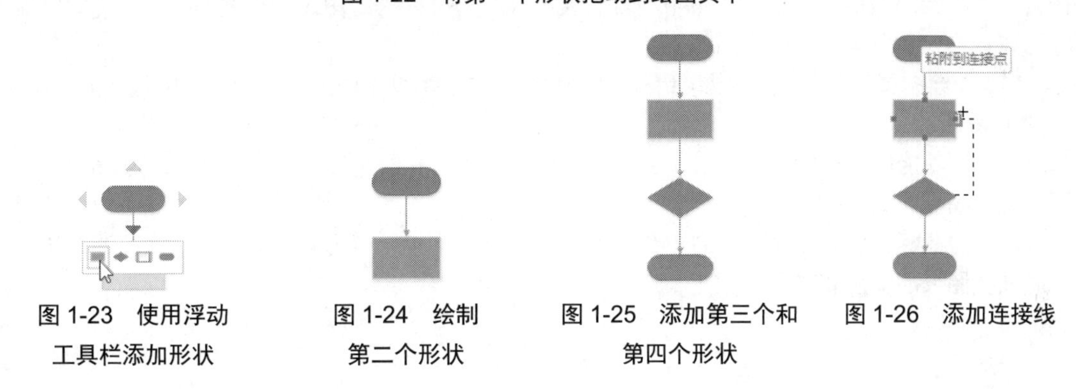

图 1-23　使用浮动工具栏添加形状

图 1-24　绘制第二个形状

图 1-25　添加第三个和第四个形状

图 1-26　添加连接线

1.4.3　在形状中添加文本

完成图表的绘制后，接下来需要为所需的形状和连接线添加文字，使图表图文并茂、易于理解。操作步骤如下：

（1）双击图表中的第一个形状，进入文本编辑状态，此时会放大显示图表，并在该形状中显示一个闪烁的竖线。输入所需的内容，例如输入“制定方案”，如图 1-27 所示。

（2）单击绘图页中的空白区域或按 Esc 键，退出文本编辑状态，显示比例恢复为原来的大小。使用类似的方法，为其他 3 个形状添加文本，分别为“修改方案”“领导审批”和“实施方案”，如图 1-28 所示。

（3）双击“判定”形状与底部的“开始/结束”形状之间的连接线，进入文本编辑状态，然后输入“审批通过”。使用类似的方法，为判定形状与其上方的“流程”形状之间位于右侧的连接线添加“审批未通过”文本，如图 1-29 所示。

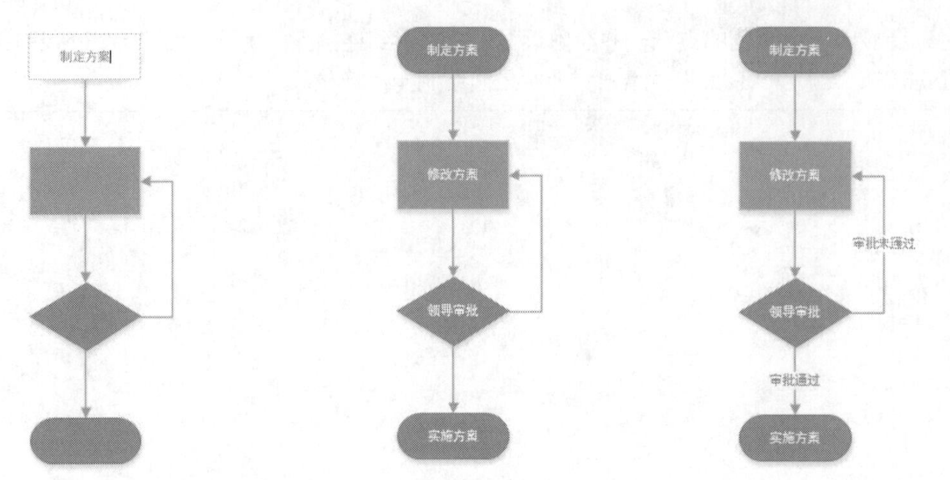

图 1-27　在第一个形状中添加文本　图 1-28　在其他形状中输入文本　图 1-29　为连接线添加文本

1.4.4　设置绘图格式和背景

完成形状的绘制与文本的添加之后，通常需要对绘图的整体外观进行调整，例如文本的字体格式、形状的边框和填充色、整个图表的大小等，还可以为绘图添加标题和背景。为本例流程图设置格式和背景的操作步骤如下：

（1）在绘图页中单击，然后按 Ctrl+A 快捷键，选中绘图页中的所有形状及其中包含的文本，如图 1-30 所示。

（2）在功能区“开始”选项卡“字体”组的“字号”下拉列表中，将字号设置为 16 pt，如图 1-31 所示。

（3）将鼠标指针移动到图表右下角的方块上，当鼠标指针变为斜向箭头时，拖动该方块将同时改变图表的宽度和高度，如图 1-32 所示。

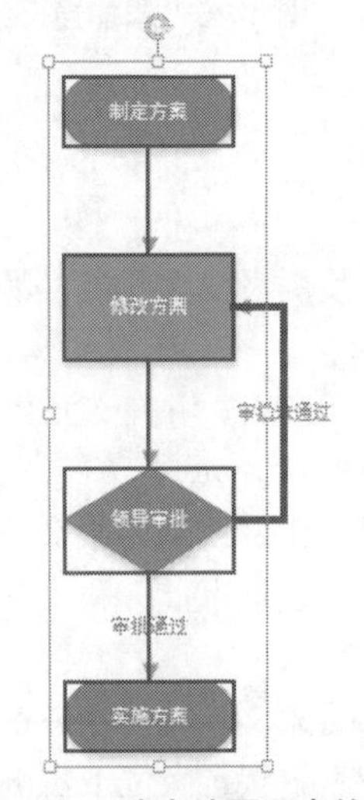

图 1-30　选中绘图页中的所有形状及其中包含的文本

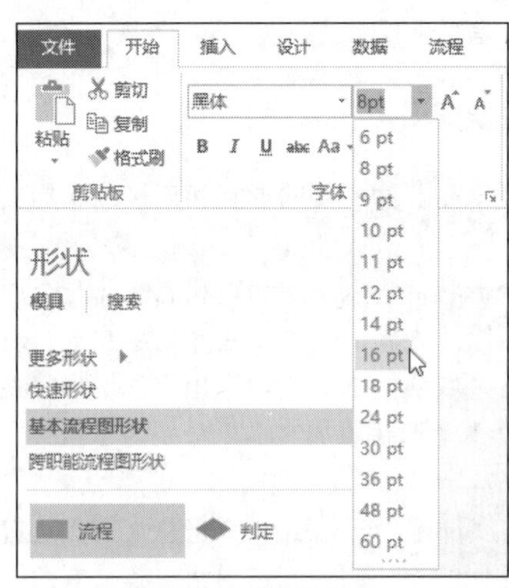

图 1-31　选择字号

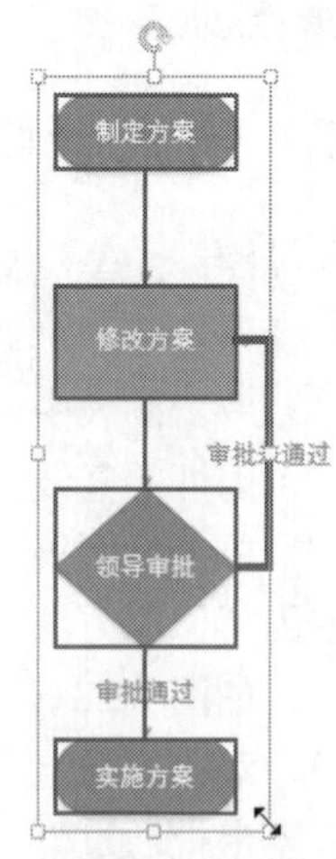

图 1-32　调整图表的大小

（4）在功能区“设计”选项卡的“背景”组中单击“背景”按钮，在打开的列表中选择名为“技术”的背景，如图 1-33 所示。

（5）在“设计”选项卡的“背景”组中单击“边框和标题”按钮，然后选择名为“字母”的边框和标题样式。

（6）在绘图页下方单击“背景-1”，切换到背景页，前两步添加的背景和标题都位于该页中。双击顶部的“标题”，进入文本编辑状态，输入“方案审批流程”，如图 1-34 所示。

图 1-33　选择一种背景

图 1-34　编辑图表标题

（7）在绘图页下方单击“页-1”，切换到前景页，按 Ctrl+A 快捷键选中整个图表，然后调整它的位置，如图 1-35 所示。

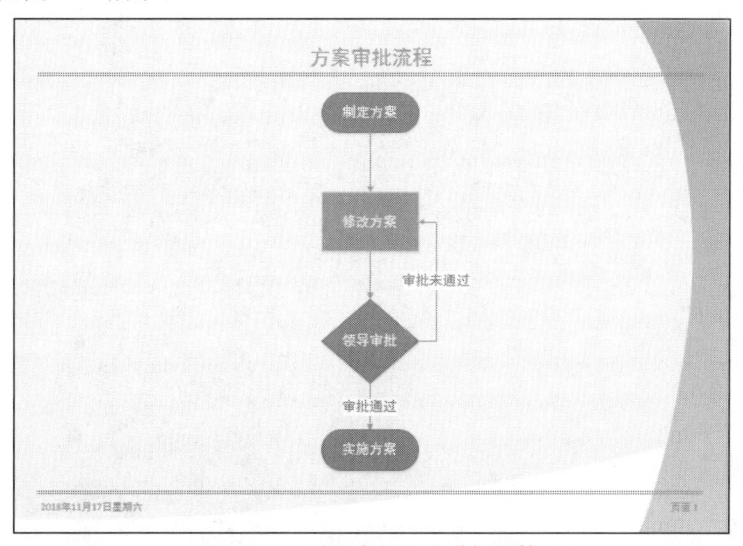

图 1-35　对图表的位置进行调整

1.4.5 保存绘图

完成图表的制作后，单击“文件”按钮，然后选择“保存”|“浏览”命令，如图 1-36 所示。打开“另存为”对话框，设置保存位置和文件名，单击“保存”按钮，将当前绘图以文件的形式保存到指定的位置。

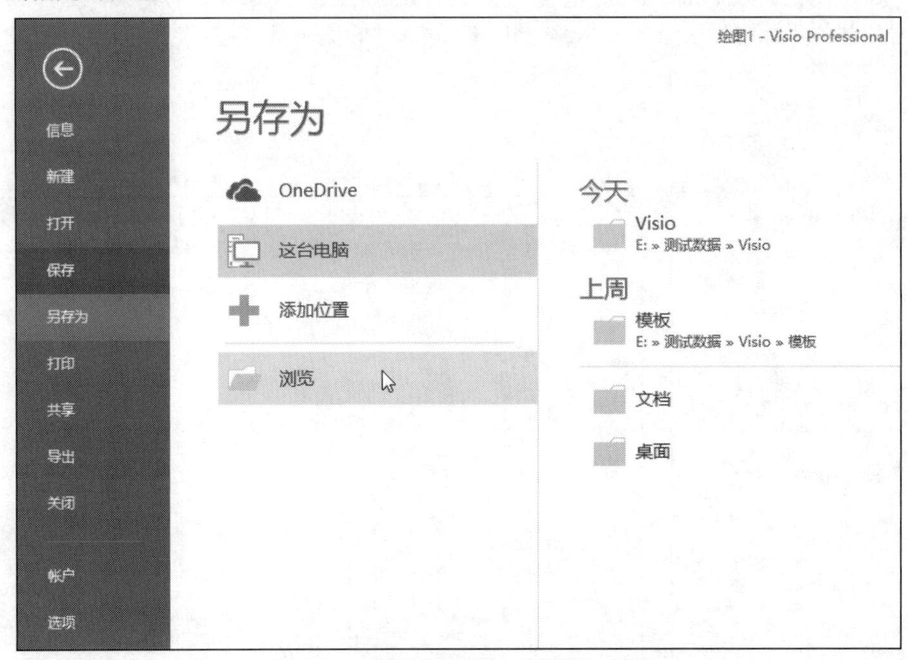

图 1-36 选择“保存”|“浏览”命令

第 2 章

使用与管理绘图文件和绘图页

Visio 绘图文件类似于 Word 文档、Excel 工作簿或 PowerPoint 演示文稿，它们都是一种特定类型的文件。一个绘图文件中可以包含一个或多个绘图页，Visio 中的绘图页类似于 Word 文档中的页面、Excel 工作簿中的工作表或 PowerPoint 演示文稿中的幻灯片，在 Visio 中绘制的图表位于绘图页中。本章主要介绍绘图文件和绘图页的基本操作、使用与管理方法，它们是 Visio 绘图的基础。

2.1 绘图文件的基本操作

在 Visio 中开始任何一个绘图之前，都需要先创建一个绘图文件。在绘图的过程中，还会涉及绘图文件的相关操作，包括绘图文件的保存、打开、关闭等，本节将介绍绘图文件的这些基本操作。

2.1.1 创建基于模板的绘图文件

在大多数 Visio 模板类型中，都会包含一个或多个带有样例图表的模板。如果用户要创建类似的图表，则可以使用这些模板创建绘图文件，这样就可以在一开始拥有已绘制好的样例图表，然后根据实际需要稍加修改，即可快速制作出所需的图表。

每次启动 Visio 时显示的就是模板选择界面，就像在第 1 章中介绍 Visio 绘图基本步骤时创建绘图文件那样。如果已在 Visio 中打开了某个绘图文件，则可以选择“文件”|“新建”命令进入类似的模板选择界面，单击搜索框下方的“类别”字样，将按模板类别显示，如图 2-1 所示。

单击某个模板类别对应的缩略图，在进入的界面中将显示该模板类别包含的模板。图 2-2 为“日程安排”模板类别中包含的模板。

单击某个模板缩略图，在进入的界面中将显示该模板的几种不同布局或变体，选择不同布局时，右侧会显示当前布局的名称和简要说明，如图 2-3 所示。无论选择哪种类型的模板，都会包含一个没有样例图表的空白模板。选择要使用的模板并单击“创建”按钮，将基于所选模板创建一个绘图文件，其中包含相关的模具。如果模板包含样例图表，则在创建的绘图文件中还会包含样例图表。

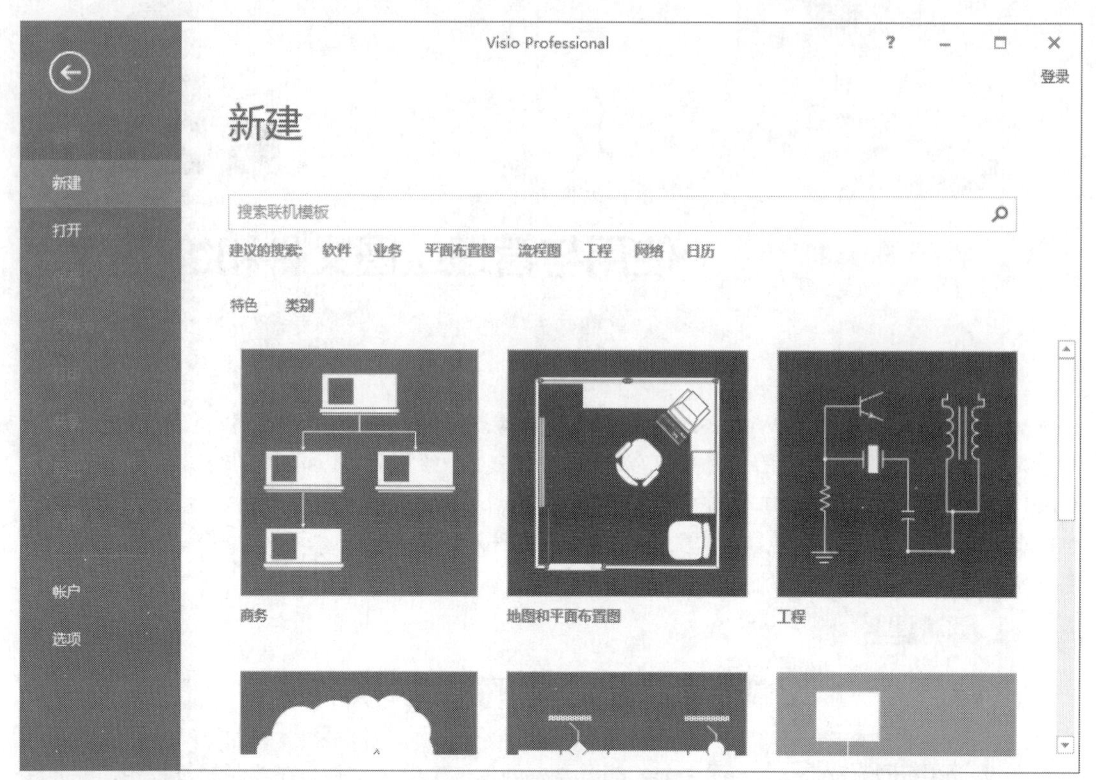

图 2-1　按类别显示模板

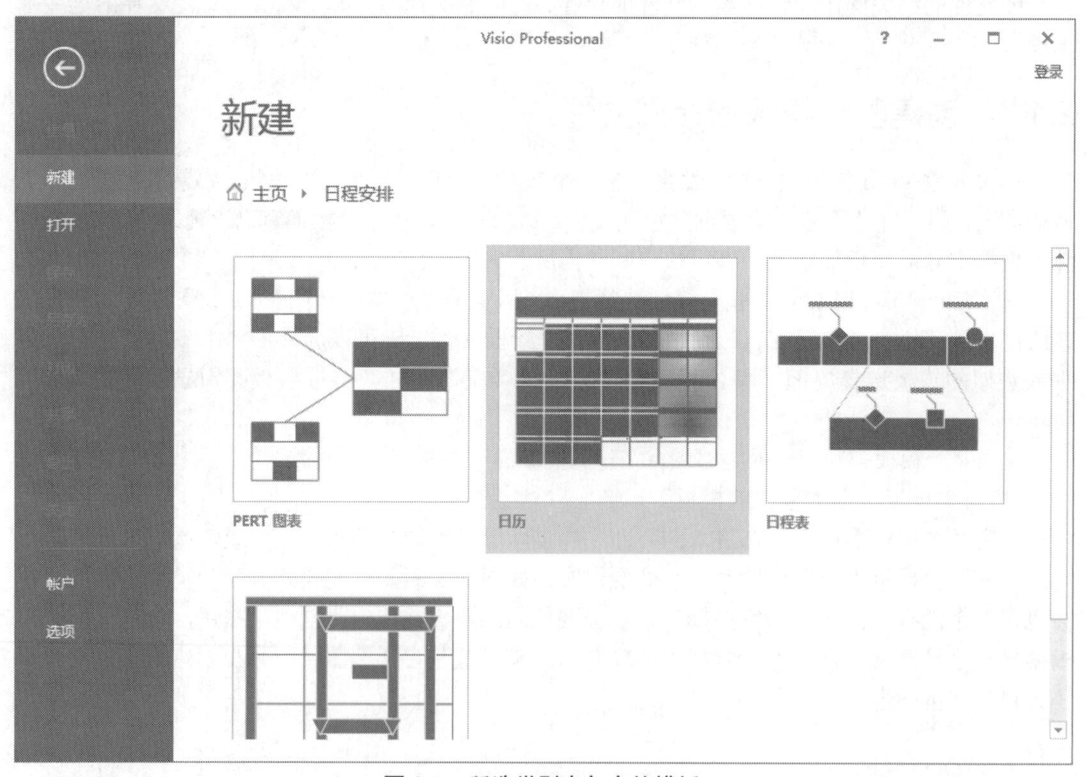

图 2-2　所选类别中包含的模板

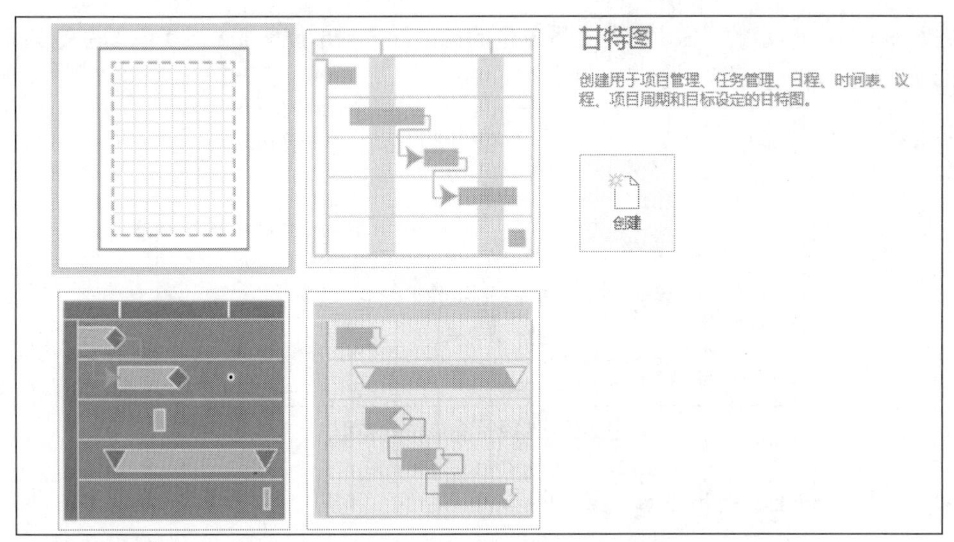

图 2-3　选择模板的一种布局或变体

2.1.2　创建空白的绘图文件

有时，想要创建的图表可能与 Visio 内置的任何一个模板都不相符，此时可以创建一个不包含任何样例图表的空白绘图文件，然后从头开始绘制所需的图表。在这种情况下创建的绘图文件不包含任何模具，用户可以根据需要，将 Visio 内置的模具或用户创建的模具添加到绘图文件中。

要创建空白绘图文件，可以在 Visio 模板选择界面中的搜索框下方单击“特色”字样，然后单击名为“空白绘图”的缩略图，如图 2-4 所示。

图 2-4　单击“空白绘图”缩略图

进入如图 2-5 所示的界面，选择绘图单位的类型，公制单位是毫米，美制单位是英寸。单击“创建”按钮，即可创建一个空白的绘图文件。

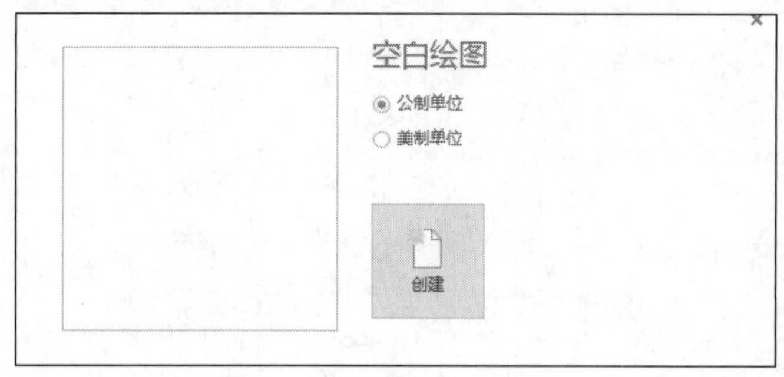

图 2-5　选择绘图单位的类型

2.1.3　保存绘图文件

如果绘制的图表要在以后继续编辑或使用，则需要将绘图以文件的形式保存到计算机中，有以下 3 种方法：

- 单击快速访问工具栏中的“保存”按钮。
- 选择“文件”|“保存”命令。
- 按 Ctrl+S 快捷键。

如果当前绘图是新创建的且从未保存过，则在使用以上任意一种方法保存绘图时，将会显示如图 2-6 所示的对话框，设置保存位置和文件名，然后单击“保存”按钮，即可将当前绘图以文件的形式保存到计算机中。

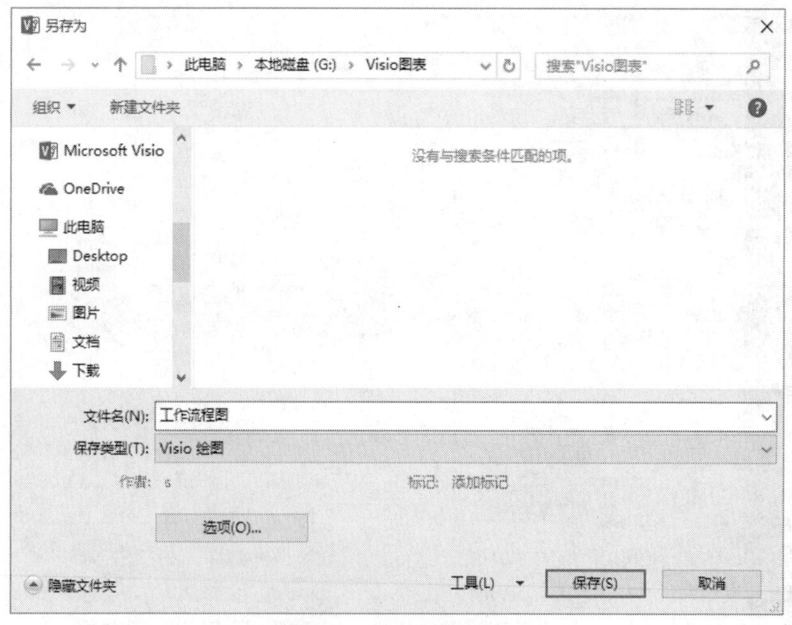

图 2-6　保存新建绘图

如果已将绘图保存到计算机中，那么以后可以随时使用以上 3 种方法持续保存对绘图所做的修改。

2.1.4　打开和关闭绘图文件

用户可以使用以下几种方法打开一个保存在计算机中的 Visio 绘图文件：

- 选择“文件”|“打开”命令，在进入的界面中单击“最近”，然后选择最近使用过的 Visio 绘图文件并将其打开，如图 2-7 所示。

图 2-7　打开最近使用过的绘图文件

- 选择“文件”|“打开”命令，在进入的界面中单击“浏览”，打开“打开”对话框，双击要打开的 Visio 绘图文件，如图 2-8 所示。

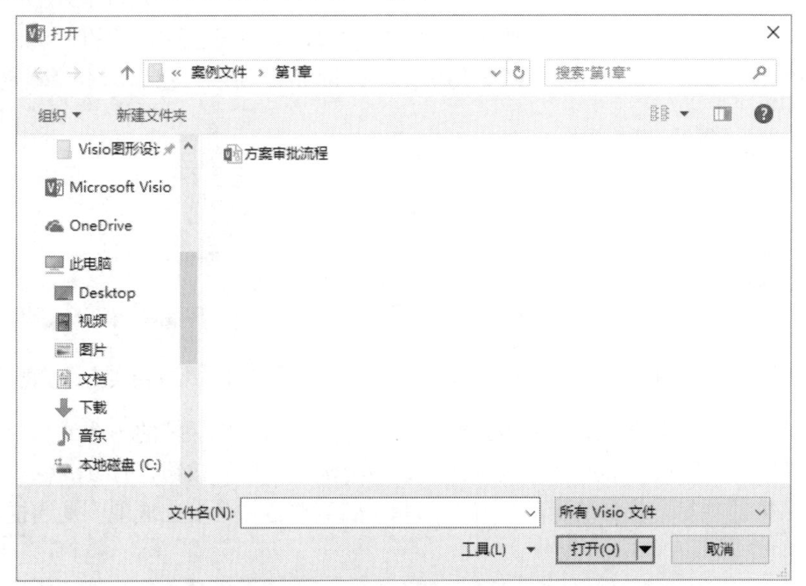

图 2-8　使用“打开”对话框打开指定的绘图文件

- 如果已将“打开”命令添加到快速访问工具栏，则可以单击该命令对应的按钮，之后的操作与第二种方法相同。
- 按 Ctrl+O 快捷键，之后的操作与第二种方法相同。

提示：向快速访问工具栏中添加命令的方法将在第 3 章进行介绍。

关闭绘图文件并不会退出 Visio 程序，只是将当前绘图文件从 Visio 程序中关闭。关闭绘图文件有以下几种方法：

- 选择“文件”|“关闭”命令。
- 如果已将“关闭”命令添加到快速访问工具栏，则可以单击该命令对应的按钮。
- 按 Ctrl+W 快捷键。

如果在关闭绘图文件时存在没有保存的内容，则将显示如图 2-9 所示的对话框，单击“保存”按钮保存并关闭绘图文件。如果不想保存，则可以单击“不保存”按钮。

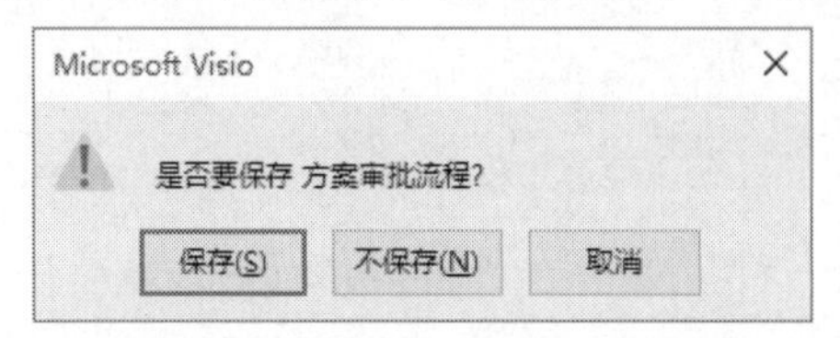

图 2-9　关闭未保存的绘图文件时显示的提示信息

2.1.5　保护绘图文件不被随意修改

用户可以使用 Visio 中的“保护文档”功能，对绘图文件进行保护，从而禁止用户对绘图文件中的形状、文本、背景等元素进行修改。还可以通过对形状实施保护，来禁止用户对指定的形状执行选择或编辑操作。

要对绘图文件实施保护，需要先打开绘图资源管理器，方法请参考第 1 章。打开绘图资源管理器后，右击顶部的绘图文件的名称，在弹出的快捷菜单中选择“保护文档”命令，如图 2-10 所示。

打开“保护文档”对话框，选择要实施保护的项目，如对绘图文件中的形状和背景进行保护，则需要选中“形状”和“背景”两个复选框，如图 2-11 所示，然后单击“确定”按钮。

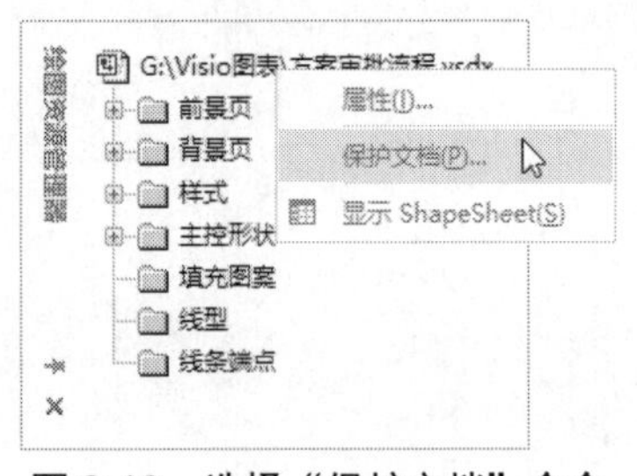

图 2-10　选择“保护文档”命令

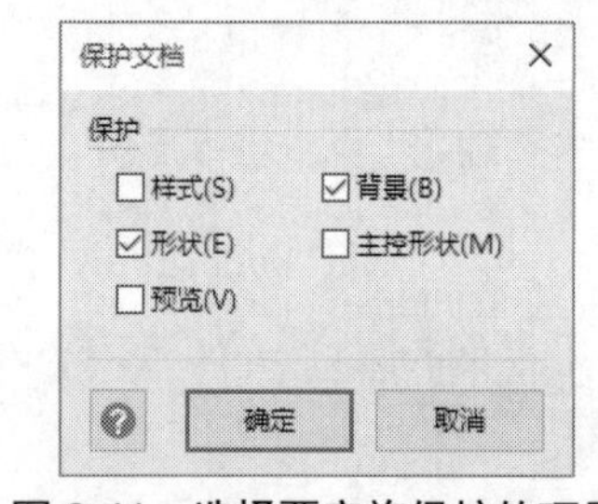

图 2-11　选择要实施保护的项目

如果要对绘图文件中的特定形状实施保护，则可以先选择要保护的一个或多个形状，然后在功能区“开发工具”选项卡的“形状设计”组中单击“保护”按钮，打开“保护”对话框，选择要进行保护的项目，若要禁止用户选择形状，则需要选中“阻止选取”复选框，如图 2-12 所示。

单击“确定”按钮，打开如图 2-13 所示的对话框，为了真正禁止用户选择指定的形状，需要使用本节前面介绍的方法，在“保护文档”对话框中选中“形状”复选框。

提示：选择形状的方法将在第 4 章进行介绍。

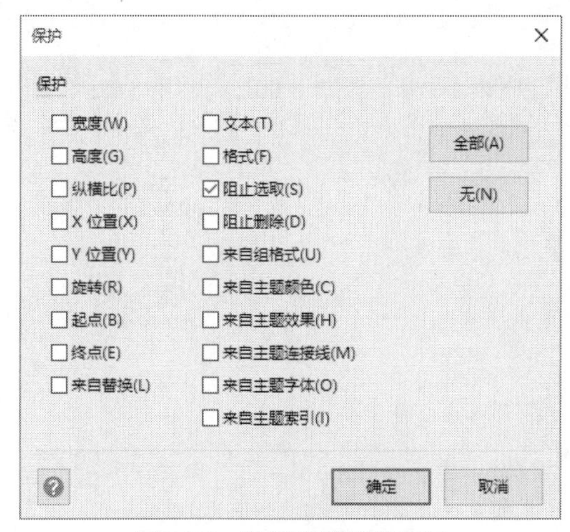

图 2-12　选择要保护的项目

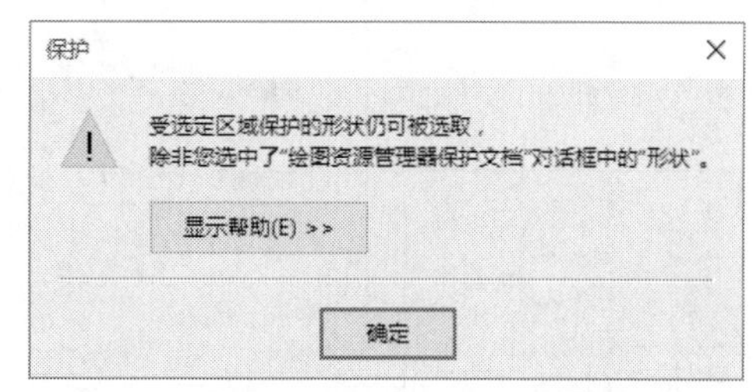

图 2-13　真正禁止用户选择形状的提示信息

2.2　创建与管理绘图页

绘图页是真正用于放置图表及其相关内容的地方，类似于放置文字和图片的 Word 文档页面、放置数据和公式的 Excel 工作表。除了图表本身之外，图表标题、制作日期、整个绘图的背景也都位于绘图页中。掌握绘图页的相关操作，可以更好地控制图表在页面中的呈现方式。

2.2.1　添加和删除绘图页

在用户创建的绘图文件中，默认只包含一个绘图页。根据实际需要，用户可以在一个绘图文件中添加多个绘图页，有以下几种方法：

- 在功能区“插入”选项卡的“页面”组中单击“新建页”按钮上的下拉按钮，在弹出的菜单中选择要添加的绘图页类型，其中的“空白页”是指前景页，如图 2-14 所示。
- 单击绘图页标签最右侧的⊕按钮，如图 2-15 所示，或者按 Shift+F11 快捷键，都将添加一个前景页。

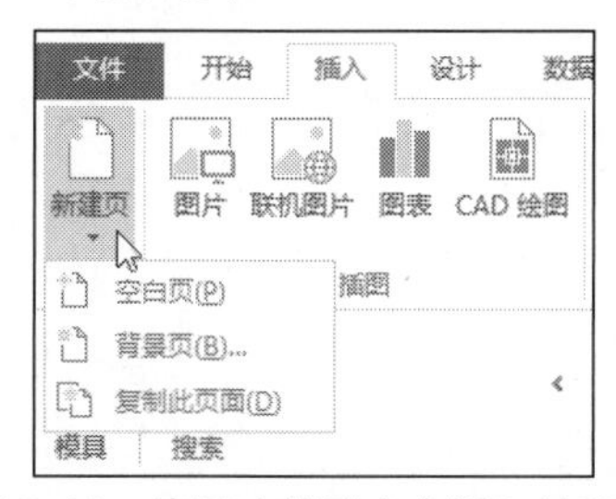

图 2-14　使用功能区命令添加绘图页

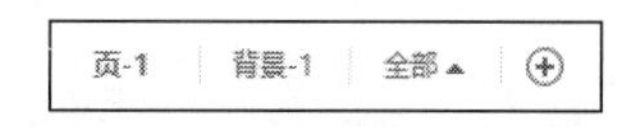

图 2-15　单击⊕号按钮添加绘图页

- 在当前绘图页的标签上右击，然后在弹出的快捷菜单中选择“插入”命令，打开“页面设置”对话框的“页属性”选项卡，如图 2-16 所示。通过“前景”和“背景”选项指定添加的是前景页还是背景页，在“名称”文本框中输入绘图页的名称，还可以设置绘图页的度量单位，最后单击“确定”按钮，即可添加绘图页。

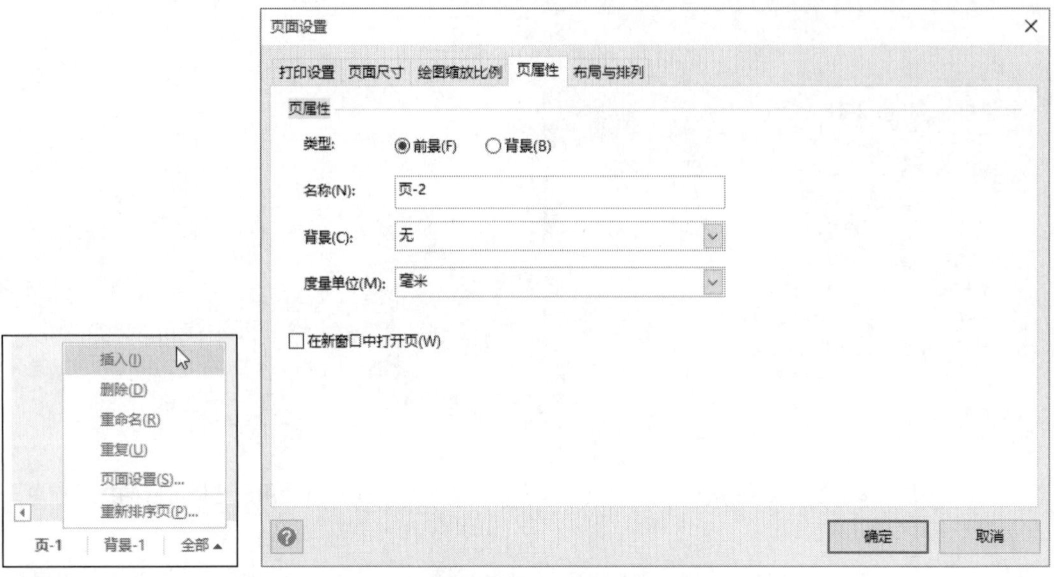

图 2-16　使用“插入”命令添加绘图页

可以将不需要的绘图页从绘图文件中删除，只需右击要删除的绘图页的标签，在弹出的快捷菜单中选择“删除”命令即可。一次只能删除一个绘图页，一个绘图文件中至少要保留一个绘图页。

如果想要一次性删除多个绘图页，则需要将“删除页”命令添加到快速访问工具栏中。在“Visio 选项”对话框“快速访问工具栏”选项卡中，在左侧顶部的下拉列表中选择“不在功能区中的命令”，然后在其下方的列表框中选择“删除页”，最后单击“添加”按钮，如图 2-17 所示。

图 2-17　添加“删除页”命令

将“删除页”命令添加到快速访问工具栏后，选择该命令，打开“删除页”对话框，可以通过拖动鼠标的方式选择连续的多个绘图页，也可以按住 Ctrl 键后通过单击来选择不连续的多个绘图页，如图 2-18 所示。最后单击“确定”按钮，删除所有选中的绘图页。

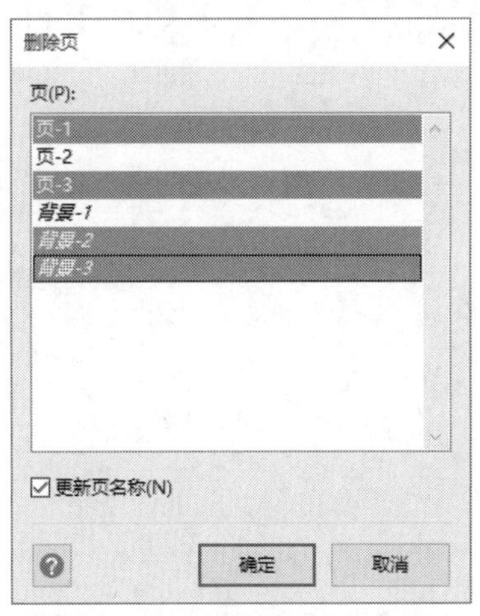

图 2-18　选择要删除的多个绘图页

提示：自定义快速访问工具栏的方法将在第 3 章进行介绍。

2.2.2　显示和重命名绘图页

如果一个绘图文件中包含多个绘图页，在绘图前需要先选择一个绘图页，则形状将被绘制到这个绘图页中。单击绘图页的标签，即可选择并激活相应的绘图页，此时会显示该绘图页中的内容，绘图页的标签会以蓝色和加粗字体显示。

如果绘图文件中的绘图页较多，则可以单击绘图页标签右侧的“全部”，在打开的列表中选择要激活的绘图页，如图 2-19 所示。按 Alt+F3 快捷键也可打开该列表。

为了易于识别绘图页中的内容，可以让标签显示有意义的名称。右击要修改其名称的标签，在弹出的快捷菜单中选择“重命名”命令，相应的标签将高亮显示，如图 2-20 所示，输入所需的名称后按 Enter 键即可。

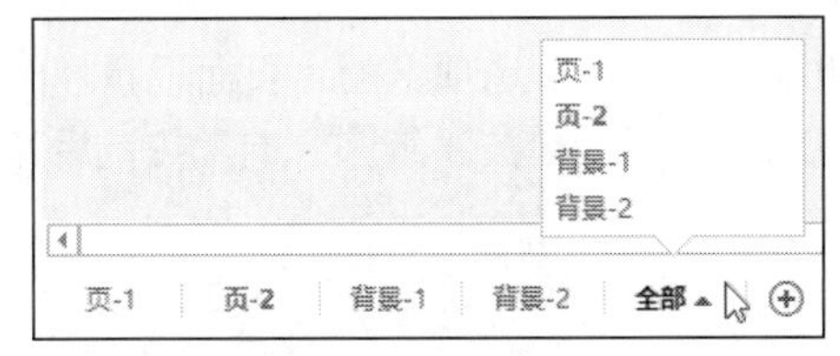

图 2-19　从列表中选择要激活的绘图页

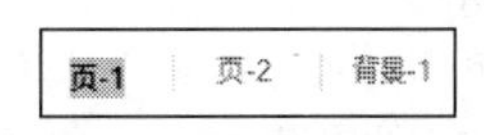

图 2-20　修改绘图页的名称

使用本章 2.2.1 节介绍的第 3 种方法添加绘图页时，可以直接在“页面设置”对话框的“页属性”选项卡中设置绘图页的名称。

2.2.3　调整绘图页的顺序

当一个绘图文件中包含多个绘图页时，可以对绘图页进行排序，只能对前景页排序，不能对背景页排序。调整绘图页顺序的最简单方法是使用鼠标拖动绘图页的标签，将其拖动到目标位置即可，拖动过程中显示的黑色三角表示当前移动到的位置，如图 2-21 所示。

调整绘图页排列顺序的另一种方法是右击任意一个绘图页的标签，在弹出的快捷菜单中选择“重新排序页”命令，打开“重新排序页”对话框，如图 2-22 所示。在“页顺序”列表框中选择要调整顺序的绘图页，然后单击“上移”或“下移”按钮，即可改变绘图页的位置。最后单击“确定”按钮。

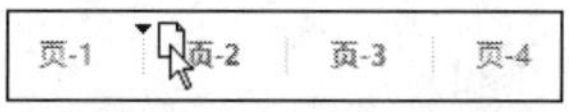

图 2-21　通过拖动标签来移动绘图页

图 2-22　调整绘图页的位置

提示：如果绘图页的名称使用 Visio 的默认名称，如页-1、页-2 等，则在选中“更新页名称”复选框时，在调整绘图页的顺序后，这些绘图页的名称会自动重新编号。例如，如果绘图页的原始顺序是页-1、页-2，在“重新排序页”对话框中将页-2 移动到页-1 之前，那么原来的页-2 会自动重命名为页-1，原来的页-1 会自动重命名为页-2。

2.2.4　设置绘图页的大小和方向

创建绘图文件时，Visio 将根据所使用的模板自动指定绘图页的纸张大小和方向，用户可以根据需要更改这两项设置。当绘图文件中包含多个绘图页时，每个绘图页都可以有自己的纸张大小和方向，以及其他页面设置。

选择要更改纸张大小和方向的绘图页，然后在功能区“设计”选项卡的“页面设置”组中通过“大小”和“纸张方向”两个按钮进行设置。图 2-23 所示为单击“纸张方向”按钮后弹出的菜单，可以从中选择纸张的方向。

也可以单击“页面设置”组右下角的对话框启动器，打开“页面设置”对话框，在“打印设置”选项卡中设置纸张大小和方向，如图 2-24 所示。

上面设置的是打印机的纸张大小和方向，还可以在“页面设置”对话框的“页面尺寸”选项卡中设置绘图页自身的大小和方向。由于功能区“设计”选项卡“页面设置”组中的“自动调整大小”按钮默认处于选中状态，因此在设置打印机的纸张大小和方向时，设置结果会同步作用于绘图页，此时打印机和绘图页具有完全相同的大小和方向。如果使功能区中的“自动调整大小”按钮弹起，即取消该按钮的功能，则可以分别为打印机和绘图页设置不同的大小和方向。

提示：当“自动调整大小”按钮处于按下状态时，如果绘制的形状超出当前绘图页的边界，那么绘图页会自动扩展，以容纳超出边界的形状。

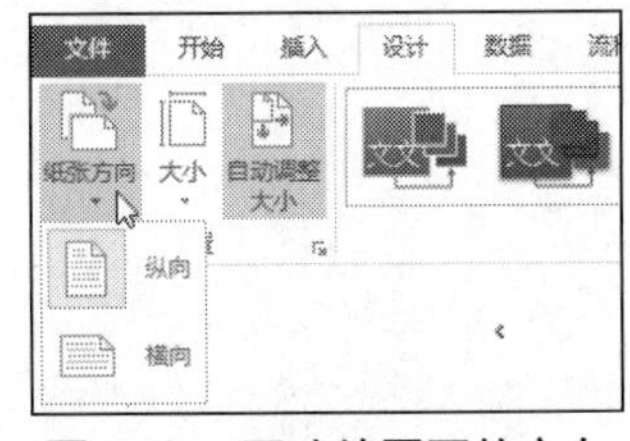

图 2-23　更改绘图页的方向

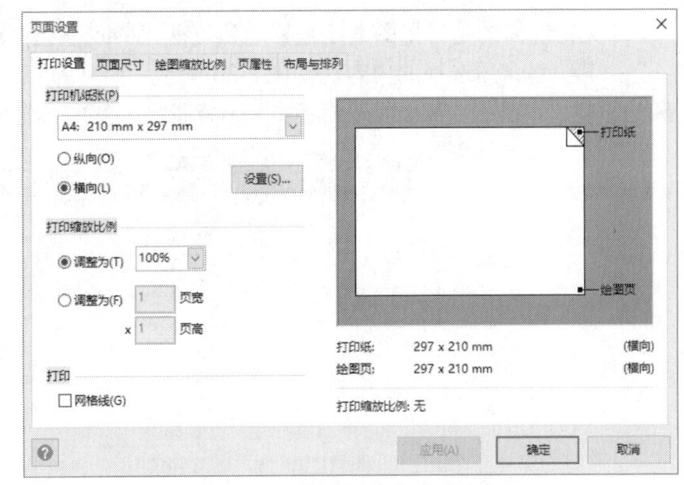

图 2-24　设置纸张大小和方向

2.2.5　为绘图页添加背景

为绘图页添加背景主要有两种方法：一种是选择 Visio 预置的背景样式或边框和标题样式，此时会自动创建一个背景页并将其指派给当前的前景页；另一种是手动创建背景页并在其中添加所需内容，然后将该页指派给所需的前景页，或将现有的背景页指派给所需的前景页。可以将同一个背景页指派给多个前景页，这样就可以很容易地让多个前景页拥有相同的背景。

Visio 预置了一些背景图案以及边框和标题样式，用户可以使用这些选项为前景页添加背景图案、边框和标题。为绘图页添加背景的操作步骤如下：

（1）选择要添加背景的前景页，然后在功能区“设计”选项卡的“背景”组中单击“背景”或“边框和标题”按钮，在打开的列表中选择所需的背景图案、边框和标题样式，如图 2-25 所示。

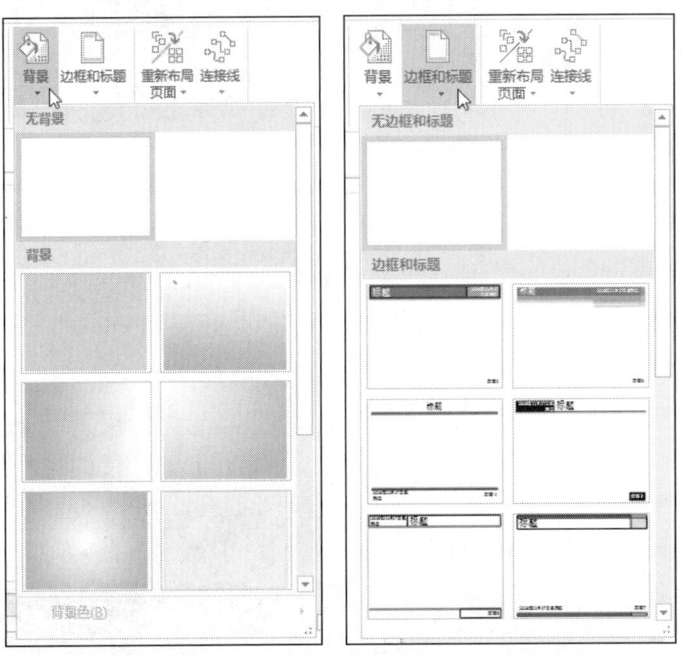

图 2-25　选择 Visio 预置的背景图案、边框和标题样式

（2）无论选择的是背景图案还是标题和边框，Visio 都会自动添加一个背景页，默认名为“背景-1”，其中包含所选择的内容，如图 2-26 所示。如果为一个前景页同时选择了背景图案与标题和边框样式，那么 Visio 也只会添加一个背景页，其中包含所有这些内容。

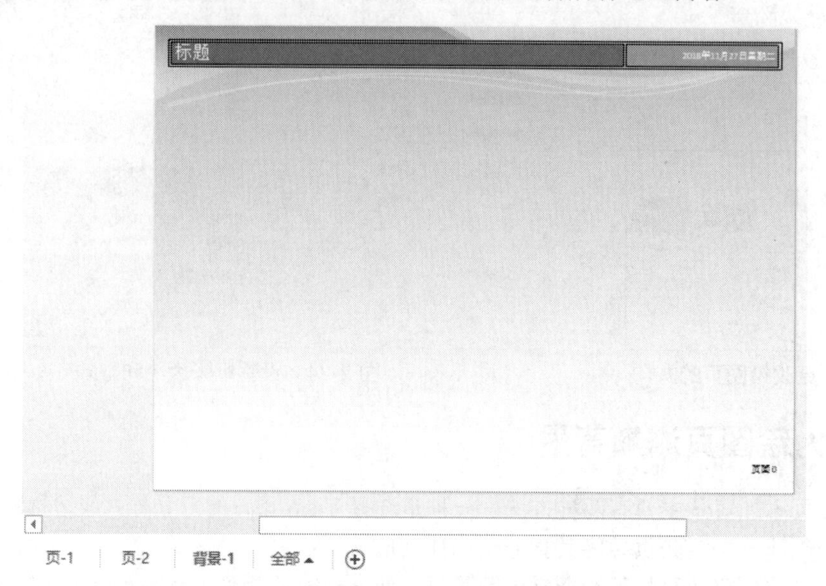

图 2-26　设置背景页

（3）用户还可以在背景页中添加任何所需的内容，如插入想要显示在前景页中的图片或图标，或绘制特定的形状等。

如果其他前景页也想使用同一个背景页中的内容作为它们的背景，则可以右击这些前景页中的任意一个前景页的标签，在弹出的快捷菜单中选择“页面设置”命令，打开“页面设置”对话框，在“页属性”选项卡的“背景”下拉列表中选择要使用的背景页，如图 2-27 所示。按照此方法对所需的前景页做相同的设置。

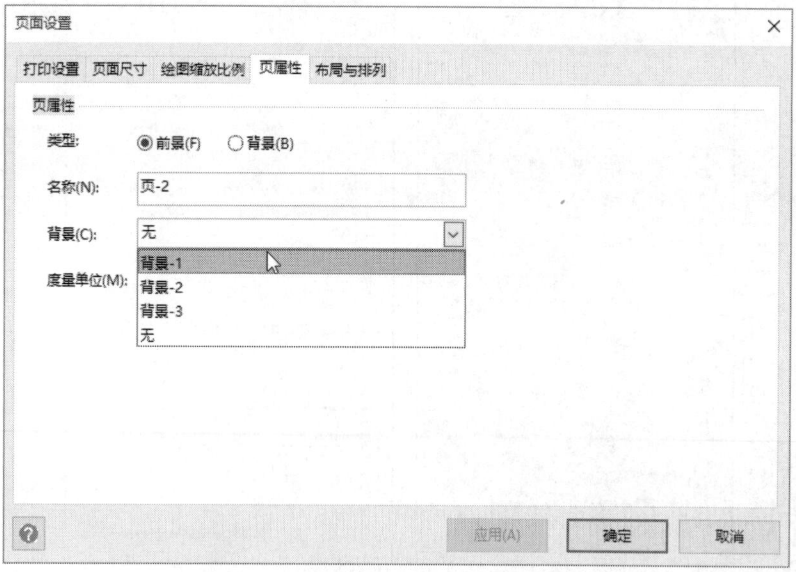

图 2-27　将指定的背景页指派给前景页

2.2.6　设置背景中特定部分的格式

Visio 预置的背景图案或边框和标题样式，实际上都是由更小的图形或形状组成的，在为前景页设置这些预置的背景样式后，用户可以对它们进行细节上的修改，以使其更加符合使用要求。

例如，为“页-1”前景页添加一个名为“溪流”的背景图案，Visio 会自动创建名为“背景-1”的背景页，其中包含“溪流”背景图案。要对该背景图案进行编辑，需要单击“背景-1”标签以激活该页，然后右击该页中的空白处，在弹出的快捷菜单中选择“组合”|“打开溪流”命令，如图 2-28 所示。

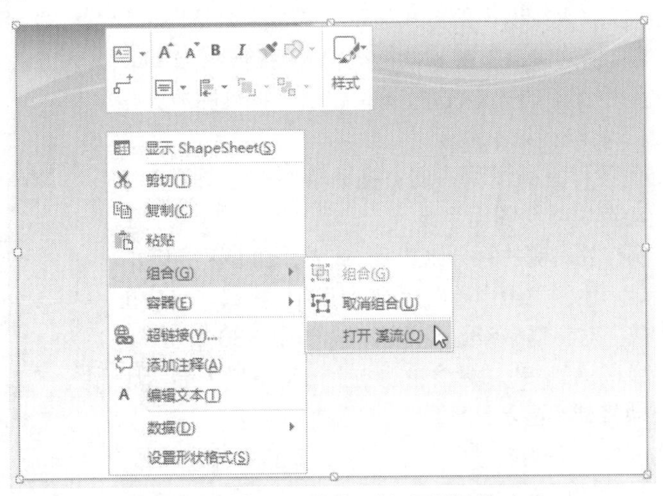

图 2-28　选择“组合”|“打开溪流”命令

此时将打开另一个窗口，按 Ctrl+A 快捷键，选中组成“溪流”背景图案的所有形状，由此可以了解到该背景都由哪些形状组成，如图 2-29 所示。然后可以分别为这些形状设置所需的填充色和边框，从而改变背景的外观效果。

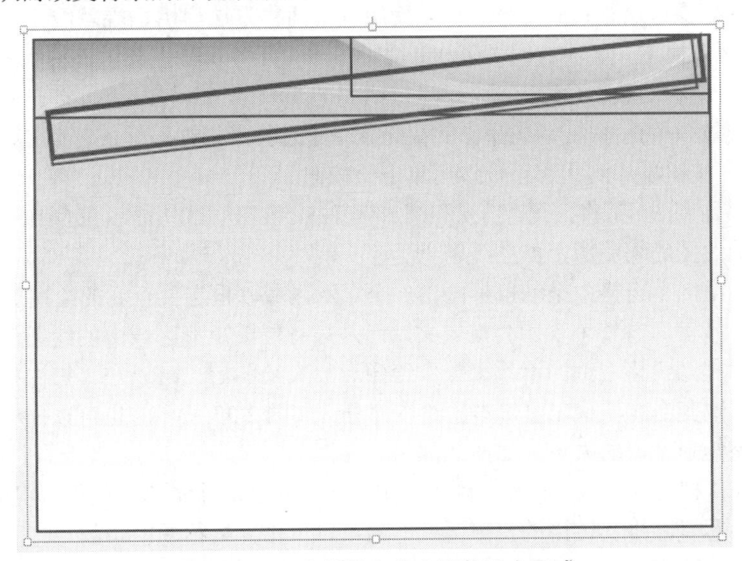

图 2-29　一个背景由多个形状组合而成

2.3 设置绘图的显示方式

Visio 提供了查看绘图的多种方式，可以按指定的比例放大或缩小绘图，也可以利用扫视功能放大并查看绘图的局部细节，还可以同时查看一个绘图的不同部分。本节将介绍这几种显示工具的使用方法。

2.3.1 设置绘图的显示比例

可以按指定比例以放大或缩小的方式显示绘图，主要是通过状态栏右侧的显示比例控件来进行设置，也可以结合使用键盘按键和鼠标滚轮来调整显示比例，具体方法有以下几种：

- 单击显示比例控件上的+或-按钮，+按钮用于将绘图放大显示，-按钮用于将绘图缩小显示。
- 拖动显示比例控件上的滑块，向右拖动滑块将绘图放大显示，向左拖动滑块将绘图缩小显示。
- 单击显示比例控件右侧的百分比数字，或者在功能区“视图”选项卡的“显示比例”组中单击“显示比例”按钮，然后在打开的“缩放”对话框中设置显示比例，如图 2-30 所示。
- 按住 Ctrl 键，然后滚动鼠标滚轮。向上滚动将增大显示比例，向下滚动将减小显示比例。
- 单击显示比例控件右侧的按钮，根据当前 Visio 窗口的大小，自动调整绘图的显示比例。

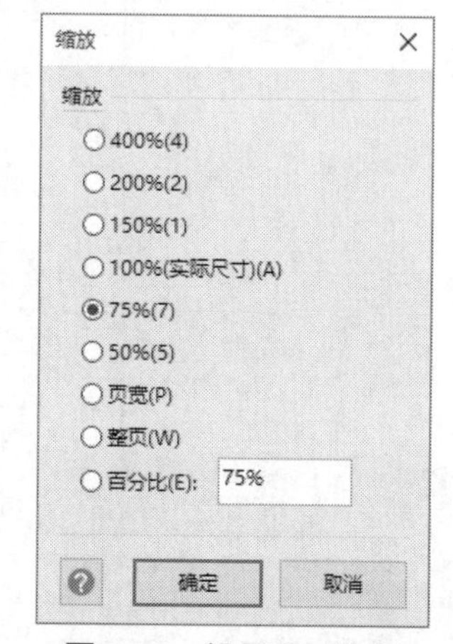

图 2-30 设置显示比例

2.3.2 扫视绘图

对绘图进行扫视本质上也是在改变整个绘图的显示比例，但是扫视的主要用途是在放大绘图时快速定位到想要重点查看的部分。可以使用以下两种方法启用扫视功能：

- 在功能区“视图”选项卡的“显示”组中单击“任务窗格”按钮，然后在弹出的菜单中选择“平铺和缩放”命令。
- 右击状态栏中的空白处，在弹出的快捷菜单中选择“扫视和缩放窗口”，将“扫视和缩放窗口”按钮添加到状态栏，然后单击该按钮。

无论使用哪种方法，都将打开“扫视和缩放”窗格，该窗格默认显示在 Visio 窗口的右下方，其中显示了当前绘图的缩略图，如图 2-31 所示。

在“扫视和缩放”窗格中拖动鼠标画出一个矩形区域以框选要查看的绘图部分，如图 2-32 所示。释放鼠标按键后，整个绘图会被放大，但是只有位于矩形区域中的绘图部分才会显示在窗口中。也可以拖动窗格右侧的滑块来放大绘图。放大绘图后，可以在“扫视和缩放”窗格中拖动矩形框，以改变当前显示在窗口中的绘图部分，如图 2-33 所示。也可以拖动矩形框的边框或 4 个角来调整矩形区域的大小，如图 2-34 所示。

如果要关闭“扫视和缩放”窗格，则可以单击窗格标题栏中的“关闭”按钮×。如果想要在使用该窗格时，尽量减少其占用的窗口区域，则可以单击窗格标题栏中的“打开自动隐藏”按钮，当鼠标指针移动到“扫视和缩放”窗格以外的区域时，该窗格会自动隐藏，并只显示标题栏。当鼠标指针移动到标题栏上时，该窗格将会完整显示。

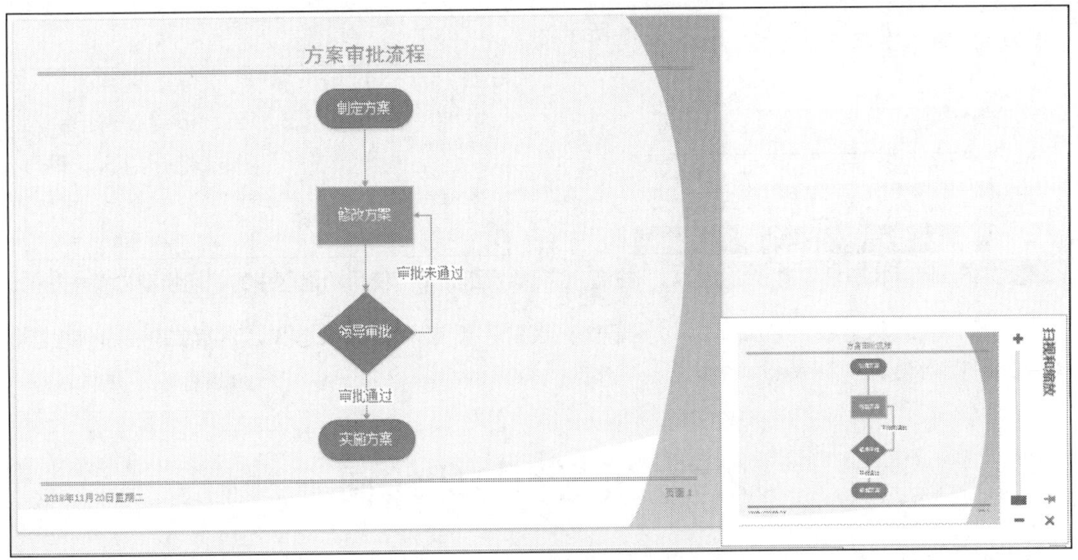

图 2-31　“扫视和缩放”窗格

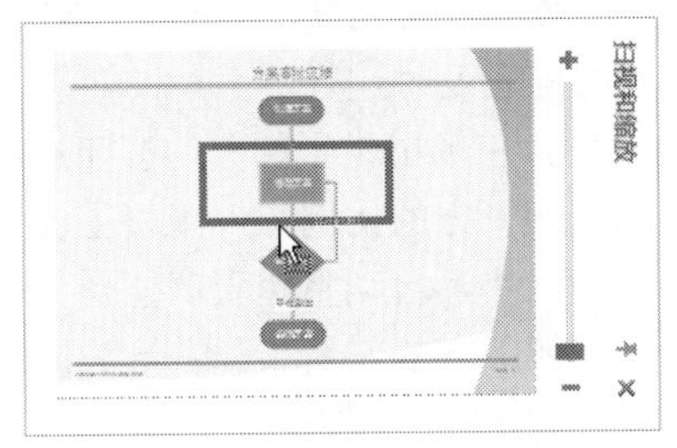

图 2-32　框选要查看的绘图部分

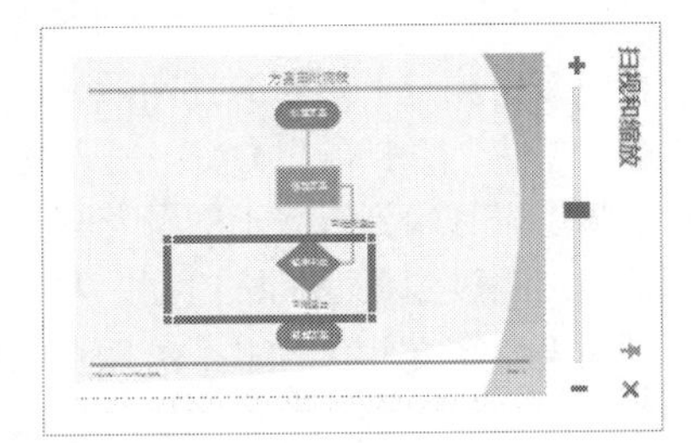

图 2-33　移动矩形框以改变显示的绘图部分

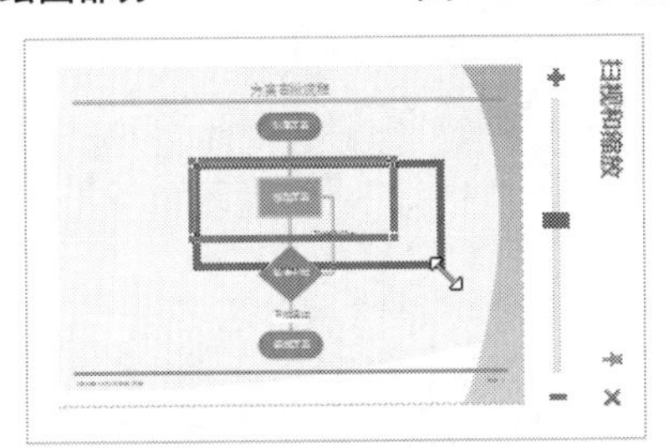

图 2-34　调整矩形框的大小

2.3.3　同时查看一个绘图的不同部分

如果要对比查看一个绘图的不同部分，则可以在功能区“视图”选项卡的“窗口”组中单击“新建窗口”按钮，为当前绘图文件创建一个新的窗口，其中显示的也是当前的绘图，用户可以在一个绘图的不同窗口中设置不同的缩放比例，也可以使用扫视功能在各个窗口中放大显示同一个绘图的不同位置。

为一个绘图创建两个或多个窗口后，可以使用以下方法在这些窗口之间切换：

- 单击状态栏中的“切换窗口”按钮，然后在弹出的菜单中单击要切换到的窗口，如图 2-35 所示。
- 在功能区“视图”选项卡的“窗口”组中单击“切换窗口”按钮，然后在弹出的菜单中单击要切换到的窗口，如图 2-36 所示。

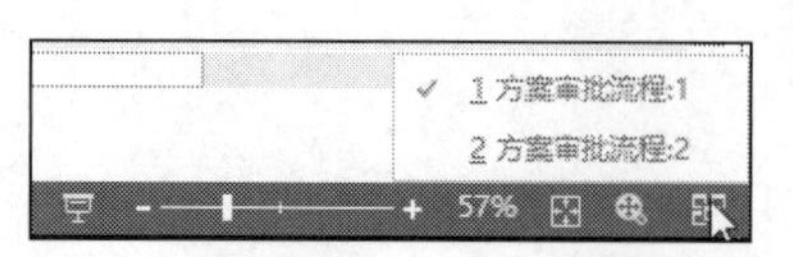

图 2-35　使用状态栏中的“切换窗口”按钮

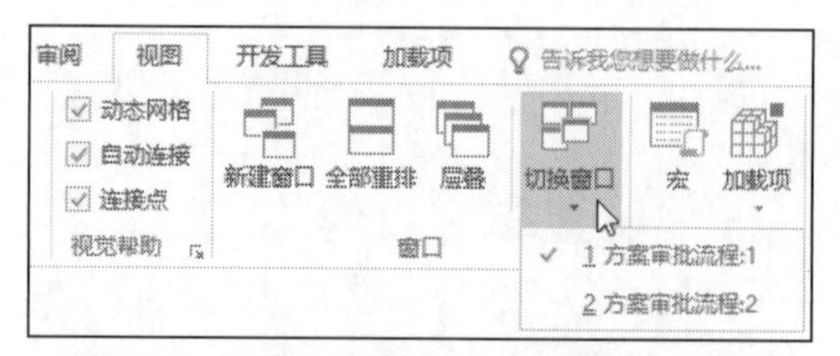

图 2-36　使用功能区中的“切换窗口”按钮

提示：如果状态栏中未显示“切换窗口”按钮，则可以右击状态栏，然后在弹出的快捷菜单中选择“切换窗口”命令。

2.4　预览和打印绘图

有时为了便于组织或归档材料，需要使用纸质版的图表，此时需要将在 Visio 中绘制的图表打印到纸张上。虽然在大多数的 Visio 模板中，绘图页与打印页的设置相同，但是为了保险起见，最好在打印前预览一下图表的打印效果，对任何可能存在的问题及时进行更正。

选择“文件”|“打印”命令，进入如图 2-37 所示的界面，左侧提供了相关的打印选项，右侧显示了将图表打印到纸张上的预览效果。可以通过界面右侧下方的比例控件调整图表的显示大小，单击“缩放到页面”按钮，将根据当前预览界面的大小，自动将图表调整到合适的显示大小。如果绘图文件包含多个绘图页，则可以单击界面右侧下方的左箭头和右箭头依次显示各个绘图页。

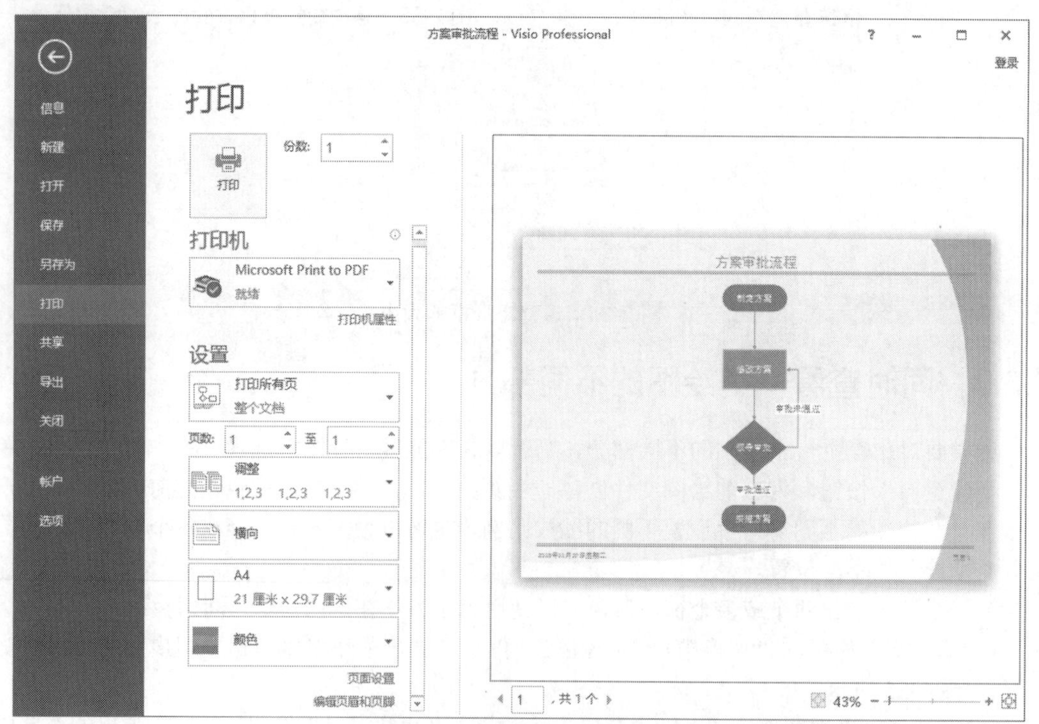

图 2-37　打印预览界面

如果需要修改打印设置，则可以使用界面左侧的选项，这些选项的含义与设置方法将在后续内容中进行介绍。完成所有设置和修改后，在打印预览界面中单击“打印”按钮，即可开始打印绘图。

2.4.1　设置纸张的尺寸和方向

在打印预览界面中可以设置纸张的尺寸和方向，如图 2-38 所示。可以打开这两个选项的下拉列表，从中选择预置的纸张大小和方向。

如果要让图表打印到纸张的正中间，则需要在打印预览界面中单击“页面设置”，在打开的“页面设置”对话框中单击“设置”按钮，然后在“打印设置”对话框中选中“水平居中”和“垂直居中”复选框，如图 2-39 所示。

图 2-38　设置纸张的尺寸和方向

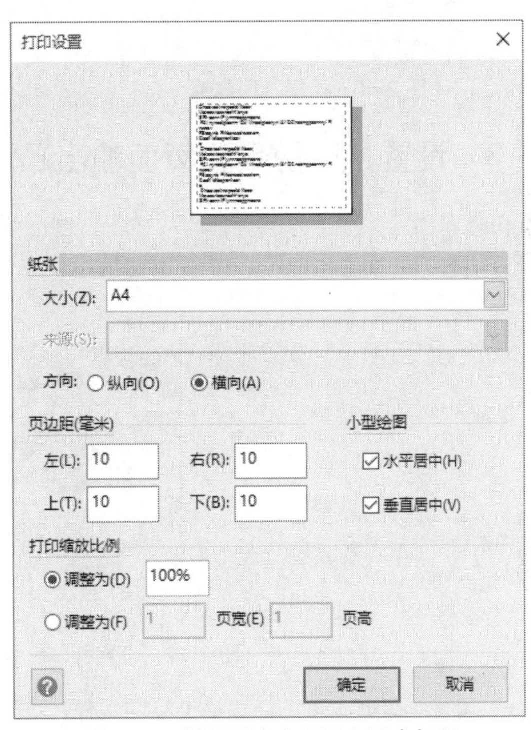

图 2-39　设置图表在纸张上居中打印

2.4.2　设置打印范围和页数

默认情况下，将会打印绘图文件中的所有绘图页，但是可以根据实际需要，打印特定的绘图页或绘图页中选中的形状。在打印预览界面中，打开“设置”字样下方的第一个下拉列表，从中选择打印的绘图页范围，如所有页、当前页、指定的页面范围或选中的内容，如图 2-40 所示。

如果选择列表中的“自定义打印范围”选项，则需要在下方的两个文本框中指定要打印的起始页和结束页，这样将会打印从起始页到结束页的所有绘图页。图 2-41 所示为打印当前绘图文件中的第 3～6 页。

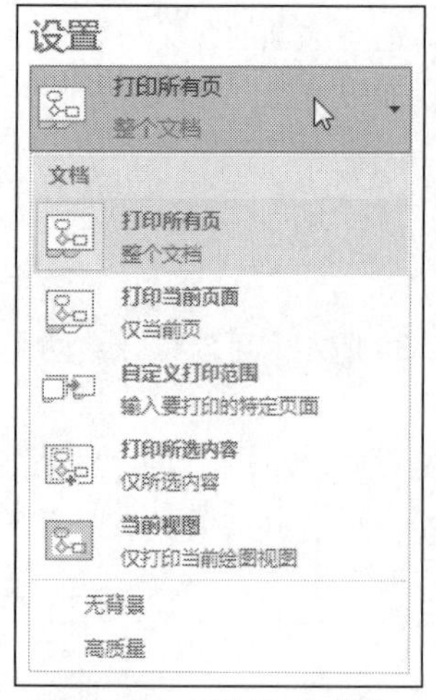

图 2-40　选择打印范围

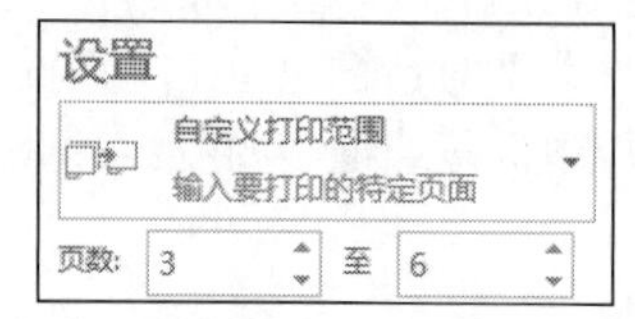

图 2-41　指定打印的绘图页范围

2.4.3　设置打印份数和页面输出顺序

在打印预览界面上方的“打印”按钮右侧，可以指定要将绘图页打印几份，还可以在下方选择打印时的页面输出顺序，如图 2-42 所示。

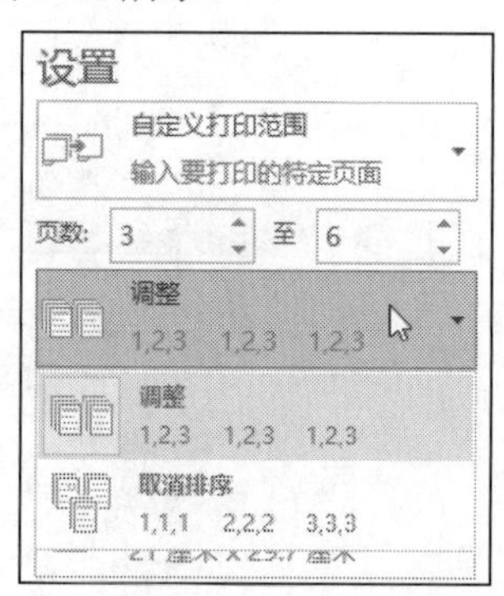

图 2-42　设置打印份数和页面输出顺序

- 调整：按页次逐页打印整个绘图文件，直到最后一页。如果要打印多份，则在打印完第 1 遍之后，继续按页次逐页打印第 2 遍绘图文件，以此类推。例如，如果要将一个总共 3 页的绘图文件打印 3 份，第 1 遍将打印绘图文件的 1～3 页，第 1 遍完成后，第 2 遍打印绘图文件的 1～3 页，第 2 遍完成后，第 3 遍打印绘图文件的 1～3 页。
- 取消排序：根据要打印的份数，按页码打印绘图文件。例如，如果要将一个总共 3 页的绘图文件打印 3 份，则会先将第 1 页打印 3 份，然后将第 2 页打印 3 份，最后将第 3 页打印 3 份。

第 3 章

自定义绘图环境

开始在 Visio 中绘图之前，为了提高绘图效率，用户可以先对绘图环境进行一些设置。这里所说的绘图环境不仅是指功能区、快速访问工具栏等 Visio 界面元素，还包括形状、模具、模板等绘图工具。本章主要介绍自定义 Visio 绘图环境的方法。如果对 Visio 绘图的一些基本知识和技术还不是很熟悉，那么本章中的一些内容可能不太容易理解，此时可以先跳到后续章节进行阅读，以后再回到本章继续学习。

3.1 自定义快速访问工具栏和功能区

绘图时总会有一些需要频繁使用的命令，为了加快执行这些命令的速度，可以将它们添加到快速访问工具栏中。如果命令较多，则可以将这些命令添加到功能区中现有的选项卡中，甚至可以在功能区中创建新的选项卡，以便将用户所需使用的所有命令放置到同一个选项卡中，并在其中创建组来进行分类管理。

3.1.1 自定义快速访问工具栏

如果要将功能区中的某个命令添加到快速访问工具栏，则可以在功能区中右击该命令，然后在弹出的快捷菜单中选择“添加到快速访问工具栏”命令，如图 3-1 所示。

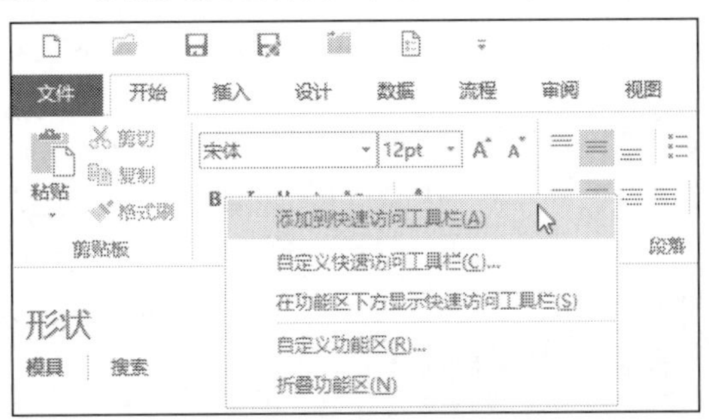

图 3-1 选择“添加到快速访问工具栏”命令

如果要添加的命令不在功能区中，则可以右击快速访问工具栏，然后在弹出的快捷菜单中选择“自定义快速访问工具栏”命令，打开“Visio 选项”对话框的“快速访问工具栏”选项卡。

从左侧上方的下拉列表中选择一个命令类别，其下方的列表框中会显示所选类别中包含的所有命令，如图 3-2 所示。选择一个命令，然后单击“添加”按钮，将该命令添加到右侧的列表框中，这里添加的是“空白页”命令，如图 3-3 所示。右侧列表框中的命令是显示在快速访问工具栏中的命令。使用类似的方法，可以添加不同的命令，完成后单击“确定”按钮。

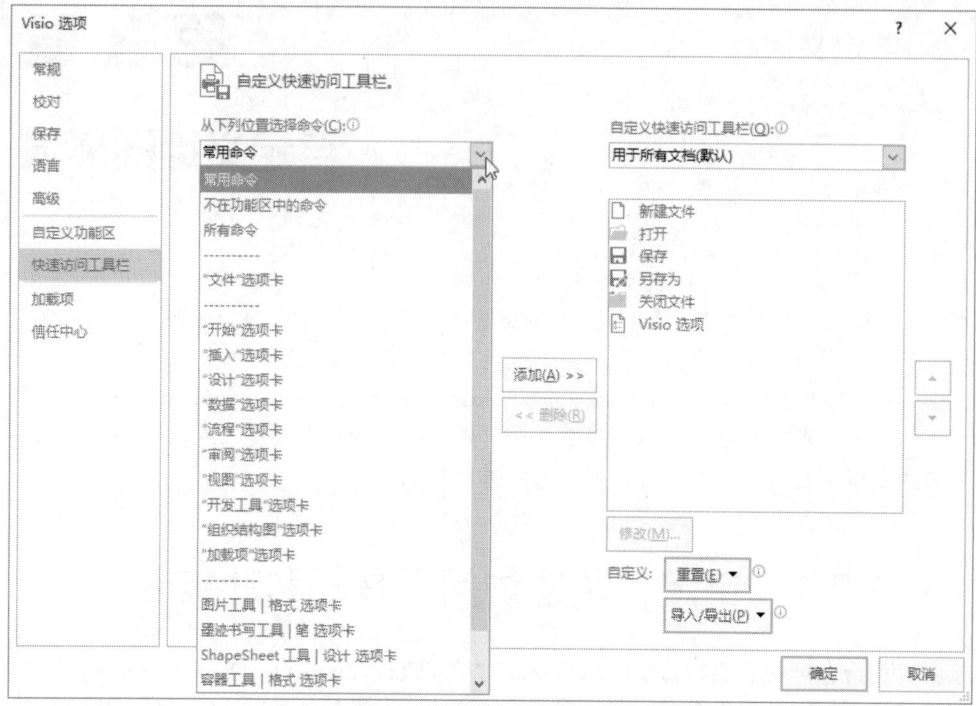

图 3-2　选择一个命令类别

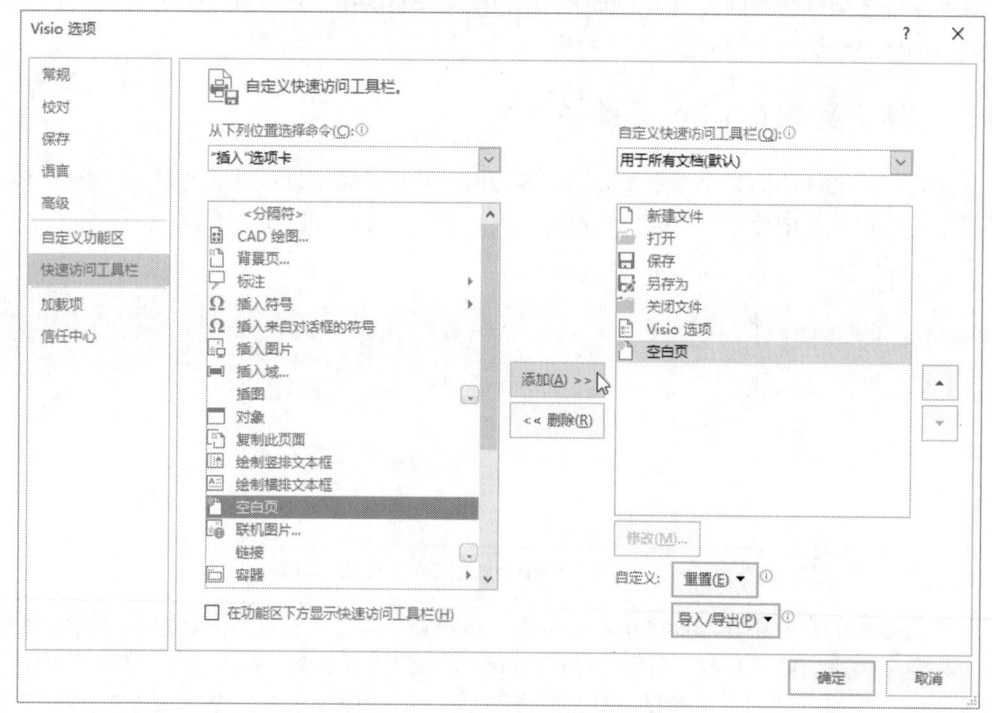

图 3-3　添加“空白页”命令

如果要删除快速访问工具栏中的命令，则可以右击要删除的命令，然后在弹出的快捷菜单中选择“从快速访问工具栏删除”命令。

3.1.2　自定义功能区

当要添加到快速访问工具栏中的命令数量较多时，可以将这些命令添加到功能区中。右击快速访问工具栏或功能区，在弹出的快捷菜单中选择“自定义功能区”命令，打开“Visio 选项”对话框的“自定义功能区”选项卡，如图 3-4 所示。

图 3-4　“自定义功能区”界面

该界面与 3.1.1 节介绍的自定义快速访问工具栏时的界面类似，设置时都是从左侧选择命令的类别和具体的命令，然后单击“添加”按钮，将所选命令添加到右侧的列表框中。与自定义快速访问工具栏不同的是，自定义功能区时不能直接将命令添加到右侧列表框中，而必须先创建新的组，然后将命令添加到新建的组中。可以在 Visio 默认的选项卡中创建新的组，也可以先创建新的选项卡，然后在其中创建新的组。

提示：在右侧的列表框中，可以通过选中或取消选中选项卡名称左侧的复选框，以决定在功能区中显示哪些选项卡。

1. 将命令添加到 Visio 默认的选项卡

在“自定义功能区”界面右侧的列表框中选择要在其中添加命令的选项卡，然后单击“新建组”按钮，将自动展开选中的选项卡，并在最后一个组之后创建一个新的组，如图 3-5 所示。

选择创建的组，然后单击“重命名”按钮，在打开的对话框中可以为新建的组设置一个有意义的名称，如图 3-6 所示。输入新名称后单击“确定”按钮。

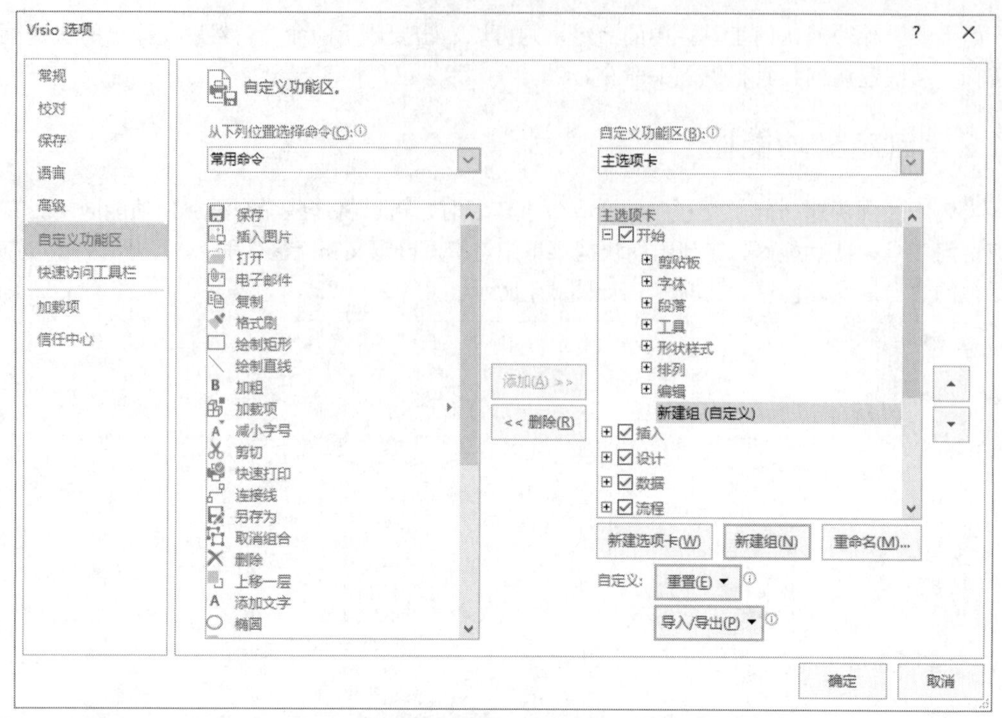

图 3-5　在选中的选项卡中创建一个新的组

如果想要调整新建的组在其所在的选项卡中的位置，则可以选择该组，然后单击右侧的“上移”按钮 或“下移”按钮 。

完成以上工作后，可以在选中新建的组的情况下，将左侧列表框中的命令添加到该组中，操作方法与将命令添加到快速访问工具栏类似。图 3-7 是在新建的名为“自定义命令”的组中添加命令后的效果。

图 3-6　为组设置名称

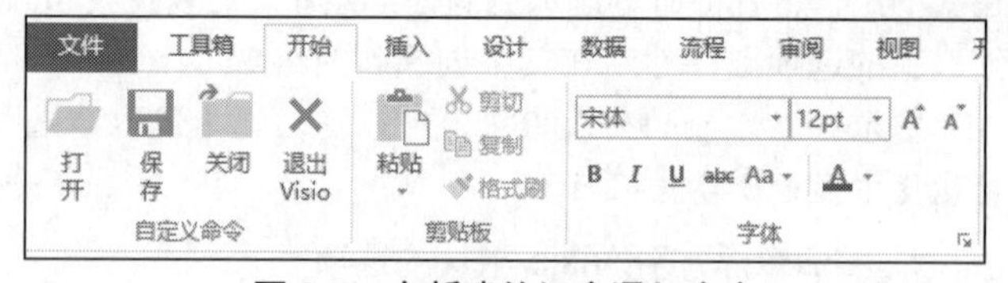

图 3-7　在新建的组中添加命令

2. 将命令添加到新建的选项卡

除了将命令添加到 Visio 默认的选项卡之外，还可以将命令添加到用户创建的新的选项卡中。在“自定义功能区”界面中单击“新建选项卡”按钮，将在右侧列表框中创建一个新的选项卡，其中默认包含一个组，如图 3-8 所示。

图 3-8　创建新的选项卡

单击“重命名”按钮可以修改新建的选项卡和组的名称，修改选项卡的名称时会显示“重命名”对话框，如图 3-9 所示。

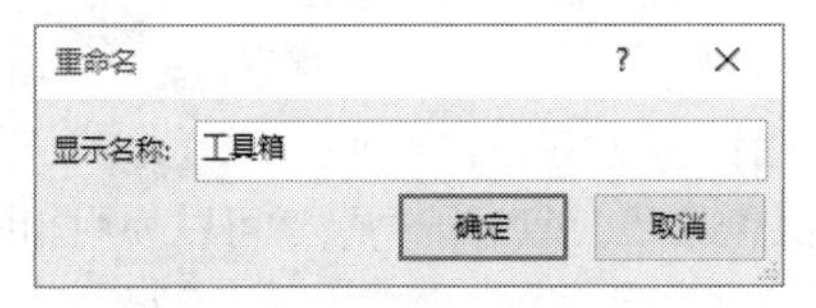

图 3-9　修改选项卡的名称

可以在新建的选项卡中创建多个组，然后将所需的命令添加到各个组中。图 3-10 是在一个创建的名为“工具箱”的选项卡中添加的 3 个组和一些命令。

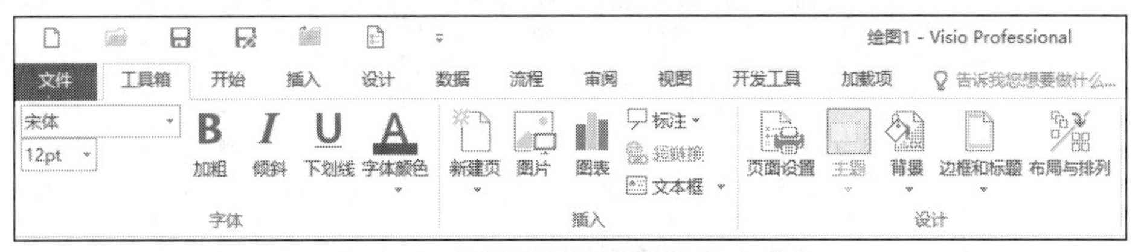

图 3-10　在新的选项卡中添加组和命令

3.1.3　导出和导入界面配置

为了在重装系统后快速将 Visio 界面恢复到以前设置好的状态，或者让多台计算机中安装的 Visio 具有相同的界面，则可以先在计算机中对 Visio 的快速访问工具栏和功能区进行设置，然后打开“Visio 选项”对话框的“自定义功能区”或“快速访问工具栏”选项卡，单击“导入/导出”按钮，在弹出的菜单中选择“导出所有自定义设置”命令，如图 3-11 所示。然后在打开的对话框中设置导出的文件名和存储位置，最后单击“保存”按钮。

当需要恢复原来的界面配置时，只需选择图 3-11 中的“导入自定义文件”命令，然后在打开的对话框中选择之前导出的界面配置文件即可。

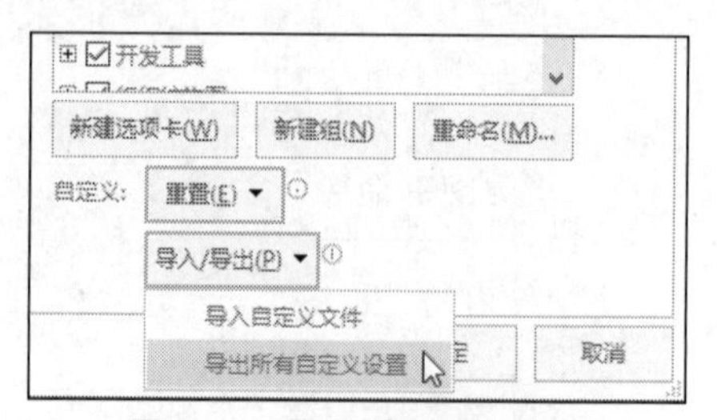

图 3-11　导出界面配置信息

3.2　创建和自定义模具

模具用于分类存放不同类型和用途的主控形状，以便用户可以快速找到所需的主控形状。第 1 章曾介绍过，位于模具中的形状都是主控形状，将一个主控形状拖动到绘图页面中，就创建了该主控形状的一个实例。为了提高绘图效率，用户可以创建新的模具，并将常用的主控形状添加到新建的模具中，这样就可以在一个模具中找到所有需要的主控形状，而无须在绘图文件中添加包含所需主控形状的多个模具。

3.2.1　在绘图文件中添加不同模板中的模具

无论使用哪个模板创建绘图，绘图文件中默认都只包含该模板所提供的模具和形状。但是在绘图时，所需使用的形状可能来自于多个模板，此时可以在绘图文件中打开其他模板中的特定模具，然后就可以将这些模具中的形状添加到绘图中。

要在当前绘图文件中打开一个模具，需要在“形状”窗格中单击“更多形状”，在弹出的菜单中显示了所有模具类别，将鼠标指针移动到某个类别上，在弹出的子菜单中将显示该类别中的模具，如图 3-12 所示。一些复杂的模具类别还会包含子类别，可以使用相同的方法选择模具的子类别。

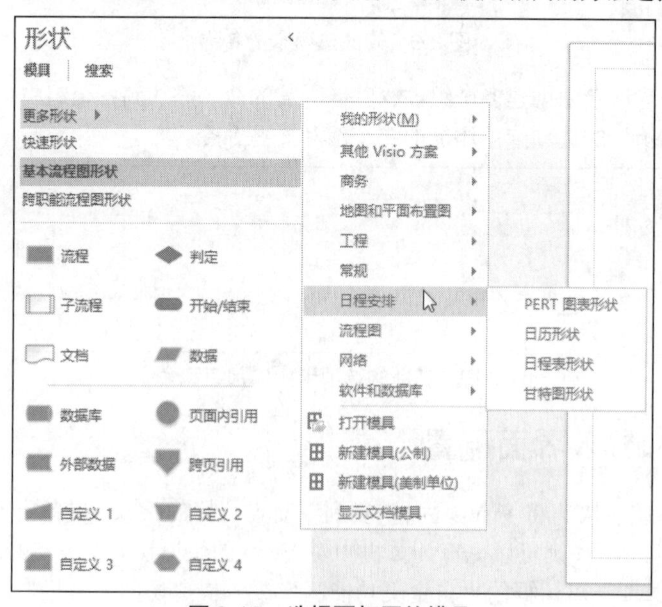

图 3-12　选择要打开的模具

选择一个模具后，该模具将显示在“形状”窗格中，图 3-13 为打开的“甘特图形状”模具。如果不再使用某个模具，则可以在“形状”窗格中右击该模具的标题，然后在弹出的快捷菜单中选择“关闭”命令，如图 3-14 所示。

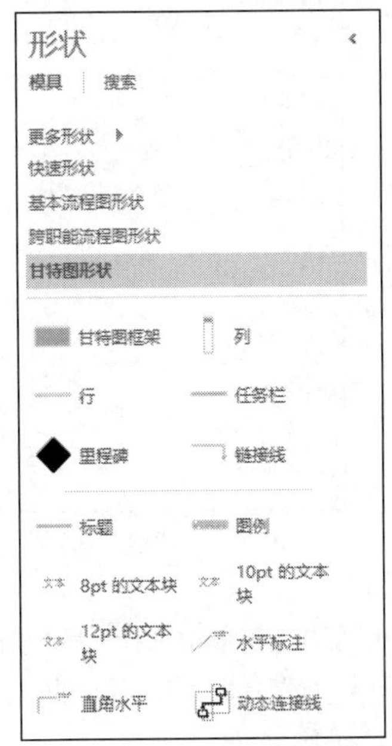

图 3-13　在“形状”窗格中打开指定的模具

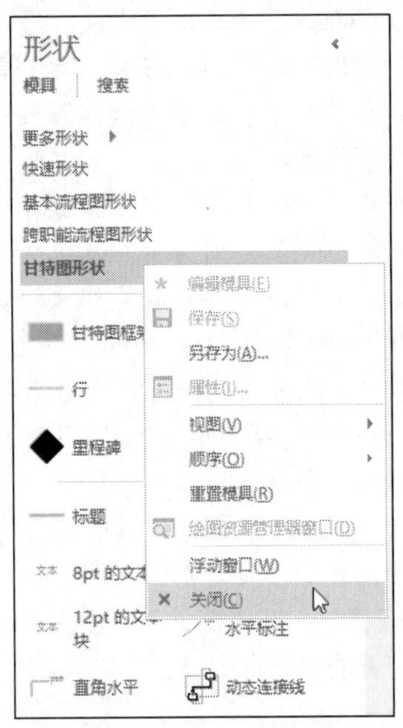

图 3-14　选择“关闭”命令

提示：为了增加绘图区域的空间，可以单击“形状”窗格右上方的箭头，使“形状”窗格最小化，如图 3-15 所示。最小化的“形状”窗格显示为一个窄条，此时单击窗格右上角的箭头，可以恢复“形状”窗格的原始大小。

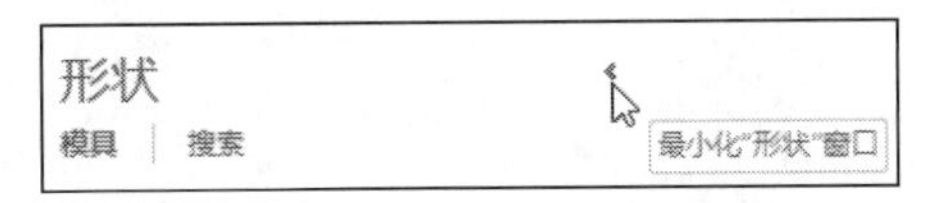

图 3-15　使“形状”窗格最小化

3.2.2　创建和保存模具

用户可以创建新的模具，然后将所需的形状添加到新建的模具中。创建模具的方法有以下两种：

- 在“形状”窗格中单击“更多形状”，然后在弹出的菜单中选择“新建模具（公制）”或“新建模具（美制单位）”命令。
- 将“开发工具”选项卡添加到功能区中，然后在功能区“开发工具”选项卡的“模具”组中单击“新建模具（公制）”或“新建模具（美制单位）”按钮，如图 3-16 所示。

图 3-16　使用功能区命令创建模具

使用任意一种方法后，将在“形状”窗格中添加名为“模具 1”的模具。右击该模具的标题，在弹出的快捷菜单中选择“保存”命令，如图 3-17 所示。

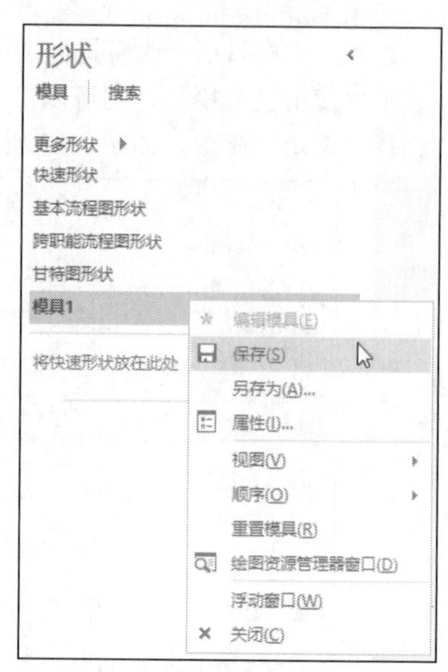

图 3-17　选择“保存”命令

由于是新建的模具，还未保存过，因此会打开“另存为”对话框，如图 3-18 所示，用户需要设置模具的名称和存储位置，然后单击“保存”按钮，将模具以文件的形式保存到指定的位置。

用户创建的模具的默认存储位置位于以下路径，其中的“<用户名>”是指当前登录到 Windows 操作系统的用户名，这里假设 Windows 操作系统安装在 C 盘。

```
C:\Users\<用户名>\Documents\我的形状
```

要打开上面的路径所对应的文件夹，可以在 Visio 的“形状”窗格中选择“更多形状”|“我的形状”|“组织我的形状”命令。

除了前面介绍的创建模具的两种方法之外，如果想要以某个内置的模具为基础来创建新的模具，则可以在“形状”窗格中打开该模具，然后右击该模具的标题，在弹出的快捷菜单中选择“另存为”命令，然后在打开的对话框中设置新模具的名称，存储位置仍然默认为“我的形状”文件夹。

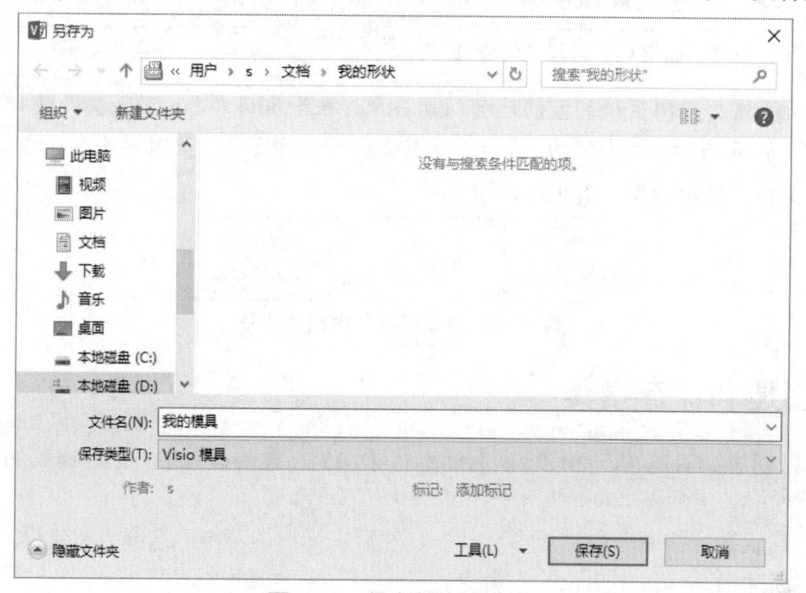

图 3-18　保存新建的模具

3.2.3　将形状添加到模具中

创建模具后，用户可以将其他模具或当前绘图中的形状添加到新建的模具中，但是不能将形状添加到 Visio 内置的模具中。在向用户创建的模具中添加形状时，必须先进入模具的编辑模式。在“形状”窗格中右击要添加形状的模具的标题，然后在弹出的快捷菜单中选择“编辑模具”命令，即可进入模具的编辑模式，该模式下的模具标题右侧会显示一个星形标记，如图 3-19 所示。

注意：在对模具中的形状进行重命名、编辑、删除等操作时，也需要先进入模具的编辑模式。

在编辑模式下对模具进行修改后，将在模具标题的右侧显示保存图标，单击该图标将保存对模具的修改结果，如图 3-20 所示。保存后，保存图标会变为星形图标。

下面分别介绍向用户创建的模具中添加形状的两种方法。

1. 将其他模具中的形状添加到新建的模具中

将所需形状所在的模具添加到“形状”窗格中，单击该模具的标题以显示其中包含的形状，然后右击要添加的形状，在弹出的快捷菜单中选择“添加到我的形状”命令，在子菜单中选择用户创建的模具，例如选择“我的模具”，即可将所选形状添加到指定的模具中，如图 3-21 所示。

2. 将绘图中的形状添加到新建的模具中

如果要将当前绘图页面中的形状添加到模具中，则可以在绘图页面中选择要添加到模具中的形状，可以是单个形状，也可以是多个形状。然后按住鼠标左键，将选中的形状拖动到“形状”窗格中的某个用户创建的模具中，如图 3-22 所示。

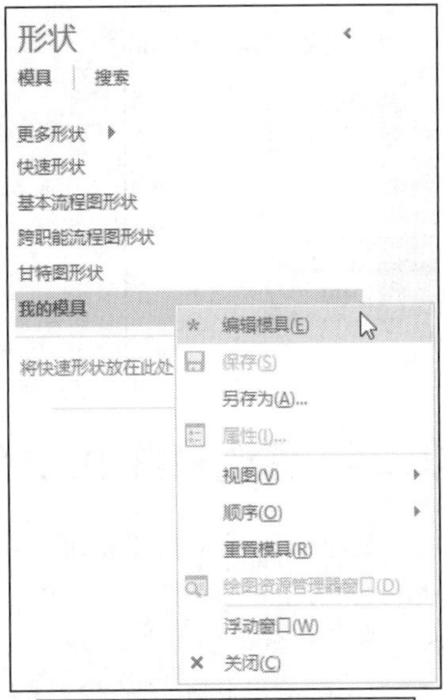

图 3-19　设置模具的编辑模式

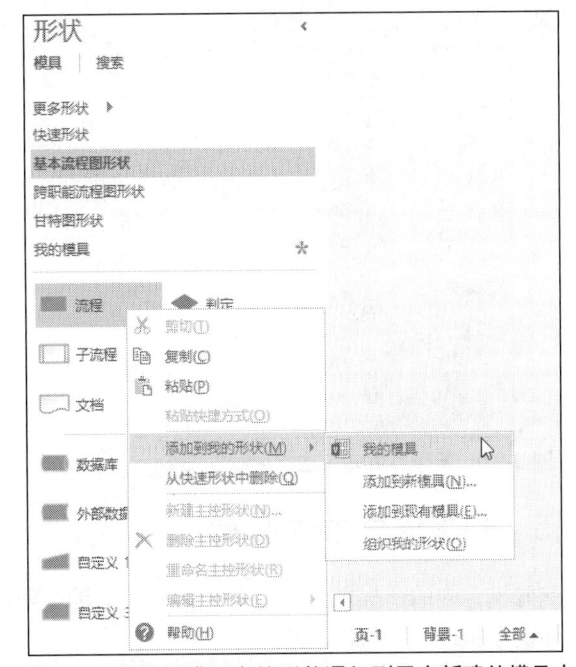

跨职能流程图形状
甘特图形状
我的模具

图 3-20　模具的保存图标

图 3-21　将其他模具中的形状添加到用户新建的模具中

注意：将页面中的形状拖动到模具中之后，页面中的形状会被删除。如果想要保留这些形状，可以在拖动时按住 Ctrl 键，以复制的方式将形状添加到模具中。或者右击页面中的形状，在弹出的快捷菜单中选择“复制”命令，然后单击模具标题，在模具内部右击，并在弹出的快捷菜单中选择“粘贴”命令。

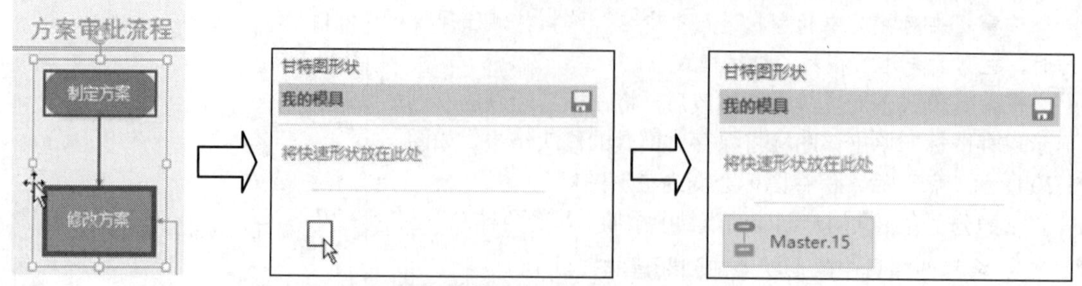

图 3-22　将页面中的形状拖动到模具中

3.2.4　修改模具中的形状名称

为了快速找到想要使用的形状，可以为添加到模具中的形状设置有意义的名称。修改形状的名称之前，需要先进入模具的编辑模式，方法请参考 3.2.3 节。设置形状的名称有以下两种方法：

- 单击形状所在的模具的标题，然后右击要设置名称的形状，在弹出的快捷菜单中选择"重命名主控形状"命令，如图 3-23 所示。
- 单击形状所在的模具的标题，然后单击要设置名称的形状，按 F2 键。

使用任意一种方法后，将进入名称的编辑状态，删除原有名称，并输入新的名称，然后按 Enter 键确认对名称的修改，如图 3-24 所示。最后单击模具标题右侧的保存图标，保存对模具的修改。

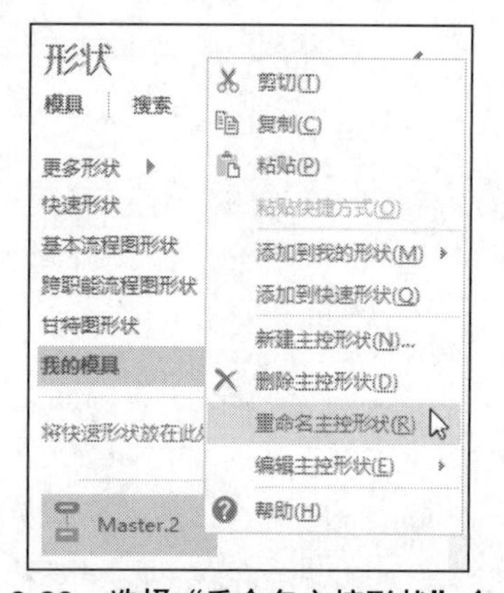

图 3-23　选择"重命名主控形状"命令

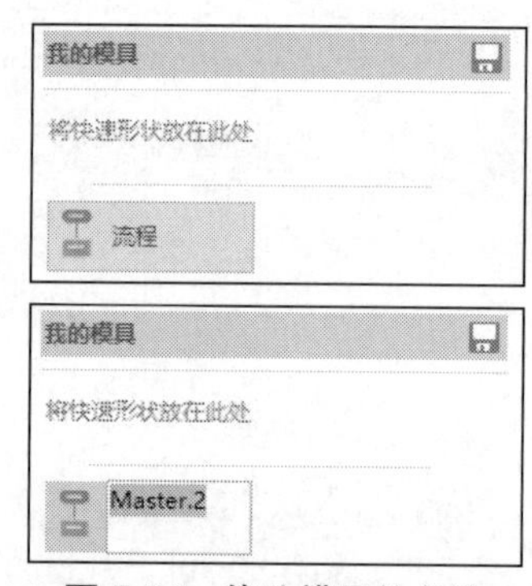

图 3-24　修改模具的名称

3.2.5　删除模具中的形状

删除模具中的形状之前，也需要先进入模具的编辑模式，然后可以使用以下几种方法删除模具中的形状：

- 单击要删除的形状，然后按 Delete 键。
- 右击要删除的形状，在弹出的快捷菜单中选择"删除主控形状"命令。
- 右击要删除的形状，在弹出的快捷菜单中选择"剪切"命令，但是不执行粘贴操作。

删除形状后，单击模具标题右侧的保存图标，保存对模具的修改。

3.2.6 恢复内置模具的默认状态

如果修改过 Visio 内置的模具，如调整各个形状之间的排列顺序，或者在“快速形状”区域中添加或删除了形状，那么可以通过“重置模具”命令将模具恢复为最初的默认状态。右击要恢复默认状态的模具标题，在弹出的快捷菜单中选择“重置模具”命令，如图 3-25 所示。

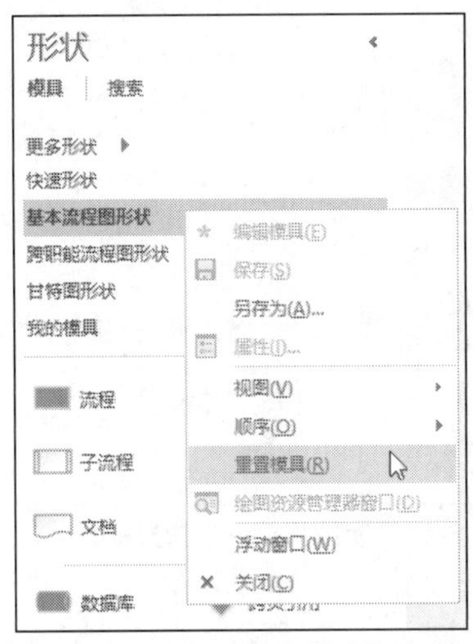

图 3-25 选择“重置模具”命令

提示：如果没有对 Visio 内置的模具进行过修改，则“重置模具”命令将处于禁用状态。

3.2.7 自定义模具的显示方式

在“形状”窗格中打开的所有模具，按照打开它们的先后顺序，从上到下依次显示。单击模具标题将显示该模具中包含的所有形状，每个形状以图标+名称的形式显示。用户可以调整模具的位置，也可以改变形状的显示方式。

1. 调整模具的位置

单击要调整位置的模具的标题，然后按住鼠标左键，将模具拖动到“形状”窗格中的目标位置，拖动过程中会显示一条直线，它指明了将模具移动到的当前位置，如图 3-26 所示。

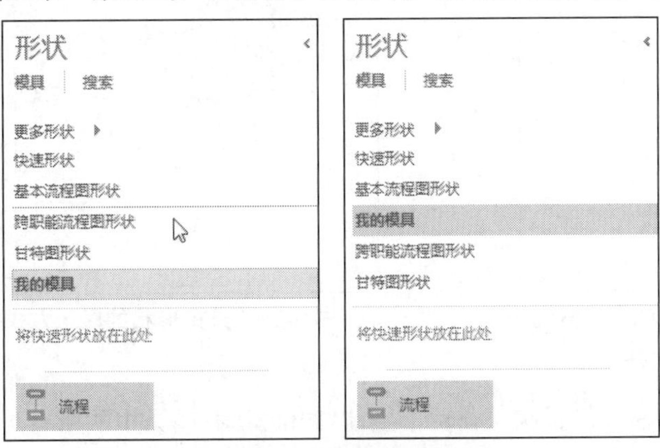

图 3-26 调整模具的位置

移动模具的另一种方法是，右击模具的标题，在弹出的快捷菜单中选择“顺序”命令，然后在子菜单中选择“上移”或“下移”命令，如图 3-27 所示。

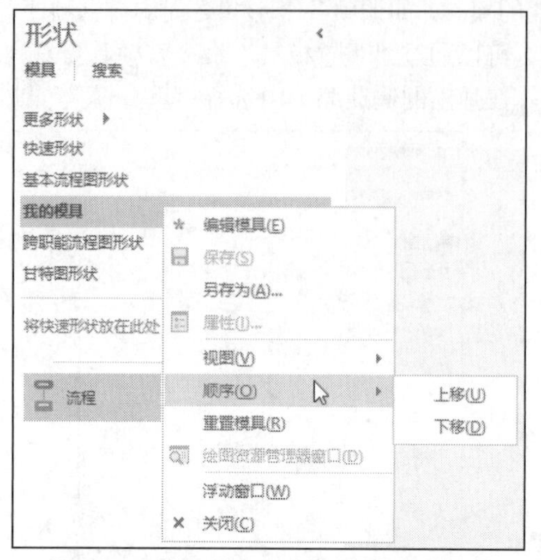

图 3-27　使用菜单命令调整模具的位置

2. 设置形状在模具中的显示方式

可以使用以下两种方法设置形状的显示方式：

- 右击“形状”窗格顶部的位置，弹出如图 3-28 所示的菜单，从中选择形状的一种显示方式。
- 右击在“形状”窗格中打开的任意一个模具的标题，在弹出的快捷菜单中选择“视图”命令，然后在子菜单中选择形状的一种显示方式，如图 3-29 所示。

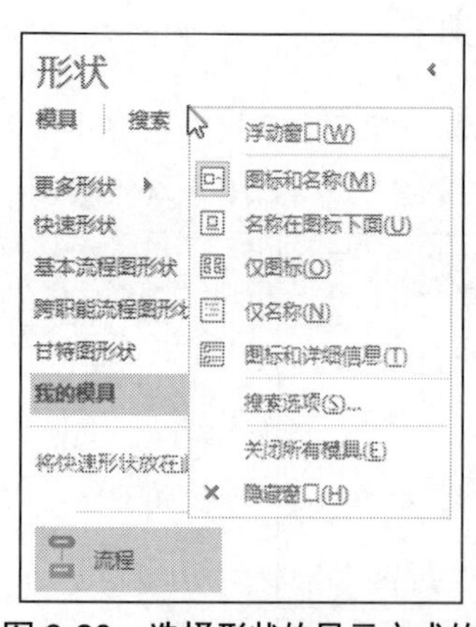

图 3-28　选择形状的显示方式的第一种方法

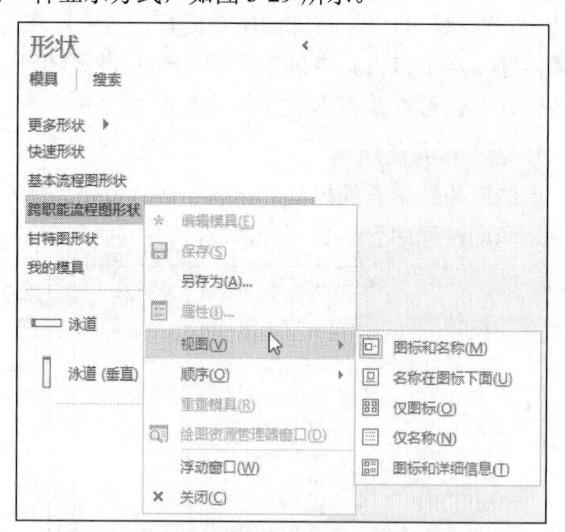

图 3-29　选择形状的显示方式的第二种方法

无论使用哪种方法，设置结果作用于当前打开的所有模具中的所有形状。图 3-30 为选择“名称在图标下面”后的形状显示方式，此时形状的名称显示在形状的下方。

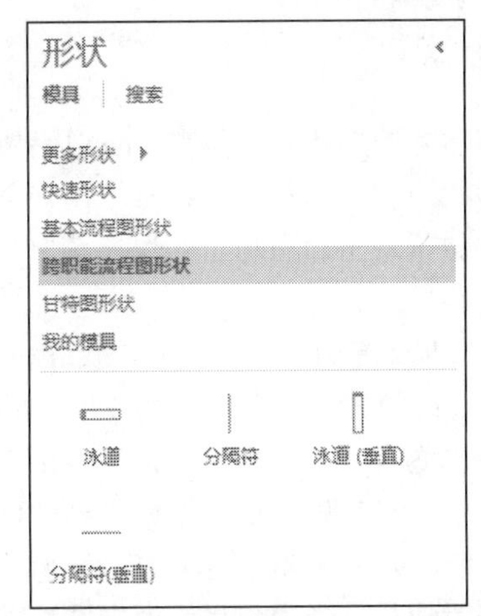

图 3-30　使用“名称在图标下面”方式显示形状

还可以调整模具中的形状间距。选择“文件”|“选项”命令，打开“Visio 选项”对话框，在“高级”选项卡中设置“每行字符数”和“每个主控形状行数”两项，如图 3-31 所示。

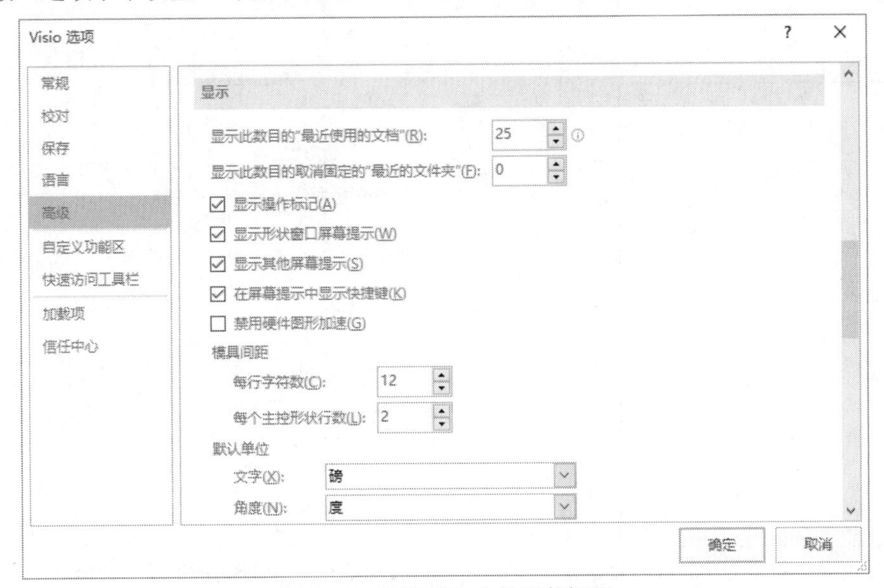

图 3-31　设置模具中的形状间距

- 每行字符数：该项用于设置各个形状之间的水平间距。
- 每个主控形状行数：该项用于设置各个形状之间的垂直间距。

3.3　创建和自定义主控形状

Visio 内置了种类丰富的形状，适用于不同类型的绘图。然而，再丰富的形状也无法满足灵活多变的应用需求。为了解决这个问题，用户可以创建新的主控形状，并可在所有绘图中使用创建的主控形状，就像使用 Visio 内置的主控形状一样。

3.3.1　创建新的主控形状

只能在用户创建的模具中创建主控形状，不能在 Visio 内置的模具中创建主控形状。因此，在创建主控形状之前，需要先在“形状”窗格中选择一个用户创建的模具，并进入模具的编辑模式，然后在该模具内部的任意位置右击，在弹出的快捷菜单中选择“新建主控形状”命令，如图 3-32 所示。

提示：如果要创建的主控形状与现有的某个主控形状类似，为了加快创建速度，可以在“形状”窗格中打开这个主控形状所在的模具，然后右击该形状，在弹出的快捷菜单中选择“复制”命令。在要创建主控形状的模具中右击，在弹出的快捷菜单中选择“粘贴”命令，将所选择的主控形状粘贴到用户创建的模具中，然后用户可以根据需要对该主控形状进行修改。

打开“新建主控形状”对话框，如图 3-33 所示，在“名称”和“提示”两个文本框中输入主控形状的名称和提示信息，提示信息是当用户将鼠标指针移动到形状上时显示的文本，用于对形状的功能或用途进行简要说明。

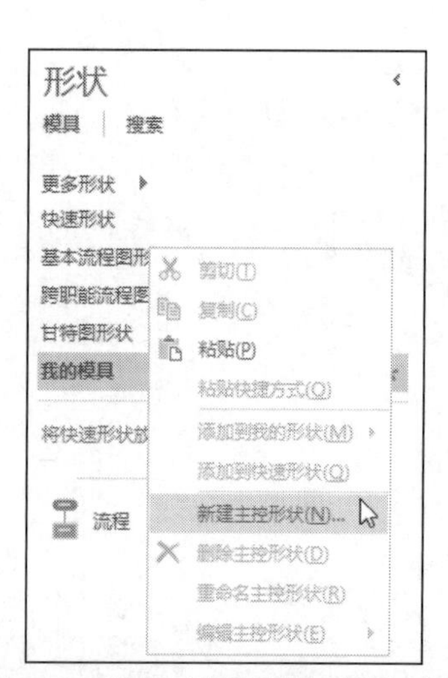

图 3-32　选择“新建主控形状”命令

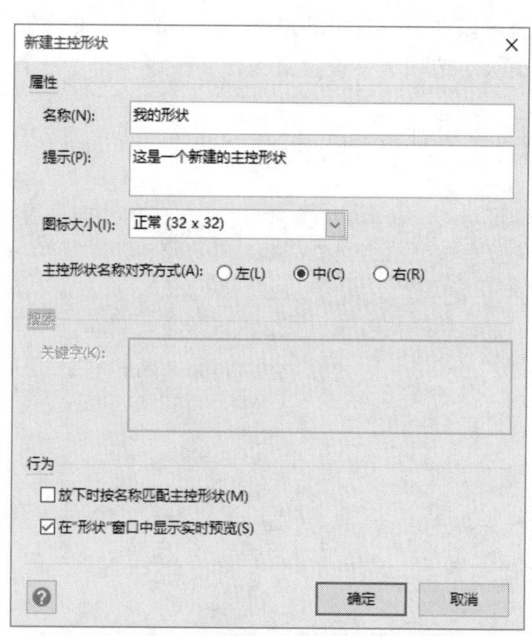

图 3-33　“新建主控形状”对话框

在“图标大小”下拉列表中可以选择新建的主控形状在模具中的显示尺寸。使用“主控形状名称对齐方式”选项可以设置主控形状的名称与其图标的对齐方式，分为左、中、右 3 种。

设置好所需选项后，单击“确定”按钮，将在模具中创建一个新的主控形状。用户将鼠标指针指向该形状时，会显示该形状的名称和简要说明，如图 3-34 所示。

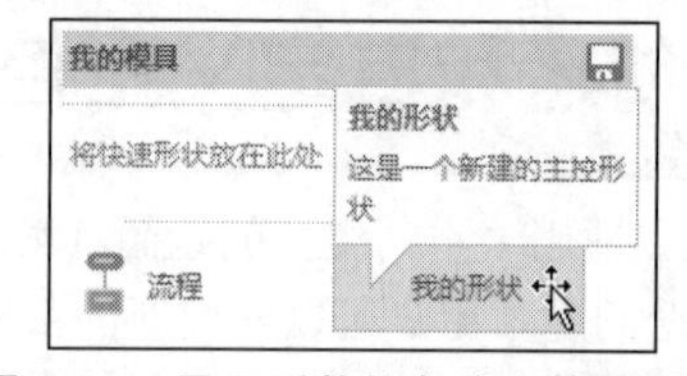

图 3-34　显示形状的名称和简要说明

3.3.2　编辑主控形状及其图标

使用 3.3.1 节介绍的方法创建一个主控形状后，接下来就可以绘制具体的形状了。首先进入模具的编辑模式，然后在模具中右击创建好的主控形状，在弹出的快捷菜单中选择“编辑主控形状”命令，在子菜单中选择“编辑主控形状”命令，如图 3-35 所示。

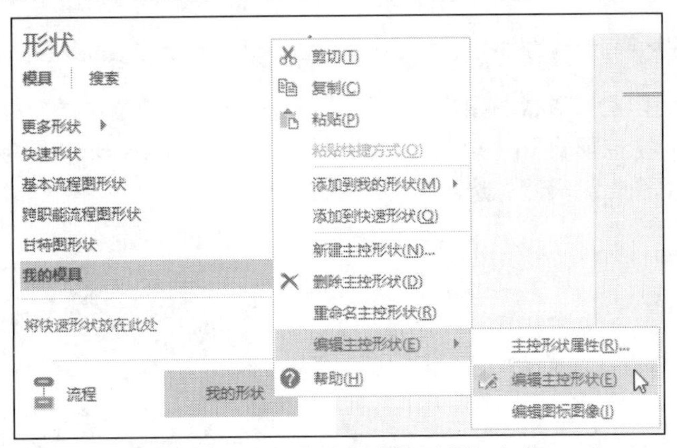

图 3-35　选择“编辑主控形状”命令

注意：用户只能修改新建模具中的主控形状，而不能修改 Visio 内置模具中的主控形状。

打开主控形状编辑窗口，可以使用功能区“开始”选项卡“工具”组中的命令，在窗口中绘制形状，如图 3-36 所示。

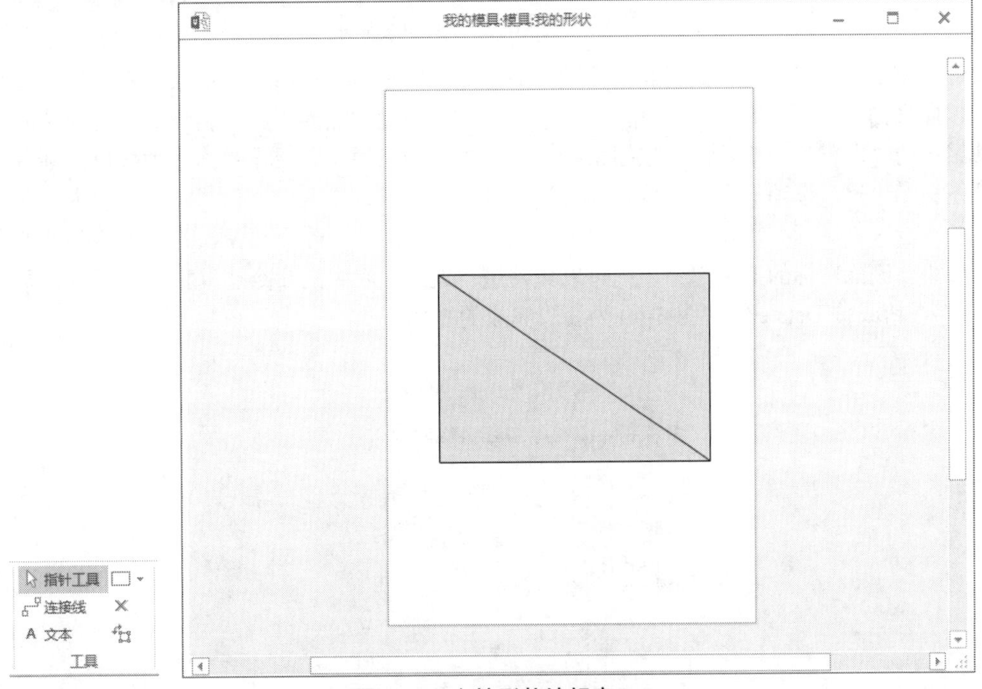

图 3-36　主控形状编辑窗口

完成形状的绘制后，单击编辑窗口右上角的“关闭”按钮，将显示如图 3-37 所示的对话框，单击“是”按钮保存绘制结果，并关闭主控形状编辑窗口。该主控形状在模具中将默认以所绘制的图形的缩小版为图标来显示，如图 3-38 所示。

图 3-37　选择是否更新绘制的主控形状

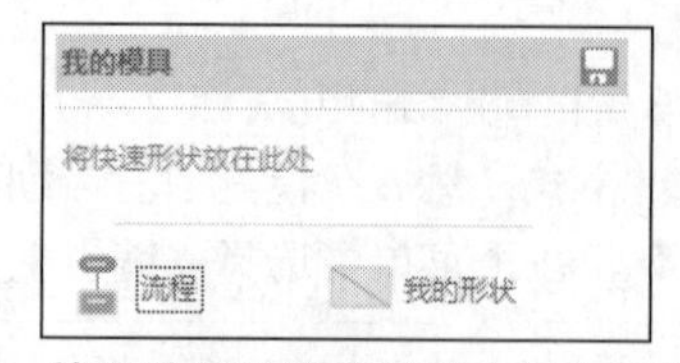

图 3-38　使用绘制的形状的缩小版为图标来显示

如果想要单独制作主控形状的图标，则可以右击“形状”窗格中的主控形状，在弹出的快捷菜单中选择“编辑主控形状”|“编辑图标图像”命令，打开主控形状图标编辑窗口，同时在功能区中将只显示“图标编辑器”选项卡，如图 3-39 所示。

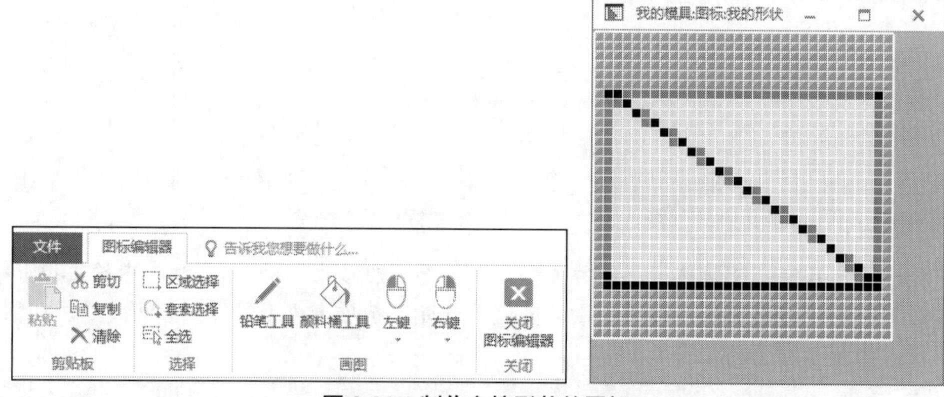

图 3-39　制作主控形状的图标

每一个小方块代表一个像素，设计图标的方法主要是通过单击或右击来为每个像素填充颜色，以此来构建出图标的外观。鼠标左、右键的颜色通过功能区“图标编辑器”选项卡的“画图”组中的“左键”和“右键”按钮来指定。如果要为大面积区域设置同一种颜色，则可以使用“图标编辑器”选项卡中的“颜料桶工具”按钮。

在功能区“图标编辑器”选项卡“剪贴板”组中单击“清除”按钮，将删除绘制的整个图标。如果要删除图标的某个部分，则可以先使用“选择”组中的命令选择指定的区域，再单击“清除”按钮或按 Delete 键。图 3-40 为编辑完成的图标。

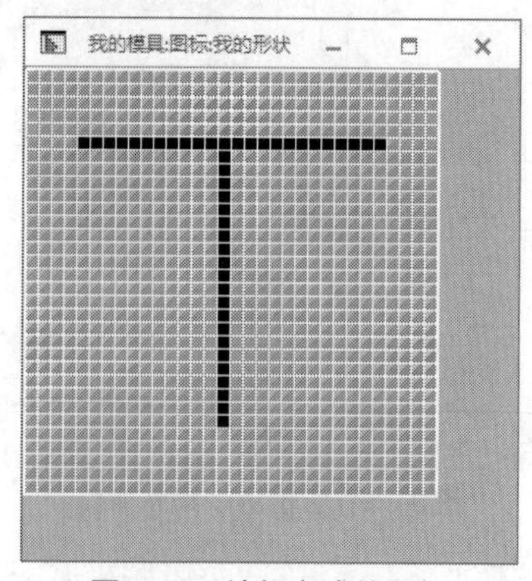

图 3-40　编辑完成的图标

完成主控形状图标的制作后，单击功能区中的“关闭图标编辑器”按钮，关闭图标编辑窗口，并返回绘图窗口。为了在模具中显示为主控形状新设计的图标，需要右击模具中的主控形状，在弹出的快捷菜单中选择“编辑主控形状”|“主控形状属性”命令，打开“主控形状属性”对话框，取消选中“在‘形状’窗口中显示实时预览”复选框，如图 3-41 所示。

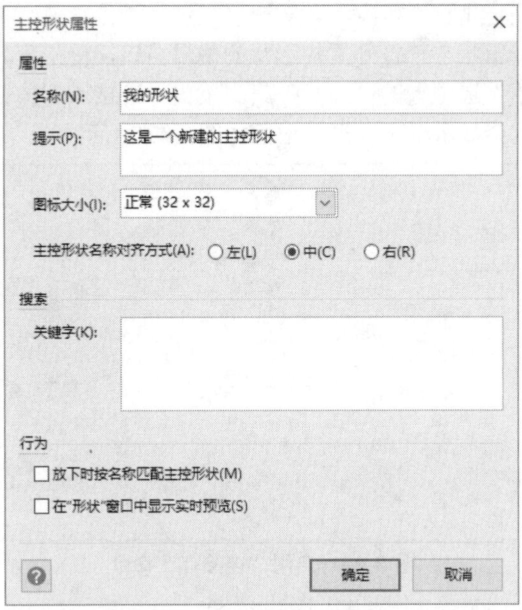

图 3-41　取消选中“在‘形状’窗口中显示实时预览”复选框

单击“确定”按钮，在模具中将使用用户设计的图标代替主控形状的缩小版图形，如图 3-42 所示。

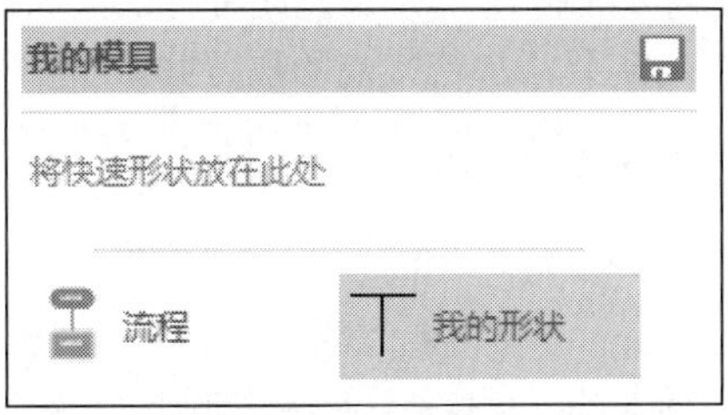

图 3-42　在模具中显示用户设计的图标

完成所有操作后，单击模具标题右侧的保存图标，保存对主控形状及其所在模具的所有修改。

注意：每个绘图文件中都有一个与其对应的文档模具，该模具中包含在绘图文件中使用的所有主控形状的副本。当更改用户创建的模具中的主控形状时，修改结果不会自动更新绘图页中与这些主控形状对应的实例。如果想要让绘图页中的实例自动反映主控形状的修改结果，则需要修改文档模具中的主控形状。

3.3.3　为主控形状设置连接点

在 Visio 中绘图时，通过形状上的连接点，可以使形状之间保持精确的连接，并可在移动形状时始终保持固定点之间的连接。Visio 为内置形状预设了连接点，用户创建的形状默认不包含连接点，需要用户为这些形状添加连接点。用户还可以移动现有连接点的位置，或删除现有的连接点。如果要为 Visio 内置形状设置连接点，则需要将内置形状复制到用户创建的模具中。

无论是添加、移动还是删除连接点，在对连接点进行操作之前，都需要先启用“连接点”命令。首先进入模具的编辑状态，打开主控形状的编辑窗口，单击窗口中的主控形状以将其选中，然后在功能区“开始”选项卡的“工具”组中单击“连接点”按钮，即可启用“连接点”命令，此时鼠标指针附近会显示一个×形标记，如图 3-43 所示。

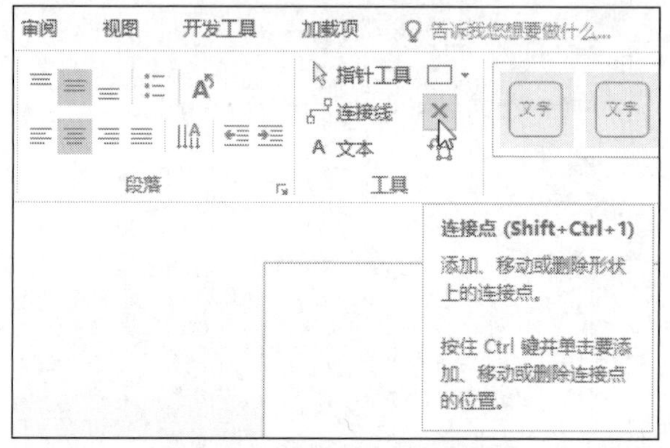

图 3-43　启用“连接点”命令

下面以主控形状为例，介绍添加、移动和删除连接点的方法，为绘图页中的形状设置连接点的方法与此类似。

1. 添加连接点

要在形状上添加连接点，需要先按住 Ctrl 键，此时将在鼠标指针附近显示一个十字准线，如图 3-44 所示。将鼠标指针移动到要添加连接点的位置并单击，即可在形状上的指定位置添加连接点，添加的连接点显示为红色方块，如图 3-45 所示。

图 3-44　鼠标指针附近显示十字准线

图 3-45　添加连接点

注意：为一个形状添加连接点之前，必须先选择该形状，否则在按住 Ctrl 键并单击形状时不会有任何效果。

2. 移动连接点

在主控形状上单击要移动的连接点，将该连接点选中，此时连接点变为红色，使用鼠标将该连接点拖动到目标位置。

3. 删除连接点

在主控形状上单击要删除的连接点，将该连接点选中，然后按 Delete 键。

3.3.4　删除主控形状

对于不再需要的主控形状，可以随时从其所在的模具中删除。只能删除用户创建的模具中的主控形状，不能删除 Visio 内置模具中的主控形状。

删除主控形状之前，需要先右击模具的标题，在弹出的快捷菜单中选择“编辑模具”命令，进入模具的编辑模式。然后右击模具中要删除的主控形状，在弹出的快捷菜单中选择“删除主控形状”命令，如图 3-46 所示，即可将该主控形状删除。最后单击模具标题右侧的保存图标，保存对模具的修改。

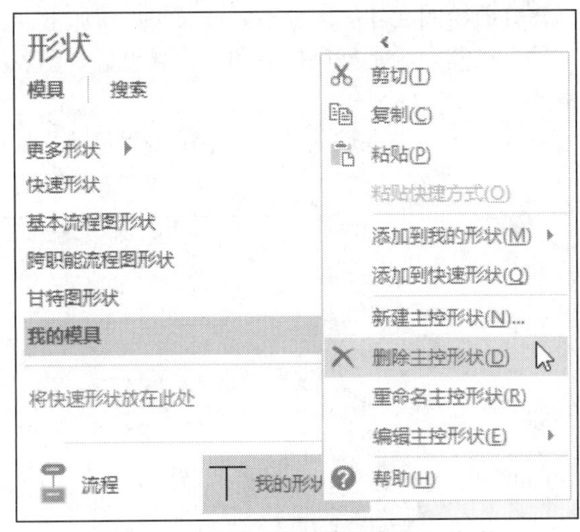

图 3-46　选择“删除主控形状”命令

3.4　创建模板

虽然 Visio 提供了大量的内置模板，但是用户可能会发现，在完成某些工作时，没有任何一种模板能提供直接适用的图表。在这种情况下，用户可以先制作好所需的图表，并将常用的模具添加到“形状”窗格中，还可以创建新的模具和主控形状，然后将该图表所在的绘图文件保存为 Visio 模板。以后可以使用这个模板创建新的绘图文件，在这些新建的绘图文件中会自动包含模板中的图表和常用模具，用户只需稍加修改，即可完成新图表的绘制。

实际上，创建模板的原因还有更多，包括但不限于以下需求：

- 创建具有特定页面尺寸的绘图页。
- 使用不常用的绘图缩放比例创建设计图。
- 在所有绘图中包含相同的形状，例如公司徽标、标志或标题栏。
- 为不同类型的绘图应用相同的格式。

在 Visio 模板中可以存储以下设置：

- 包含任何现有形状的绘图页。
- 绘图页的页面设置。
- 打印设置。
- 对齐和粘附选项。
- 图层。
- 主题和样式。
- 窗口大小和位置。

3.4.1 创建模板

创建模板的过程与创建普通绘图文件的区别不大，操作步骤如下：

（1）新建一个绘图文件，在其中绘制好所需的图表，并设置好图表格式和页面格式，以及其他所有需要的内容和格式。

（2）选择“文件”|“导出”命令，在进入的界面中单击“更改文件类型”，然后双击“模板”命令，如图 3-47 所示。

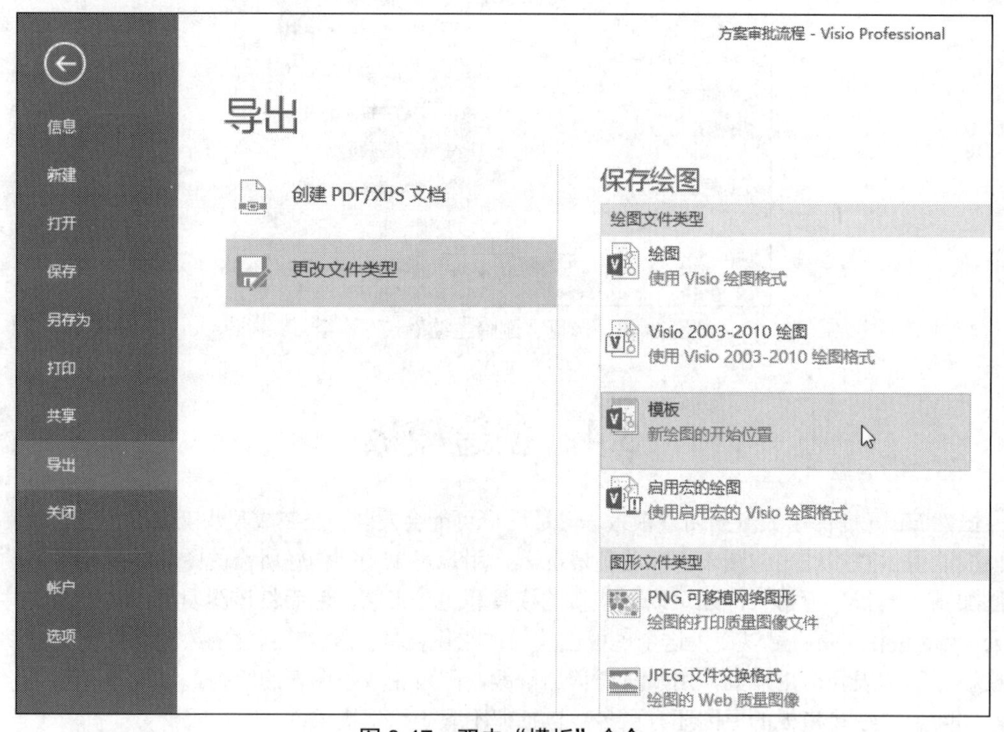

图 3-47　双击“模板”命令

（3）打开“另存为”对话框，进入准备要放置 Visio 模板的文件夹，然后在“文件名”文本框中输入模板的名称，如图 3-48 所示。

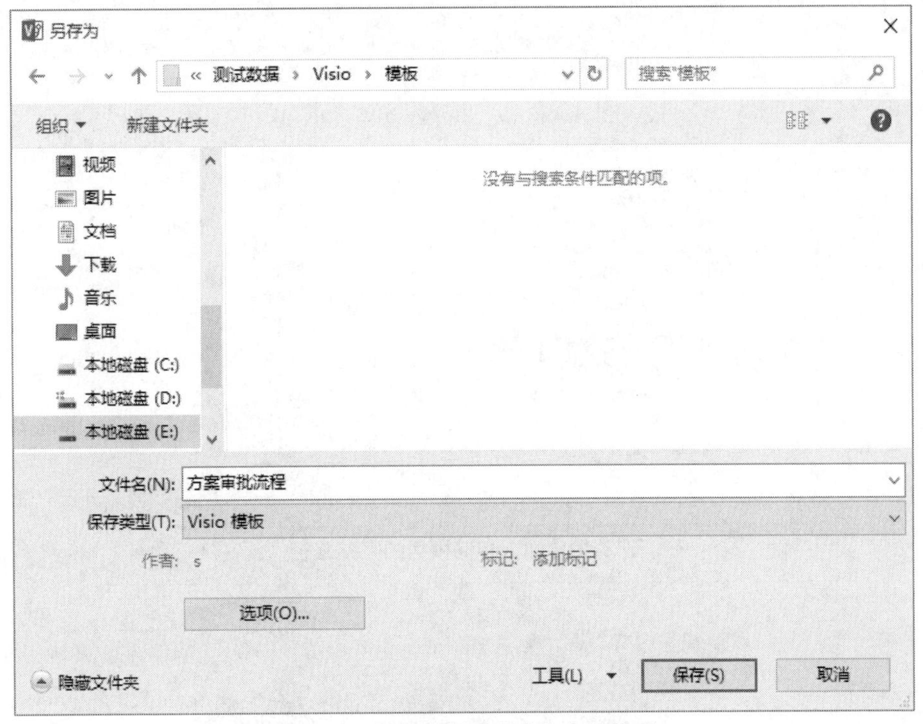

图 3-48　设置模板的名称和存储位置

提示：使用 Visio 中的“另存为”命令也可以打开“另存为”对话框，但是需要在该对话框的“保存类型”下拉列表中选择“Visio 模板”文件类型。

（4）单击“保存”按钮，将当前绘图文件另存为 Visio 模板。

3.4.2　设置模板的存储位置

模板的存储位置决定了新建绘图文件时选择模板的方式。Visio 提供了两种设置模板存储位置的方法，都需要在“Visio 选项”对话框中进行设置。

1. 第一种方法

在 Visio 中选择“文件”|“选项”命令，打开“Visio 选项”对话框，选择“保存”选项卡，然后在右侧的“默认个人模板位置”文本框中，输入用于存储 Visio 模板的文件夹的完整路径，如图 3-49 所示。最后单击“确定”按钮。

2. 第二种方法

在 Visio 中选择“文件”|“选项”命令，打开“Visio 选项”对话框，选择“高级”选项卡，然后在右侧单击“文件位置”按钮，如图 3-50 所示。

打开“文件位置”对话框，单击“模板”右侧的按钮，在打开的对话框中选择用于存储 Visio 模板的文件夹，然后单击“选择”按钮，返回“文件位置”对话框，所选文件夹的完整路径被自动填入模板文本框中，如图 3-51 所示。最后单击两次“确定”按钮。

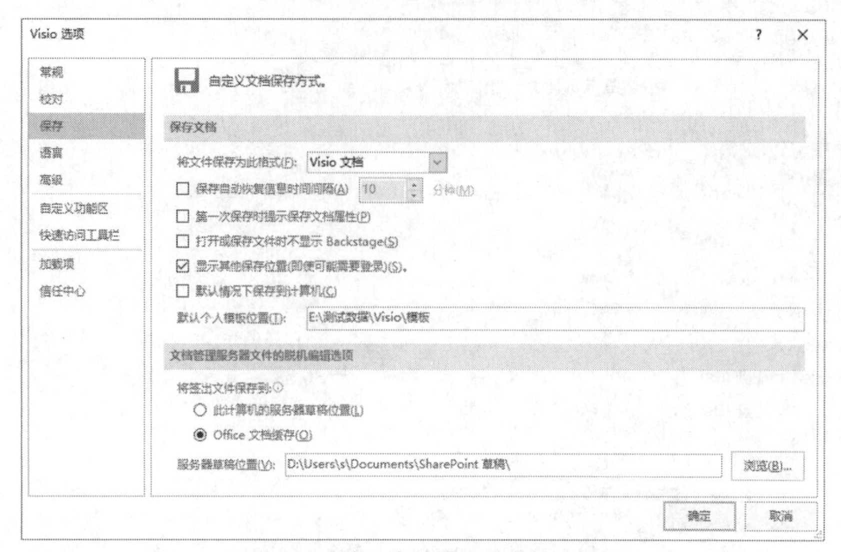

图 3-49　输入存储模板的完整路径

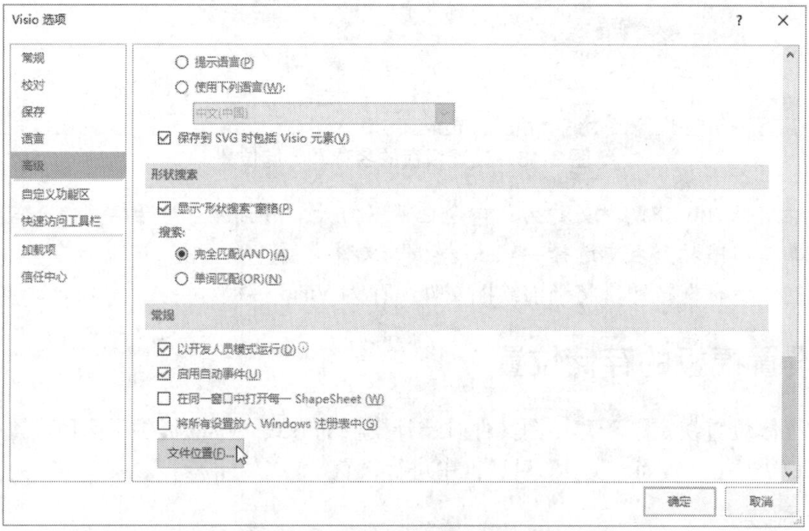

图 3-50　单击“文件位置”按钮

图 3-51　在“文件位置”对话框中设置存储模板的位置

3.4.3　使用自定义模板创建绘图文件

在使用用户创建的模板新建绘图文件时，需要根据设置的模板存储位置来进行不同的选择。如果使用的是 3.4.2 节中的第一种方法设置的模板位置，那么在新建绘图文件时，需要选择“文件”|“新建”命令，然后在“个人”分类中找到用户创建的模板，如图 3-52 所示。

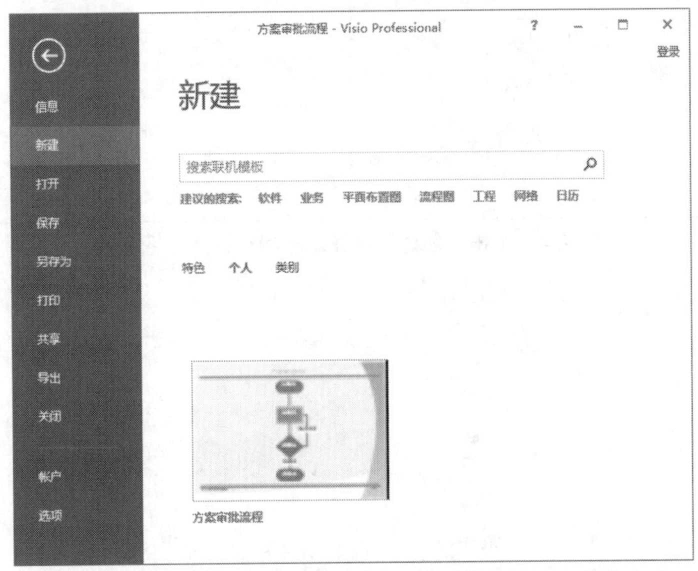

图 3-52　使用第一种方法设置模板位置时新建绘图文件的方式

如果使用的是 3.4.2 节中的第二种方法设置的模板位置，那么在新建绘图文件时，需要选择“文件”|“新建”命令，然后在“类别”分类中可以找到用户创建的模板，如图 3-53 所示。

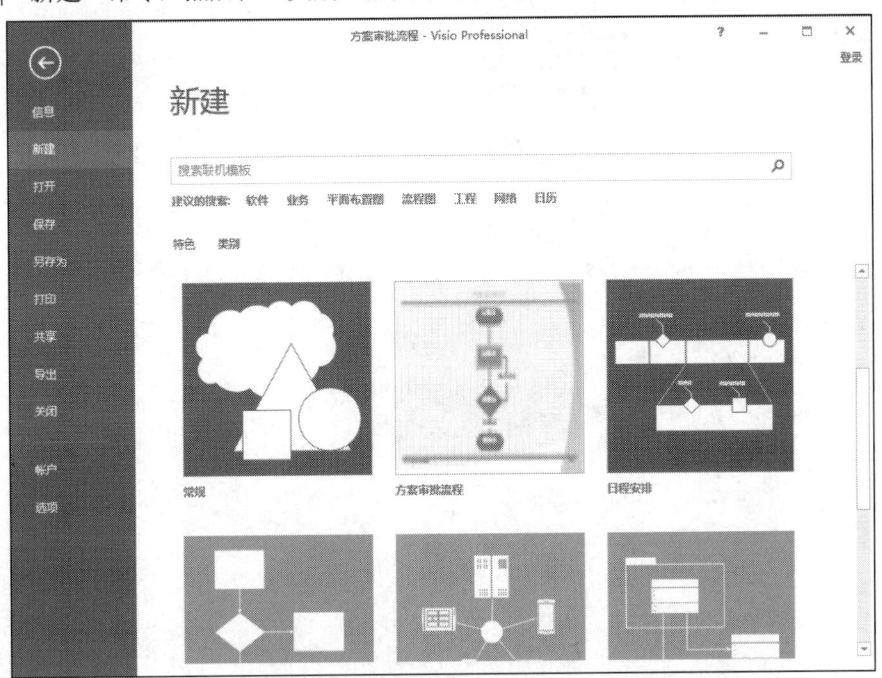

图 3-53　使用第二种方法设置模板位置时新建绘图文件的方式

无论使用哪种方法，找到并单击用户创建的模板，将显示如图 3-54 所示的界面，单击“创建”按钮，即可基于用户创建的模板创建绘图文件。

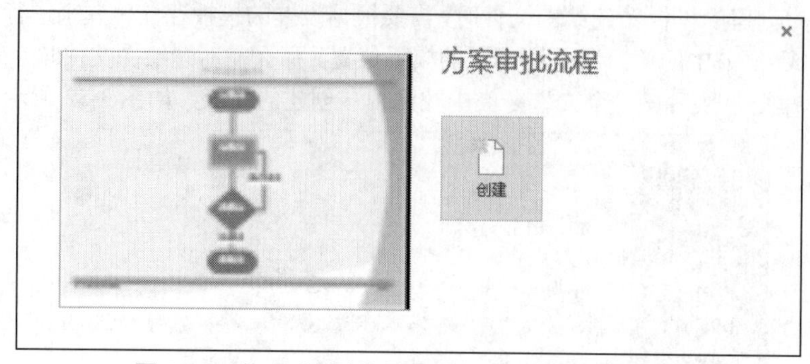

图 3-54　单击“创建”按钮基于模板创建绘图文件

第 4 章

绘制与编辑形状

在 Visio 中绘制的每一个图表都是由多个基本形状组成的，因此，掌握基本形状的绘制与编辑方法是创建任何一个图表的基础。本章首先介绍 Visio 中的形状的基本概念和特点，使读者对 Visio 中的形状有一个初步的了解，然后从多个方面详细介绍在 Visio 中绘制与编辑形状的方法，包括绘制形状，连接形状，选择形状，调整形状的大小、位置、布局和行为，使用容器对形状进行逻辑分组，使用图层组织和管理形状，设置形状的外观格式等内容。

4.1 理解 Visio 中的形状

Visio 中的形状与广泛意义上的形状类似，它们都是由线条组成的闭合或非闭合的图形对象。然而，Visio 中的形状又有其特别之处，这是因为 Visio 中的形状具有属性和行为，这些特性可以帮助用户更好地操作和使用形状。本节主要介绍 Visio 形状的一些基本概念和特点，有关形状的具体操作方法将在本章后续内容中进行介绍。

4.1.1 形状的类型

Visio 中的形状分为两类：一维形状和二维形状。将一维形状定义为包含起点和终点的对象，这意味着一维形状不是闭合的，例如直线、曲线等都是一维形状，如图 4-1 所示。

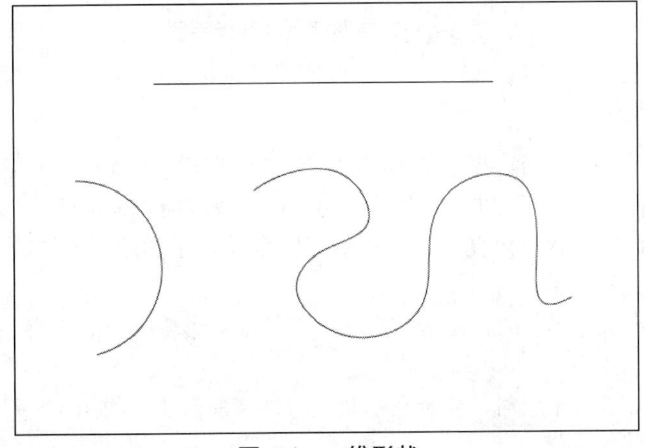

图 4-1 一维形状

当选中一维形状时，将在一维形状的两端各显示一个方块，白色方块的一端表示一维形状的起点，灰色方块的一端表示一维形状的终点。使用鼠标拖动起点和终点，可以改变一维形状的长度。如图 4-2 所示，左侧的方块是直线段的起点，右侧的方块是直线段的终点。

与一维形状不同，二维形状是闭合的对象，因此，二维形状没有起点和终点，例如矩形、菱形、圆形等都是二维形状，如图 4-3 所示。

图 4-2　一维形状的起点和终点

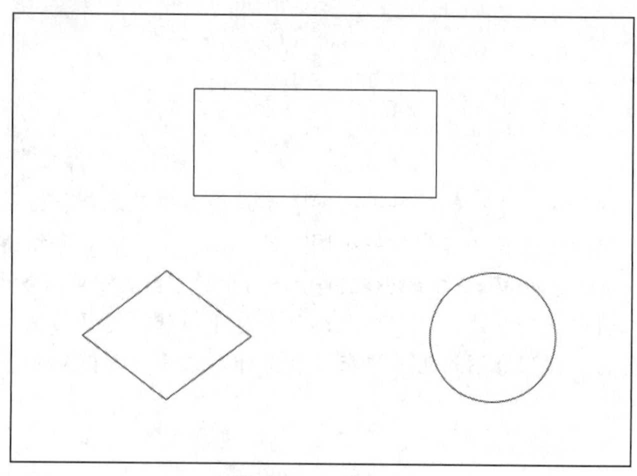

图 4-3　二维形状

当选中二维形状时，无论这个二维形状是什么类型的，都会在二维形状的边缘显示一个矩形轮廓，在它上面有 8 个方块，其中的 4 个方块位于矩形轮廓的 4 个角上，另外 4 个方块位于矩形轮廓的 4 个边的中点上。这些方块称为选择手柄。使用鼠标拖动这些手柄可以调整二维形状的长度和宽度。图 4-4 为选中圆形后显示的矩形轮廓和选择手柄。

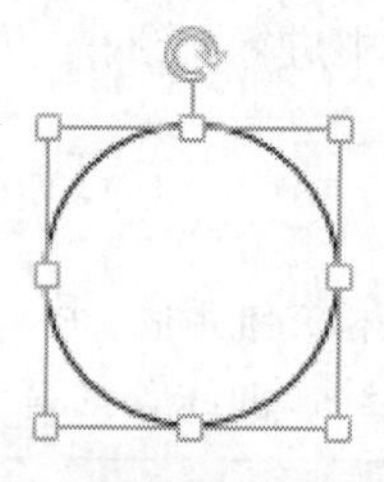

图 4-4　二维形状上的选择手柄

4.1.2　形状的手柄

正如 4.1.1 节所介绍的，当选择一个形状时，将在一维形状上或在二维形状的外部矩形轮廓上显示一些方块或箭头，用户可以使用鼠标拖动这些方块或箭头来执行一些特定的操作，例如改变形状的大小、调整形状的角度等。选择形状时自动显示的这些方块或箭头称为手柄。在 Visio 中主要有以下几种手柄。

- 选择手柄：在选中形状时，显示在形状上或外部矩形轮廓上的方块。使用选择手柄可以调整形状的大小。
- 旋转手柄：在选中形状时，显示在形状上方的弯曲箭头，如图 4-5 所示。使用旋转手柄可以调整形状的角度。

- 控制手柄：在选择某些形状时，在形状的某个位置上会显示一个黄色的方块，该方块就是控制手柄。如图 4-6 所示，位于五角星外边缘右上方的方块就是控制手柄。使用控制手柄可以改变形状的外观。

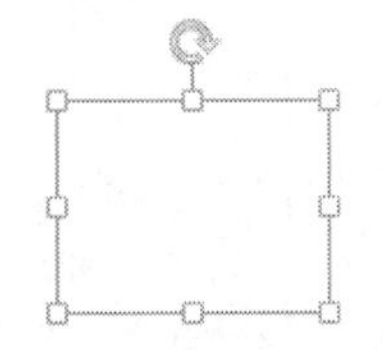

图 4-5　旋转手柄

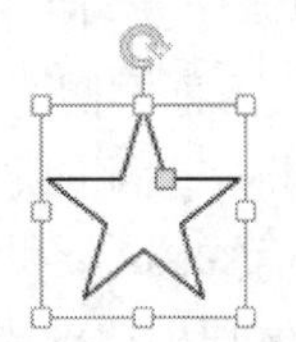

图 4-6　控制手柄

除了以上 3 种手柄之外，在选择形状或使用某些工具时，形状上还会显示一些具有特殊意义的点，它们的含义如下。

- 连接点：在选中一个 Visio 内置的形状后，当使用“线条”“弧线”“任意多边形”“铅笔”“连接线”等工具时，会在选中的形状上显示一些深灰色的方块，它们是该形状的连接点。将鼠标指针移动到连接点的附近，在该连接点的周围会显示绿色的方块，如图 4-7 所示。通过连接点可以很容易地在两个形状的特定位置之间绘制连接线。
- 离心点：当使用“铅笔”工具选择一个形状时，会在该形状上显示一个或多个小圆点，使用鼠标拖动这些圆点，可以调整形状的曲率、离心率或对称性。例如，使用“铅笔”工具选择一条直线段，然后使用鼠标拖动位于直线段中点上的圆点，可以将直线段改为弧线，如图 4-8 所示。

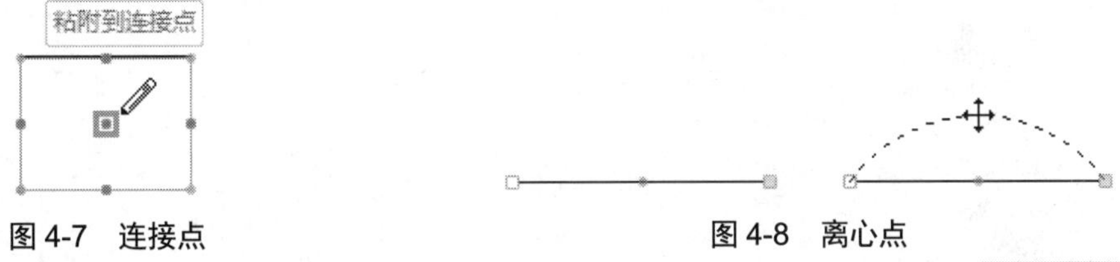

图 4-7　连接点

图 4-8　离心点

4.1.3　形状的专用功能

一些形状具有适用于特定用途的专用功能和行为。例如，“门”形状具有“打开”的行为，可以设置从不同方向开门。将“门”形状添加到绘图页上，然后右击“门”形状，在弹出的快捷菜单的顶部可以找到“门”形状的专用功能，对应于“向左打开/向右打开”和“向里打开/向外打开”两个命令，如图 4-9 所示。

提示：使用鼠标拖动“门”形状上的黄色方块，也可以执行与“向左打开/向右打开”和“向里打开/向外打开”对应的操作，该黄色方块就是 4.1.2 节中介绍的控制手柄。

图 4-9　形状的专用功能显示在快捷菜单的顶部

4.1.4　快速找到所需的形状

在 Visio 中绘图时，可能需要使用不同类型的形状。找到所需形状的一种方法是打开形状所在的模具，但是需要知道该形状包含在哪个模具中。如果对内置模板中包含的模具类别不熟悉，将很难快速找到所需的形状。

找到所需形状的另一种更有效的方法是使用“搜索形状”功能。在“形状”窗格的顶部选择“搜索”选项卡，然后在文本框中输入用于描述要搜索的形状的词语，例如输入“箭头”，按 Enter 键或单击文本框右侧的“放大镜”按钮，将在“搜索”选项卡中显示与关键字匹配的形状，如图 4-10 所示。单击“更多结果”将显示所有找到的形状。

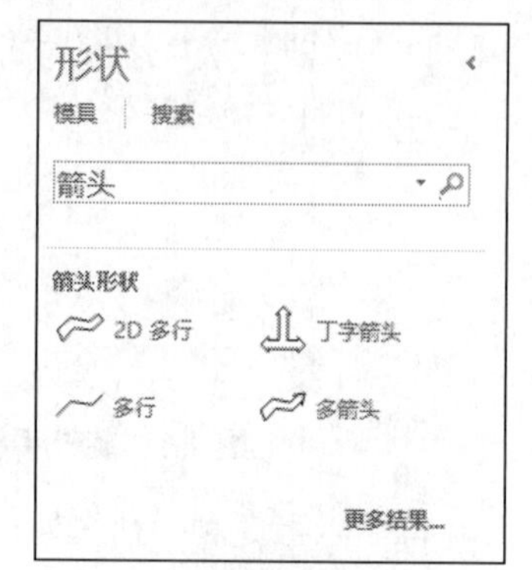

图 4-10 使用搜索功能找到符合条件的形状

如果需要经常使用通过搜索找到的形状，则可以将这些形状添加到用户创建的模具中，具体方法请参考第 3 章。也可以直接将搜索到的所有形状快速保存到一个新的模具中，只需右击搜索结果中加粗显示的标题，然后在弹出的快捷菜单中选择“保存”命令，输入模具的名称并单击“保存”按钮，即可创建一个新的模具，并将搜索结果中的所有形状添加到该模具中。

注意：如果在“形状”窗格中没有显示“搜索”选项卡，则需要选择“文件”|“选项”命令，打开“Visio 选项”对话框，在“高级”选项卡中选中“显示‘形状搜索’窗格”复选框，最后单击“确定”按钮，如图 4-11 所示。

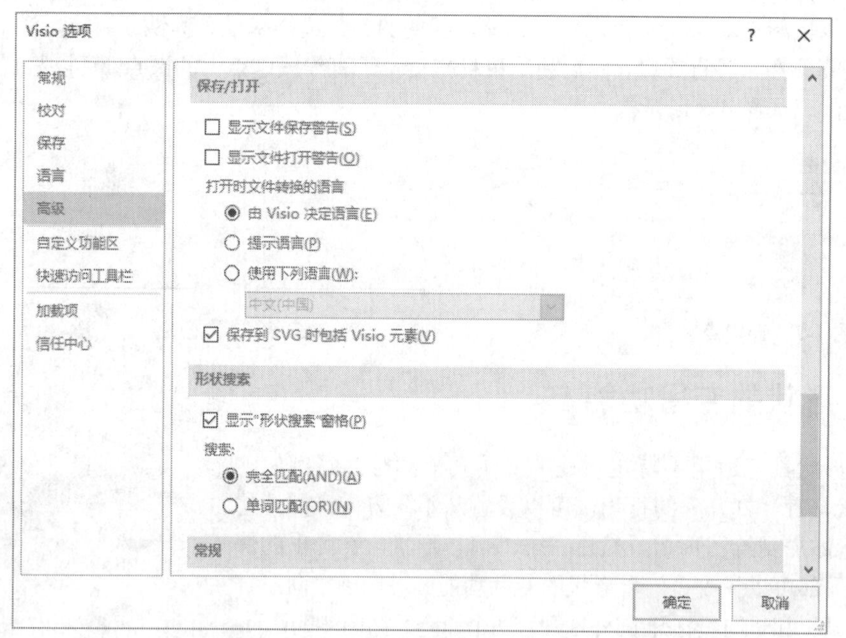

图 4-11 选中“显示‘形状搜索’窗格”复选框

除了搜索形状之外，如果用户已从其他途径获得一些包含自定义形状的模具文件，那么可以将这些模具添加到 Visio 绘图中，类似于添加用户在 Visio 中创建的自定义模具。首先将模具文件移动或复制到 Visio 模具的存储位置，默认为以下路径：

```
C:\Users\<用户名>\Documents\我的形状
```

然后可以像打开 Visio 内置模具一样，在 Visio 中的“形状”窗格中选择“更多形状”|“我的形状”命令，在弹出的子菜单中将显示与复制的模具文件对应的模具名称，选择要在当前绘图中使用的模具即可。

4.2　绘制与连接形状

在 Visio 中绘图的主要工作是将组成图表的各个形状添加到绘图页上，并将这些形状以所需的方式连接起来，然后为这些形状添加文字说明并设置外观格式。本节主要介绍绘制与连接形状的多种方法，它们是在创建一个图表的过程中既基础又非常重要的部分。

4.2.1　绘制形状

在 Visio 中绘制形状有两种方法，其中一种方法是将特定模具中的形状拖动到绘图页上，拖动过程中鼠标指针附近会显示一个“+”号，如图 4-12 所示。由于 Visio 内置的各种模具提供了适用于不同图表的各类形状，因此，这种方法是在创建图表时最常用、最高效的方法。

提示： 如果将不想要的形状拖动到了绘图页上，则可以按 Ctrl+Z 快捷键撤销上一步操作，或者在选中该形状后按 Delete 键将其删除。

绘制形状的另一种方法是使用功能区“开始”选项卡的“工具”组中的“矩形”“椭圆”“线条”“任意多边形”等命令，在绘图页上通过拖动鼠标来绘制相应的形状。在使用“矩形”和“椭圆”命令绘制形状时，如果显示灰色斜线，则表示当前绘制的是正方形或圆形，如图 4-13 所示。绘制完成后，灰色斜线会自动消失。

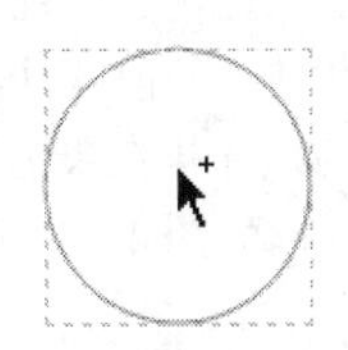

图 4-12　将模具中的形状拖动到绘图页上

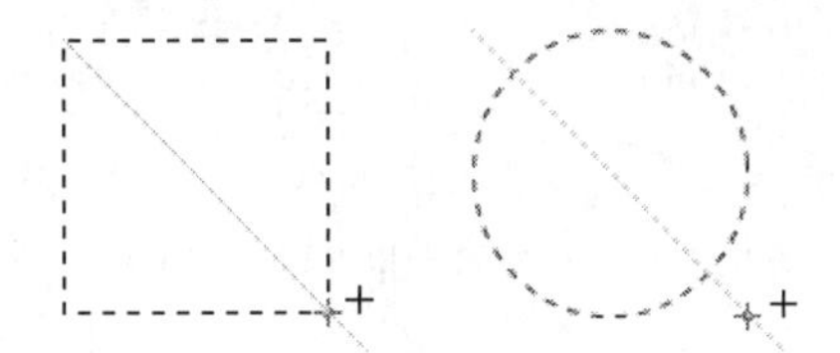

图 4-13　显示灰色斜线时表示绘制的是正方形或圆形

提示： 绘制正方形或圆形时出现的灰色斜线是 Visio 中的绘图辅助线，可以使用以下方法开启“绘图辅助线”功能：单击“视图”选项卡“视觉帮助”组右下角的对话框启动器，打开“对齐和粘附”对话框，在“常规”选项卡中选中“绘图辅助线”复选框。

4.2.2　自动连接形状

Visio 中的图表通常是由相互连接的多个形状组成，快速、准确地连接形状对提高绘图质量和效率来说至关重要。本节及接下来的几节将介绍 Visio 提供的连接形状的多种方法。

“自动连接”是 Visio 提供的一种易于使用的连接形状的方式。在使用这种连接方式之前，需要先在功能区“视图”选项卡“视觉帮助”组中选中“自动连接”复选框启用形状的自动连接功能，如图 4-14 所示。

图 4-14　选中“自动连接”复选框

注意： 如果“自动连接”复选框无法被选中，则需要选择“文件”|“选项”命令，打开“Visio 选项”对话框，在“高级”选项卡中选中“启用自动连接”复选框，然后单击“确定”按钮，如图 4-15 所示。该项设置用于控制在 Visio 中打开的所有绘图的自动连接功能。

启用形状的自动连接后，将鼠标指针移动到形状的上方，将自动在形状的四周显示箭头，这些箭头是自动连接箭头，表示当前正在使用 Visio 中的自动连接功能，如图 4-16 所示。

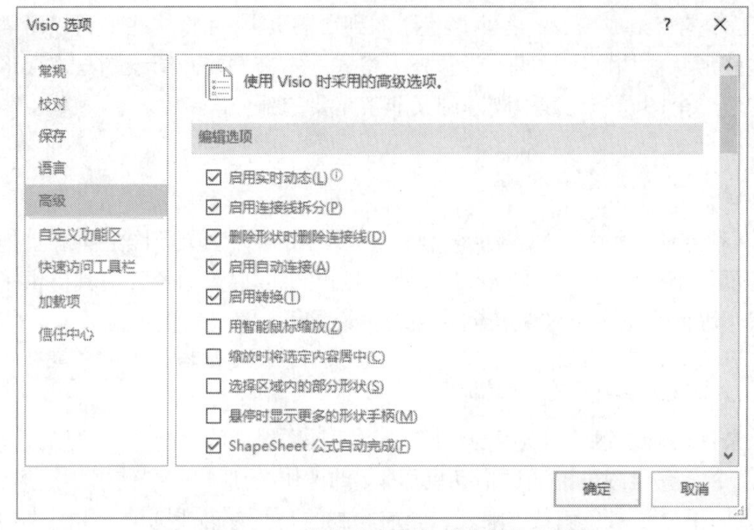

图 4-15　选中“启用自动连接”复选框

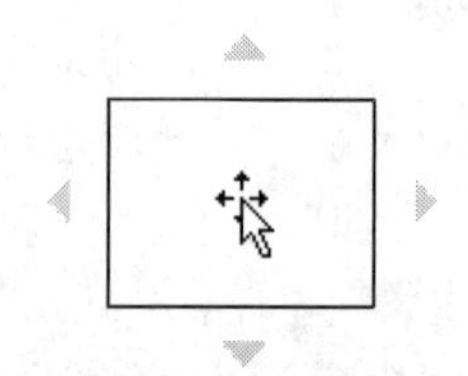

图 4-16　自动连接箭头

将鼠标指针移动到任意一个自动连接箭头上，会显示一个浮动的工具栏，其中包含 4 个形状，它们对应于“形状”窗格中当前展开的模具中位于“快速形状”区域中的前 4 个形状，如图 4-17 所示。前 4 个形状是指模具的“快速形状”区域中按先行后列的顺序排在最前面的 4 个形状。“快速形状”区域是当前展开的模具中位于灰色线条上方的部分，如图 4-18 所示。

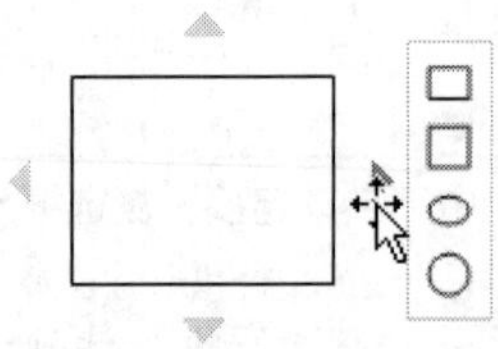

图 4-17　指向箭头时显示的工具栏

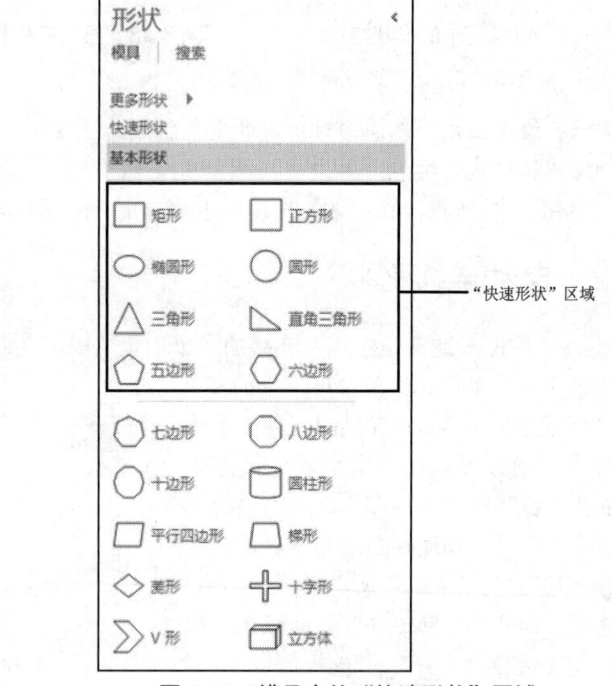

图 4-18　模具中的“快速形状”区域

提示：有关“快速形状”区域的详细说明，请参考 4.2.4 节。

如果在当前展开的模具的“快速形状”区域中不包含任何形状，则在浮动的工具栏中将显示该模具包含的所有形状中的前 4 个形状，如图 4-19 所示。

注意：如果在当前展开的模具中不包含任何形状，则将鼠标指针指向形状四周的自动连接箭头时，不会显示包含形状的浮动工具栏。

将鼠标指针移动到工具栏中的某个形状上时，将在页面上显示该形状及其连接线的预览效果，如图 4-20 所示。如果确认绘制并连接该形状，则在工具栏中单击这个形状。

技巧：如果要绘制并连接的形状不在“快速形状”区域中，那么无须将形状添加到“快速形状”区域或拖动到绘图页后再进行连接，只需在“形状”窗格中选择要添加到绘图页中的形状，然后单击绘图页中要进行连接的现有形状四周的蓝色箭头，即可自动将“形状”窗格中选中的形状添加到绘图页，并在单击的蓝色箭头位置完成形状之间的连接。

如果要连接的两个形状已经绘制到绘图页上，但是还没有连接起来，那么也可以使用自动连接功能将它们很容易地连接起来，分为以下两种情况。

1. 将两个形状以标准间距连接起来

单击其中一个形状，将其拖动到要连接到的目标形状的上方并停住，此时需要一直按住鼠标左键。当目标形状的四周显示自动连接箭头时，继续拖动形状并将鼠标指针指向其中一个箭头，然后松开鼠标左键，即可将两个形状连接在一起，如图 4-21 所示。使用这种方法连接的两个形状之间具有 Visio 指定的标准间距，连接后的效果也与前面介绍的自动连接方法相同。

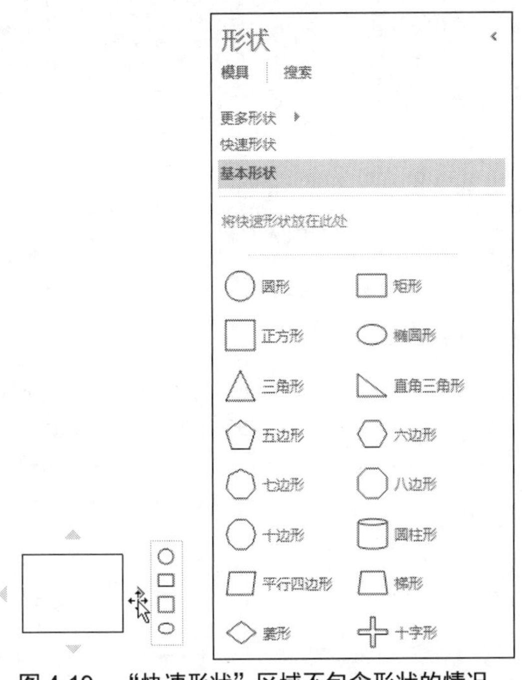

图 4-19　“快速形状”区域不包含形状的情况

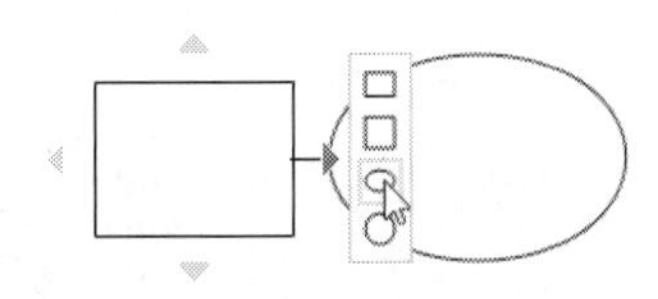

图 4-20　连接形状的预览效果

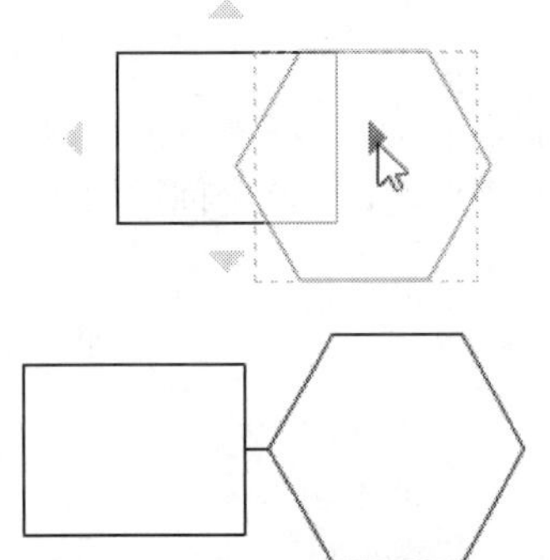

图 4-21　将形状拖动到自动连接箭头上以完成形状的连接

2. 在不改变两个形状的位置的情况下将它们连接起来

如果想在不改变两个形状的现有位置的情况下，将这两个形状连接起来，则可以将鼠标指针移动到其中一个形状的上方，当形状四周显示自动连接箭头时，使用鼠标将其中一个箭头拖动到另一个形状上，此时会在该形状上显示所有可用的连接点。将鼠标指针移动到某个连接点上时，会显示一个绿色的方框，并在附近显示“粘附到连接点”文字，此时松开鼠标左键，即可在两个形状之间添加一条连接线，如图 4-22 所示。

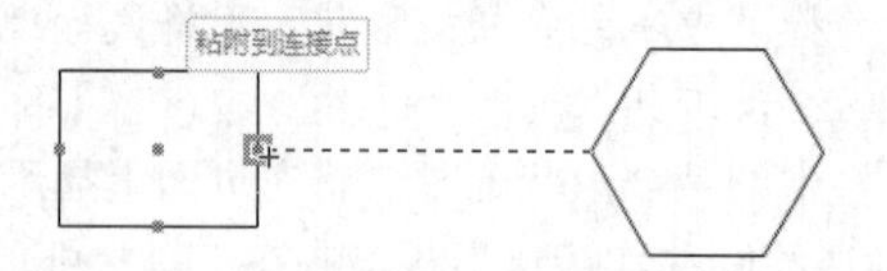

图 4-22　拖动自动连接箭头来连接两个形状

4.2.3　自动连接多个形状

使用“连接形状”命令，可以让 Visio 为选中的所有形状自动添加连接线，添加连接线的顺序是按照选择这些形状时的顺序进行的。“连接形状”命令不在功能区中，使用该命令前，需要先将其添加到功能区或快速访问工具栏中，自定义功能区和快速访问工具栏的方法请参考第 3 章，添加该命令的方法此处就不再赘述了。

添加好“连接形状”命令后，选择要进行连接的多个形状，选择形状的多种方法将在 4.3 节进行介绍。假设要选择当前绘图页上的所有形状，则可以按 Ctrl+A 快捷键，如图 4-23 所示。

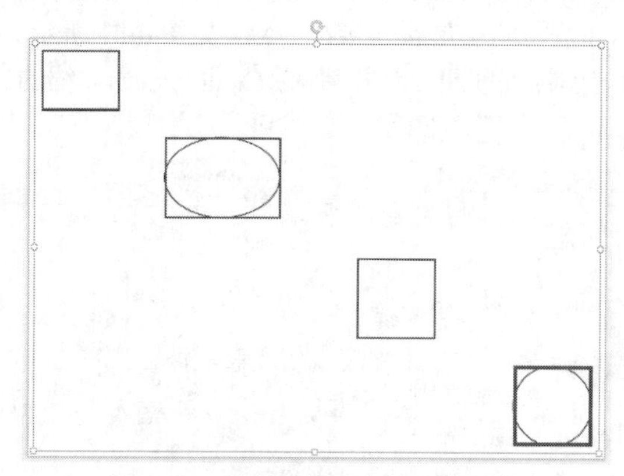

图 4-23　选择绘图页上的所有形状

选择好形状后，选择快速访问工具栏或功能区中的“连接形状”命令，即可按照用户选择形状的顺序依次在形状之间添加连接线。图 4-24 为按照不同顺序选择形状时所添加的连接线。

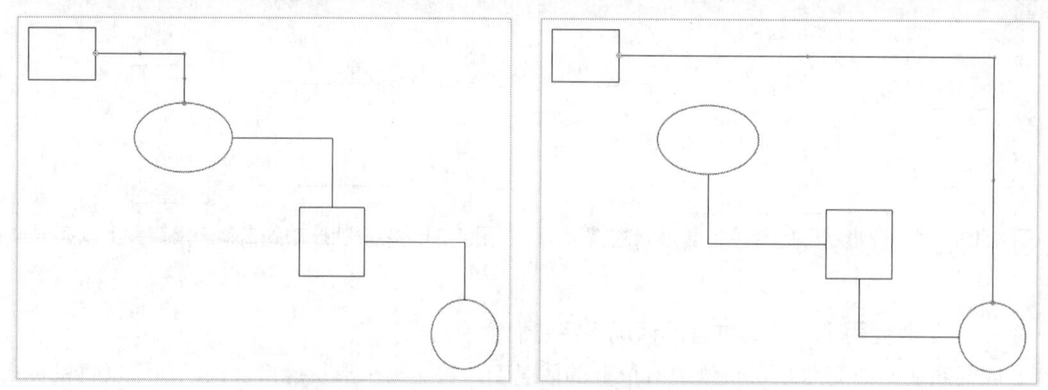

图 4-24　按照不同顺序选择形状时所添加的连接线

4.2.4　使用“快速形状”区域

每个模具都包含“快速形状”区域，用户可以将模具中经常使用的形状添加到该模具的“快速形状”区域中，以便在使用自动连接功能时可以快速选择所需的形状并完成连接。要将某个形状添加到“快速形状”区域，只需使用鼠标将该形状拖动到“快速形状”区域中即可。如果要添加的形状距离“快速形状”区域较远，则可以右击该形状，在弹出的快捷菜单中选择“添加到快速形状”命令，如图 4-25 所示。

从“快速形状”区域中删除形状的方法与添加形状类似，有以下两种：

- 使用鼠标将“快速形状”区域中的形状拖动到分隔线的下方。
- 在“快速形状”区域中右击要删除的形状，然后在弹出的快捷菜单中选择“从快速形状中删除”命令，如图 4-26 所示。

在“形状”窗格中有一个名为“快速形状”的模具，它固定显示在“形状”窗格中，当前打开的所有模具中的“快速形状”区域中的形状都显示在“快速形状”模具中，使用该模具可以集中访问所有常用的形状，如图 4-27 所示。

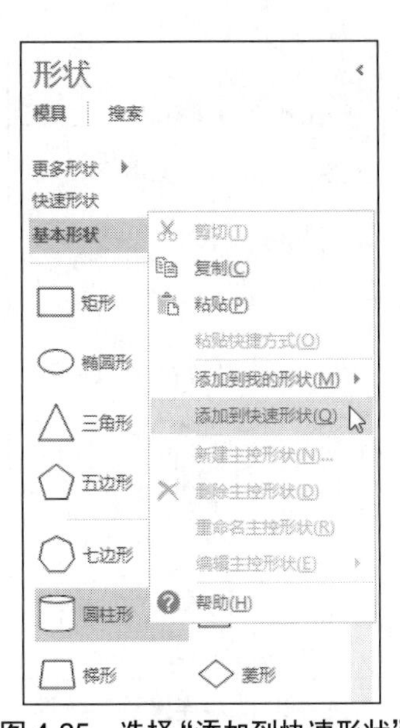

图 4-25　选择“添加到快速形状”命令

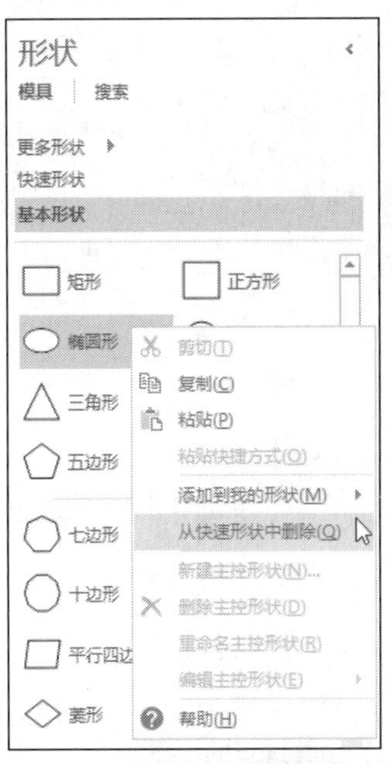

图 4-26　选择“从快速形状中删除”命令

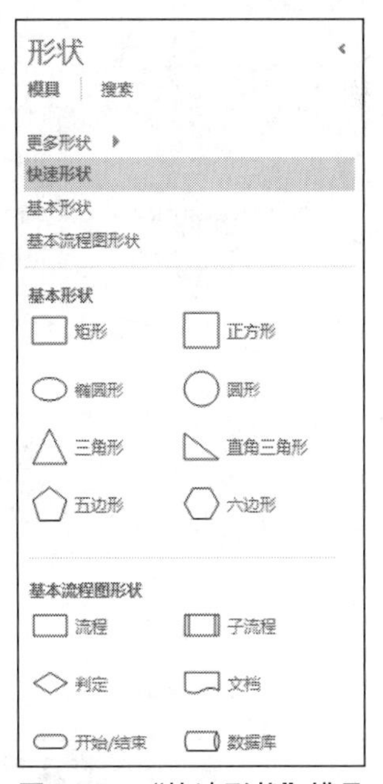

图 4-27　“快速形状”模具

4.2.5　使用连接线工具连接形状

Visio 提供了专门的“连接线”工具，用户可以使用该工具在两个形状之间手动绘制连接线。在功能区“开始”选项卡的“工具”组中单击“连接线”按钮，然后将鼠标指针移动到要连接的其中一个形状的连接点上，此时会在这个连接点上显示绿色方块，如图 4-28 所示。

拖动鼠标到另一个形状的连接点上，即可在两个形状的指定连接点之间绘制一条连接线，如图 4-29 所示。

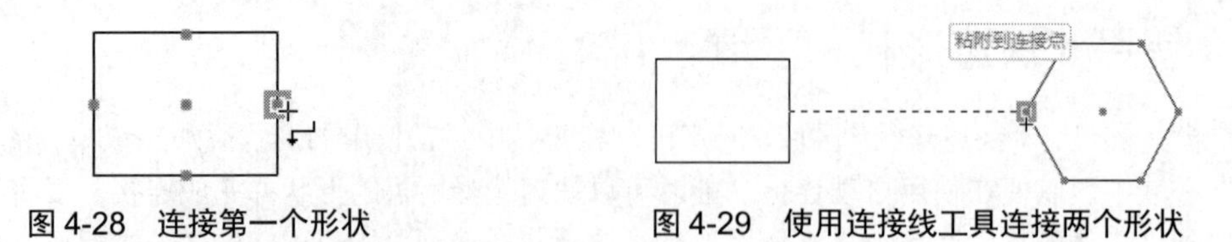

图 4-28　连接第一个形状　　　　图 4-29　使用连接线工具连接两个形状

4.2.6　使用连接符模具连接形状

在 Visio 内置的所有模具中，有一个名为“连接符”的模具，该模具中包含各种样式的连接线，用户可以根据所创建的图表类型来选择合适的连接线。

要打开“连接符”模具，需要在“形状”窗格中选择“更多形状”|“其他 Visio 方案”|“连接符”命令，如图 4-30 所示。打开的“连接符”模具如图 4-31 所示，其中包括动态连接符和其他各种类型的连接符。

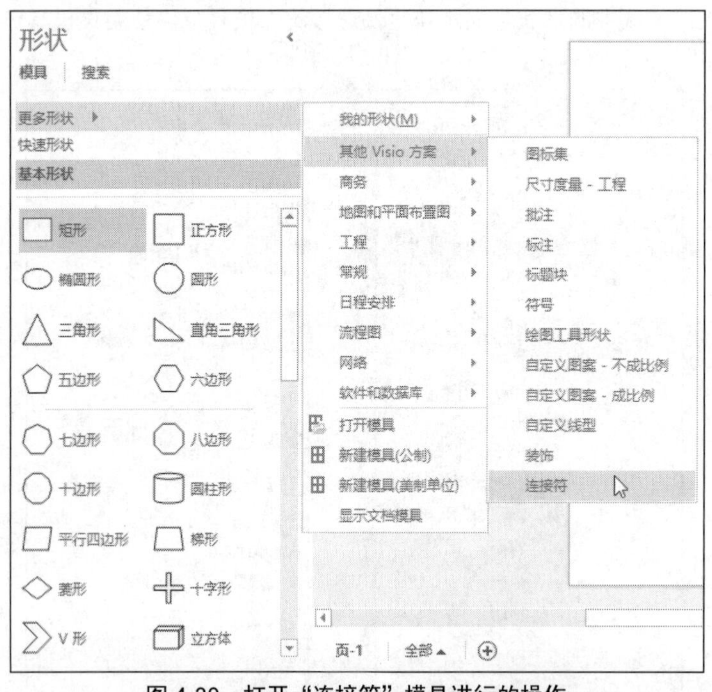

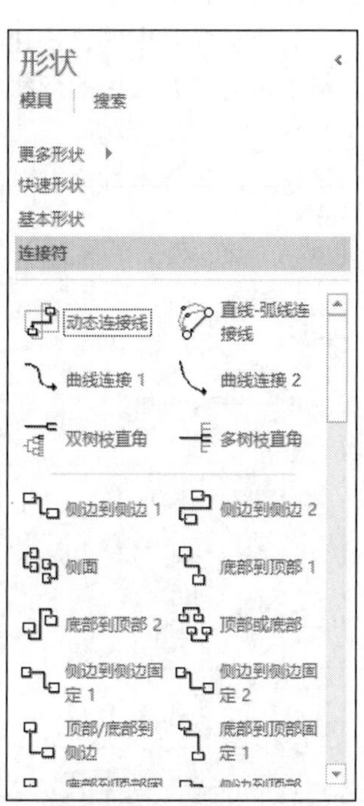

图 4-30　打开“连接符”模具进行的操作　　　　图 4-31　“连接符”模具

无论使用“连接符”模具中的哪种连接线来连接形状，都遵循相同的方法，操作步骤如下：

（1）在“连接符”模具中找到所需的连接线，并将其拖动到绘图页上，如图 4-32 所示。

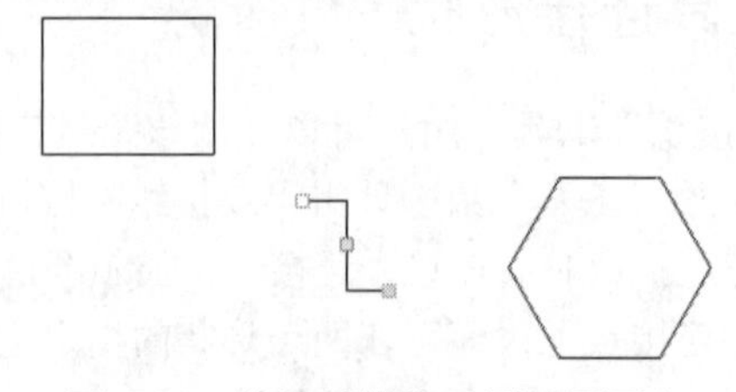

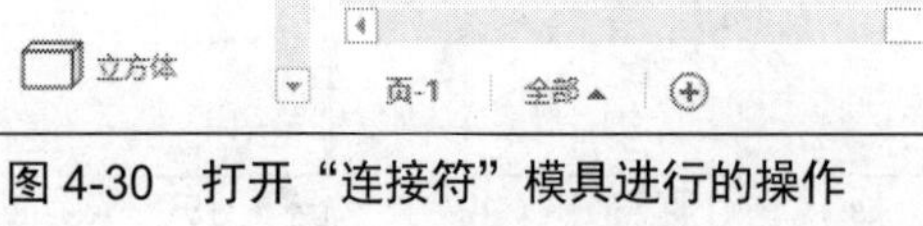

图 4-32　将连接线拖动到绘图页上

（2）拖动连接线的一个端点到一个形状的连接点，如图 4-33 所示。

（3）拖动连接线的另一个端点到另一个形状的连接点，如图 4-34 所示，即可使用该连接线将两个形状连接起来。

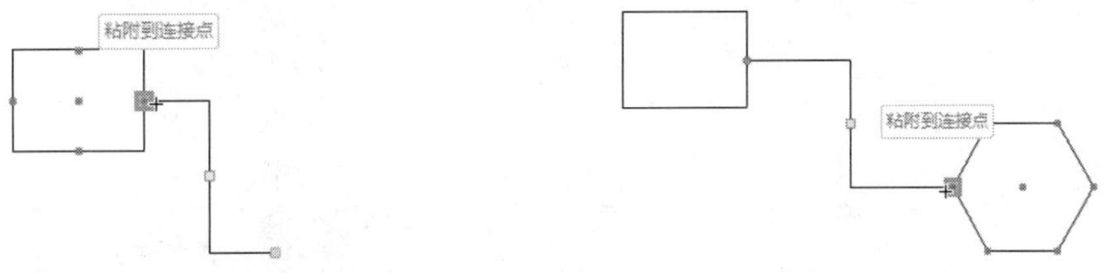

图 4-33　将连接线的一端连接到一个形状　　图 4-34　将连接线的另一端连接到另一个形状

4.2.7　设置形状的连接方式

Visio 为形状的连接提供了两种方式：静态连接和动态连接。在前面介绍的几种连接方法中，除了自动连接形状之外，其他方法都属于静态连接。要创建静态连接，需要将连接线的一端拖动到形状的某个连接点上，此时会在该连接点的周围显示一个绿色的方块，并显示“粘附到连接点”文字，松开鼠标按键即可创建静态连接。可以将静态连接称为“点到点粘附”，本章前面创建的大多数连接都是静态连接。

如果将连接线的一端拖动到形状内部，而不是某个连接点，则会在该形状的周围显示绿色的边框，并显示“粘附到形状”文字，如图 4-35 所示，此时松开鼠标按键即可创建动态连接。可以将动态连接称为“形状到形状粘附”。

动态连接可以根据两个形状之间的位置关系，自动连接到两个形状上距离最近的连接点。换句话说，当改变设置为动态连接的两个形状的位置时，Visio 会自动选择最合适的连接点来连接两个形状。图 4-36 说明了动态连接的这种特性。

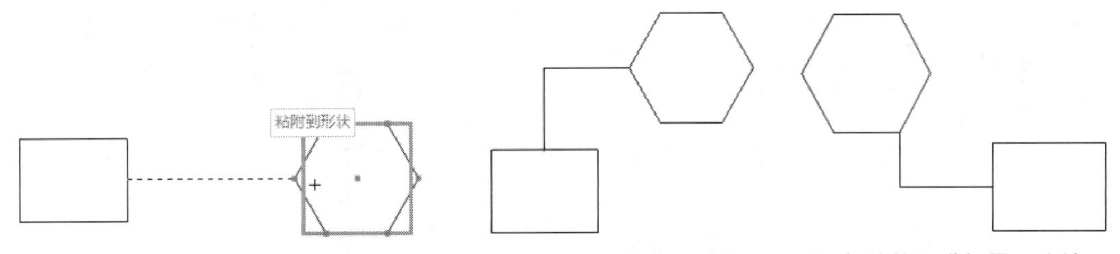

图 4-35　创建动态连接　　图 4-36　动态连接可以根据形状的位置进行灵活连接

对于设置为静态连接的两个形状来说，无论如何移动这两个形状，它们之间始终使用最初的连接点来进行连接。

提示：可以混合使用静态连接和动态连接两种方式，将连接线的一端以“点到点”的方式粘附到一个形状的连接点，将连接线的另一端以“形状到形状”的方式粘附到另一个形状的连接点。

Visio 默认将形状上的连接点和参考线指定为粘附位置，用户也可以将形状上的其他位置设置为粘附位置。在功能区“视图”选项卡中，单击“视觉帮助”组右下角的对话框启动器，打开如图 4-37 所示的“对齐和粘附”对话框，在“粘附到”类别中可以设置以下 5 种粘附位置。

- 形状几何图形：将连接线粘附到形状的可见边上的任何位置。
- 参考线：将连接线或形状粘附到参考线。
- 形状手柄：将连接线粘附到形状的选择手柄。

- 形状顶点：将连接线粘附到形状的顶点。
- 连接点：将连接线粘附到形状的连接点。

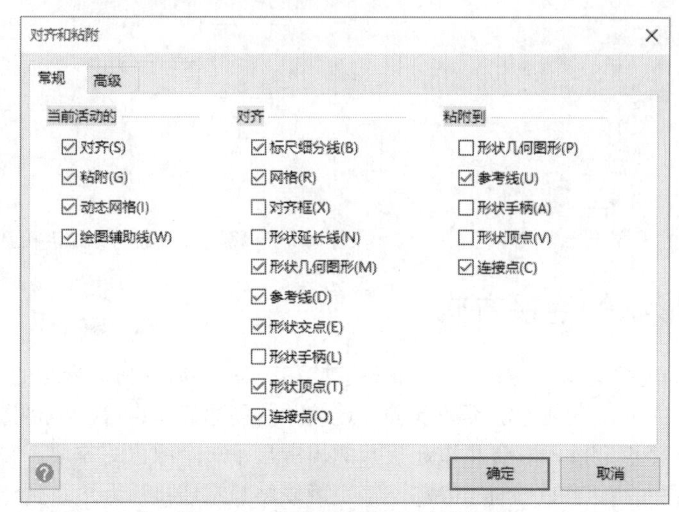

图 4-37　设置形状上的粘附位置

4.2.8　在现有形状之间插入形状

用户可以在已使用连接线连接的两个形状之间插入新的形状，只需从模具中将一个形状拖动到连接线上，Visio 会自动将连接线一分为二，并使断开的连接线的两端分别粘附到新插入的形状的两侧，从而完成新形状与原有的两个形状之间的连接。

如果插入的形状不能让连接线一分为二，那么可以在以下 3 个位置进行设置：

- 打开绘图页的“页面设置”对话框，在“布局与排列”选项卡中选中“启用连接线拆分”复选框，如图 4-38 所示。

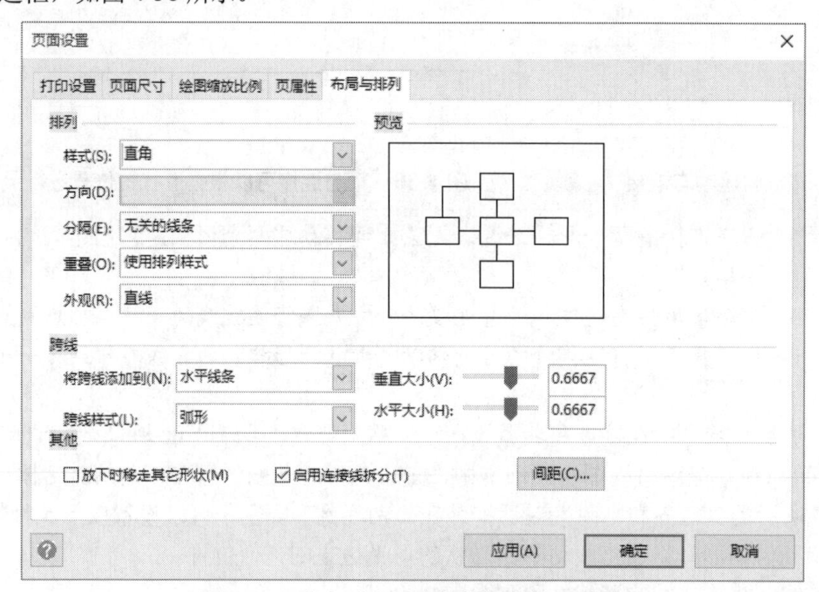

图 4-38　选中“启用连接线拆分”复选框

- 单击插入的形状，然后在功能区“开发工具”选项卡的“形状设计”组中单击“行为”按钮，打开“行为”对话框的“行为”选项卡，选中“框（二维）”单选按钮，然后选中“形状可以拆分连接线”复选框，如图 4-39 所示。

图 4-39　选中“形状可以拆分连接线”复选框

- 单击插入的形状所分隔的连接线，打开“行为”对话框的“行为”选项卡，选中“线条（一维）”单选按钮，然后选中“连接线可以被形状拆分”复选框。

4.3　选择形状

在对形状执行操作前，通常都需要先选择形状。Visio 为选择形状提供了多种方法，包括选择单个形状、选择多个形状、按类型选择形状等，用户可以根据要选择的形状的特点来使用合适的方法。

4.3.1　选择单个形状

要选择单个形状，只需将鼠标指针移动到形状的上方，当鼠标指针变为十字箭头时单击，即可选中该形状。选中的形状四周会显示选择手柄，如图 4-40 所示。

对于由多个形状组合而成的形状来说，如果要选择组合形状中的某个形状，则需要先单击组合形状中的任意一个形状，此时将选中整个组合形状，如图 4-41 所示。然后单击要选择的特定形状，即可选中该形状，如图 4-42 所示。

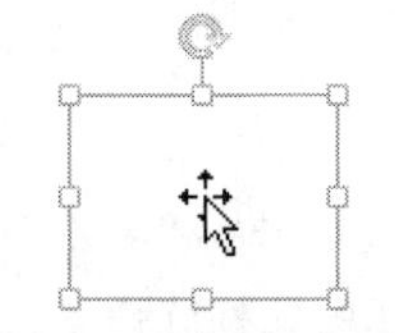
图 4-40　选择单个形状

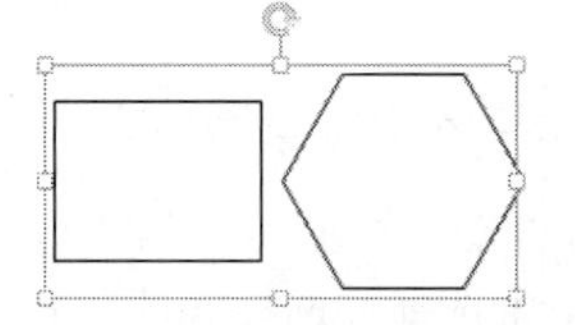
图 4-41　选择组合形状

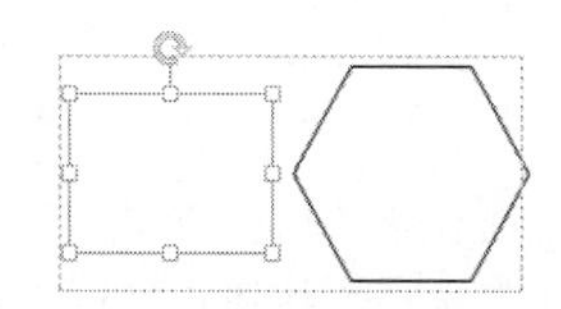
图 4-42　选择组合形状中的单个形状

4.3.2 选择多个形状

用户可以使用多种方法来同时选择多个形状，包括使用鼠标拖动选择、使用鼠标配合键盘选择、自动按对象类型选择等。

1. 使用鼠标拖动选择

默认情况下，用户在绘图页上按住鼠标左键并拖动时，会显示一个灰色的矩形区域，完全位于该区域中的形状将被选中。如果只有形状的一部分位于该区域中，那么该形状不会被选中。在图 4-43 的 3 个形状中，只会选中矩形和圆形，而不会选中六边形。

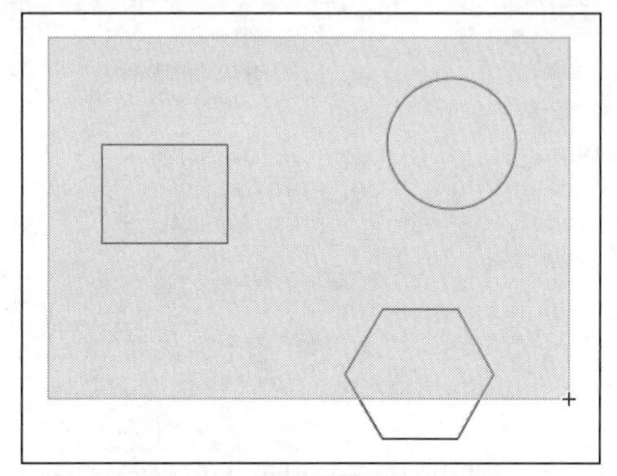

图 4-43 使用鼠标拖动选择形状

技巧：如果想要快速选择多个形状，则可能希望只要与鼠标拖动出的矩形区域相交的形状都能被选中，而不是必须完整位于矩形区域中的形状才能被选中。要想实现这个功能，需要在“Visio 选项”对话框的“高级”选项卡中选中“选择区域内的部分形状”复选框，如图 4-44 所示。

图 4-44 选中“选择区域内的部分形状”复选框

上面介绍的这种方法在 Visio 中称为“选择区域”。在功能区“开始”选项卡的“编辑”组中单击“选择”按钮，然后在弹出的菜单中选择“选择区域”命令，即可使用这种选择方式，如图 4-45 所示。

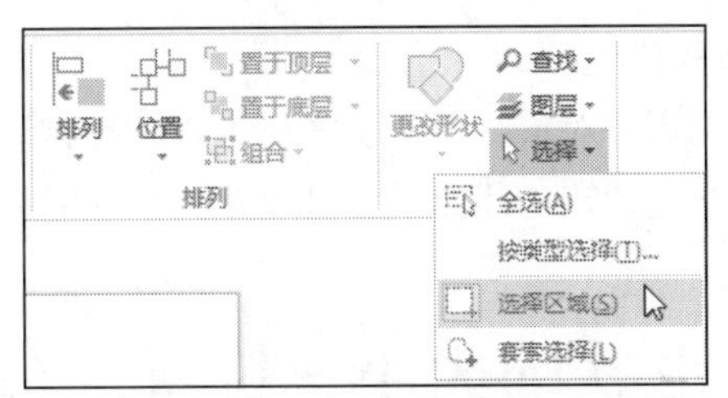

图 4-45　单击“选择区域”命令

如果选择该菜单中的“套索选择”命令，则可以使用鼠标拖动出的不规则区域来选择形状，该功能类似于 Photoshop 应用程序中的套索工具。

如果要取消形状的选中状态，只需单击绘图页上的空白处或按 Esc 键。该方法同样适用于使用后面介绍的几种方法所选中的形状。

2. 使用鼠标配合键盘选择

如果要选择的多个形状之间包含不想选择的形状，在这种情况下，可以先选择其中一个形状，然后按住 Shift 键或 Ctrl 键，再依次单击其他形状，即可选中所需的所有形状。

3. 自动按对象类型选择

如果想要选择特定类型的形状，则可以使用“按类型选择”功能。在功能区“开始”选项卡的“编辑”组中单击“选择”按钮，然后在弹出的菜单中选择“按类型选择”命令，打开“按类型选择”对话框，如图 4-46 所示。

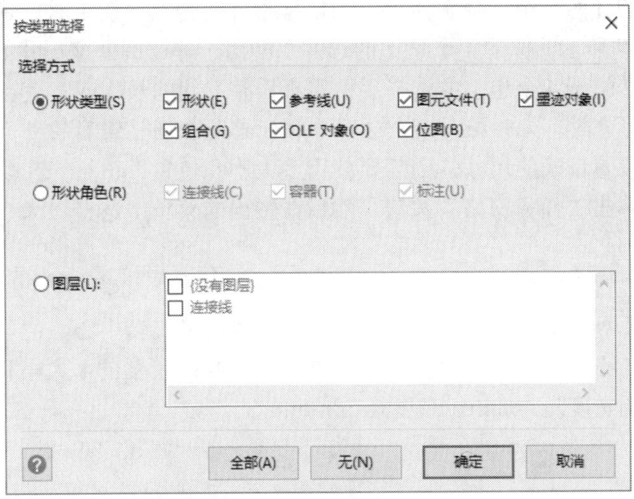

图 4-46　“按类型选择”对话框

用户可以按照“形状类型”“形状角色”和“图层”3 种方式来选择特定的对象。例如，选中“形状类型”单选按钮，然后在右侧只选中“形状”复选框，单击“确定”按钮后，将选中绘图页上的所有单个形状，但不会选择组合形状。如果想要同时选中组合形状，则需要同时选中“形状”和“组合”两个复选框。

技巧：使用对话框中的“全部”和“无”按钮可以加快选择速度。例如，当只想选择“形状类型”中的“形状”时，可以先单击“无”按钮，取消该类别中所有选中的复选框，然后只选中“形状”复选框。

4. 选择绘图页上的所有形状

如果想要选择绘图页上的所有对象，则可以按 Ctrl+A 快捷键。或者在功能区“开始”选项卡的“编辑”组中单击“选择”按钮，然后在弹出的菜单中选择“全选”命令。

4.4 调整形状的大小、位置、布局和行为

用户可能在连接形状之前就已经开始使用本节介绍的一些技术了，是否使用这些技术取决于绘制的图表类型和用户的操作习惯。为了提高绘图的精确程度，并使绘图更加完美，无论是在连接形状之前还是之后，用户都需要调整形状在绘图中的大小和位置。借助 Visio 提供的形状对齐、排列、布局和行为等方面的功能，可以让这些操作更加准确、高效。

4.4.1 调整形状的大小和位置

对形状大小进行调整可能是最先需要进行的操作，因为一旦改变形状的大小，该形状在绘图页上占据的空间范围就会发生变化。当绘图中包含多个形状时，一个形状大小的改变可能会涉及需要调整其他形状的相对位置。为了避免出现这种情况，在调整形状的位置之前，首先应该确定好形状的大小。

调整形状大小的最基本方法是使用选择手柄。首先选择要调整大小的形状，然后将鼠标指针移动到形状四周的任意一个选择手柄上，当鼠标指针变为双向箭头时，拖动鼠标即可改变形状的大小，如图 4-47 所示。位于 4 个角上的选择手柄用于等比例调整形状的大小，即同时调整形状的长度和宽度；位于 4 个边上的选择手柄用于调整形状的长度或宽度。

提示：对于圆形来说，无论拖动哪个选择手柄，都是在调整圆形的半径。

如果要为形状设置精确的尺寸，则需要使用“大小和位置”窗格。在功能区“视图”选项卡的“显示”组中单击“任务窗格”按钮，然后在弹出的菜单中选择“大小和位置”命令，如图 4-48 所示。

打开“大小和位置”窗格，当在绘图页上选择一个形状时，窗格中会显示所选形状的一些属性，包括坐标（X 和 Y）、尺寸（宽度和高度）、角度和旋转中心点位置。这些内容分为两列，左列是属性的名称，右列是属性的值。例如，在图 4-49 所示的“大小和位置”窗格中显示了当前选中的矩形的宽度是 40mm，高度是 30mm。

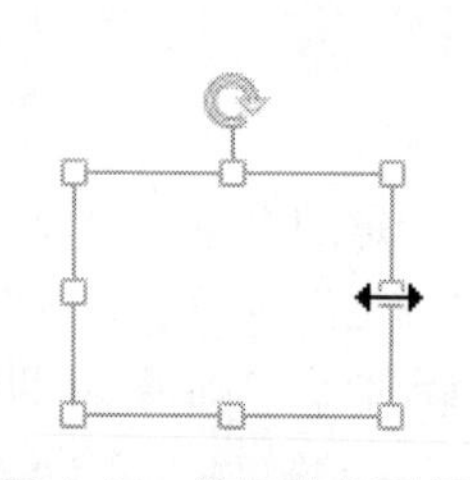

图 4-47　使用选择手柄调整形状的大小

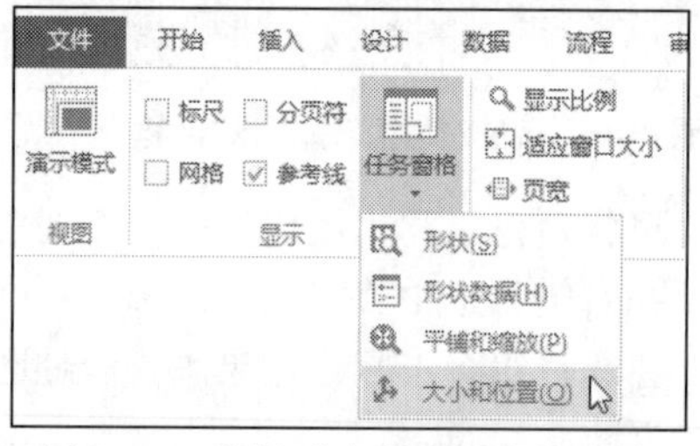

图 4-48　选择“大小和位置”命令

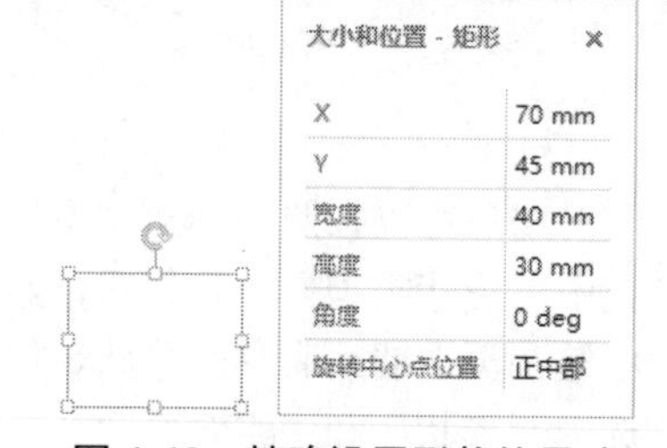

图 4-49　精确设置形状的尺寸

提示：可以拖动“大小和位置”窗格的顶部，将该窗格悬浮或停靠在 Visio 窗口中的任意位置。

如果只想简单地改变形状在绘图页中的位置，那么可以将鼠标指针移动到形状的上方，当显示十字箭头时，按住鼠标左键将形状拖动到所需的位置即可。精确定位形状的方法将在接下来的几节中进行介绍。

4.4.2　使用标尺、网格和参考线定位形状

Visio 提供了一些可用于在绘图页上精确定位形状的工具，包括标尺、网格和参考线。使用这些工具不但可以将形状移动到绘图页上的精确位置，还可以快速对齐和排列多个形状。下面是对标尺、网格和参考线这几个定位工具的简要说明。

- 标尺：标尺上显示的距离是基于绘图所使用的测量单位的。使用标尺可以确定形状在绘图页上的精确位置，也是使用比例缩放的绘图的理想工具。
- 网格：使用网格可以快速将不同的形状放置到间隔指定数量单位的位置上。如果对形状在绘图页上的精确位置没有要求，那么网格是快速对齐和排列形状的理想工具。
- 参考线：参考线是无法打印的线，可以将参考线移动到绘图页的任意位置，以便将其他形状定位到同一个位置提供基准。

如果要使用这几种定位工具，需要在功能区“视图”选项卡的“显示”组中选中“标尺”“网格”和“参考线”3 个复选框，如图 4-50 所示。

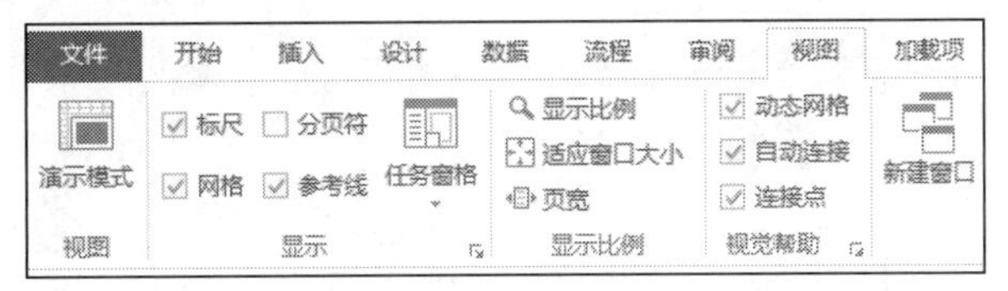

图 4-50　定位工具位于“视图”选项卡中

下面将详细介绍这 3 种工具的功能和用法。

1. 标尺

标尺显示在绘图页的上方和左侧，标尺的间隔大小与用户为绘图页设置的度量单位相对应。度量单位的设置位于“页面设置”对话框的“页属性”选项卡中，如图 4-51 所示。用户可以为每个绘图页设置不同的度量单位。

除了设置标尺的度量单位之外，还可以设置标尺的细分线和零点位置，方法如下：

- 设置标尺的细分线：标尺的细分线是指标尺上主刻度之间的短线，用户可以设置细分线的数量。单击“视图”选项卡“显示”组右下角的对话框启动器，打开“标尺和网格”对话框，在“水平”和“垂直”下拉列表中选择细分线的类型，有“细致”“正常”和“粗糙”3 种，如图 4-52 所示。选择“细致”选项将显示数量最多的细分线，选择“粗糙”选项则只显示主刻度线，而“正常”选项控制的细分线数量介于前两种之间。
- 设置标尺的零点位置：默认情况下，水平标尺的零点位于页面的左边缘，垂直标尺的零点位于页面的下边缘。用户可以在“标尺和网格”对话框的“标尺零点”文本框中更改水平标尺和垂直标尺的零点位置。

用户还可以使用鼠标和键盘的方法，可视化地设置标尺的零点位置，具体如下。

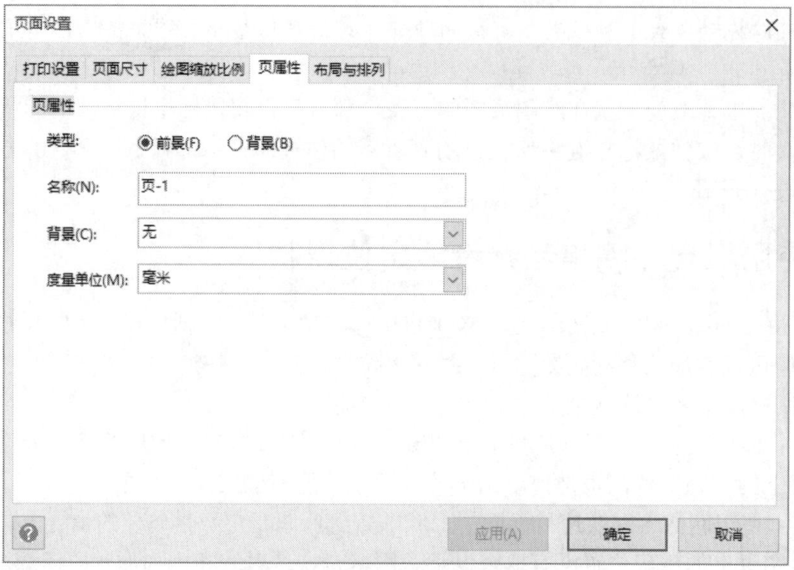

图 4-51　设置绘图页的度量单位

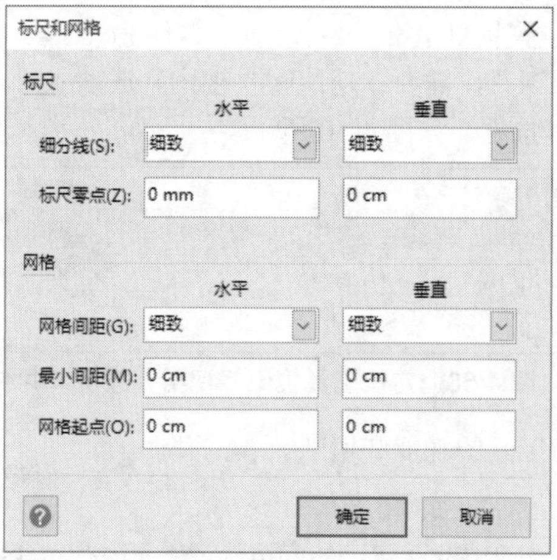

图 4-52　设置标尺的细分线和零点位置

- 同时设置水平标尺和垂直标尺的零点：按住 Ctrl 键，然后使用鼠标拖动位于标尺左上角的水平标尺和垂直标尺交叉处的十字，拖动过程中会显示代表 x 轴和 y 轴的虚线，如图 4-53 所示。拖动到绘图页上的某个位置后松开鼠标按键，Visio 将把标尺的零点设置到该位置。
- 只设置水平标尺的零点：按住 Ctrl 键并拖动垂直标尺。拖动前需要将鼠标指针移动到垂直标尺上，当显示左右箭头时进行拖动。
- 只设置垂直标尺的零点：按住 Ctrl 键并拖动水平标尺。拖动前需要将鼠标指针移动到垂直标尺上，当显示上下箭头时进行拖动。

提示： 改变标尺的零点后，如果想要恢复默认的零点位置，只需双击水平标尺和垂直标尺的交叉处即可。

当在绘图页上拖动一个形状时，标尺上显示的虚线表示该形状的当前位置，如图 4-54 所示的标尺上 80、100、120 这 3 个刻度右侧的虚线。

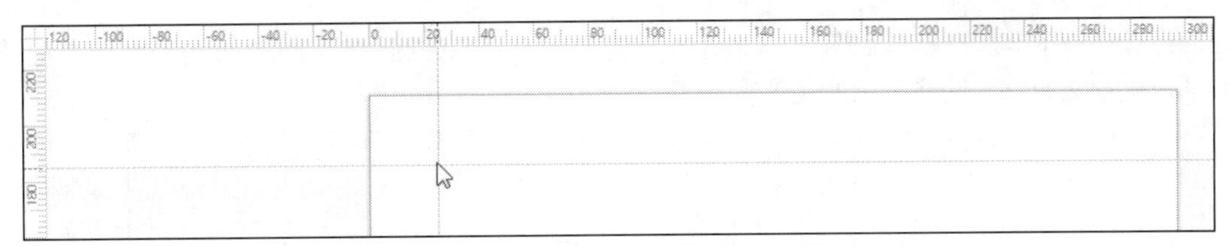

图 4-53　拖动十字时显示的虚线代表 x 轴和 y 轴

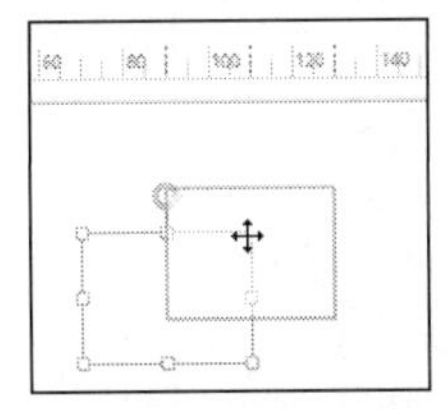

图 4-54　虚线表示形状的当前位置

2. 网格

网格是绘图页上由水平线和垂直线交叉组成的方格，就像作文纸一样。既可以将形状对齐到网格的交叉点，又可以将网格作为一种视觉参考。例如，如果将网格的间距设置为 10mm，在将两个形状定位到相隔两个网格的位置时，这两个形状之间的距离就是 20mm，如图 4-55 所示。

设置网格间距的方法与标尺的设置类似，也需要在“标尺和网格”对话框中操作。在该对话框的“网格”类别中可以设置网格间距的类型、最小间距和网格起点，如图 4-56 所示。

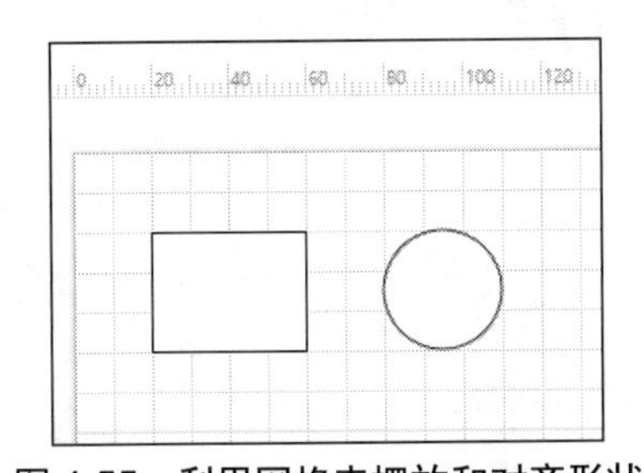

图 4-55　利用网格来摆放和对齐形状

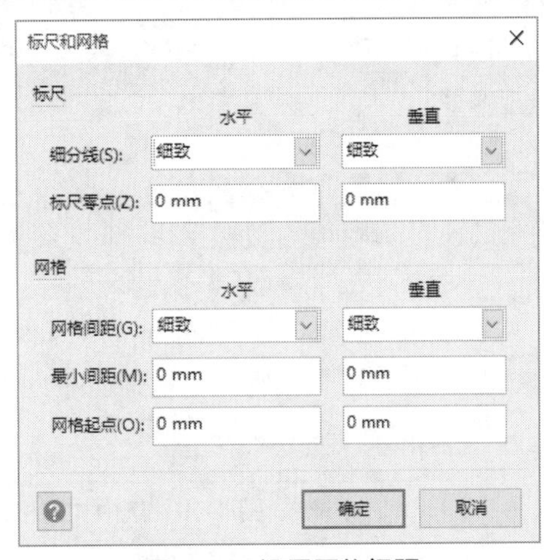

图 4-56　设置网格间距

网格间距包括“细致”“正常”“粗糙”和“固定”4 项。前 3 项用于设置可变网格的间距类型，最后一项用于设置网格的固定间距。要为网格间距设置一个固定值，需要在“网格间距”下拉列表中选择“固定”选项，然后在“最小间距”文本框中输入一个表示网格间距的值。

大多数 Visio 绘图默认使用可变网格，这意味着当改变绘图的显示比例时，网格间距会自动变化。当放大显示比例时，网格表示较小的距离；当缩小显示比例时，网格表示较大的距离。例如，在绘图页上绘制一个宽度为 40mm 的矩形，放置的位置在标尺上的 20～60 刻。在显示比例为 50%的情况下，40mm 的宽度正好横跨 4 个网格，如图 4-57 所示。

如果将显示比例放大到 100%，从标尺上看矩形的位置仍然在 20～60，但是 40mm 的宽度现在已经横跨了 8 个网格，如图 4-58 所示。这说明放大显示比例后，相同长度内的网格数量增加了，这意味着每个网格表示的距离变小了。

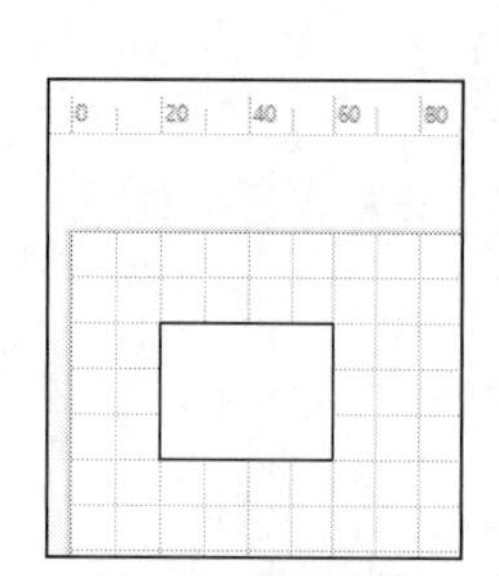

图 4-57　矩形的宽度横跨 4 个网格

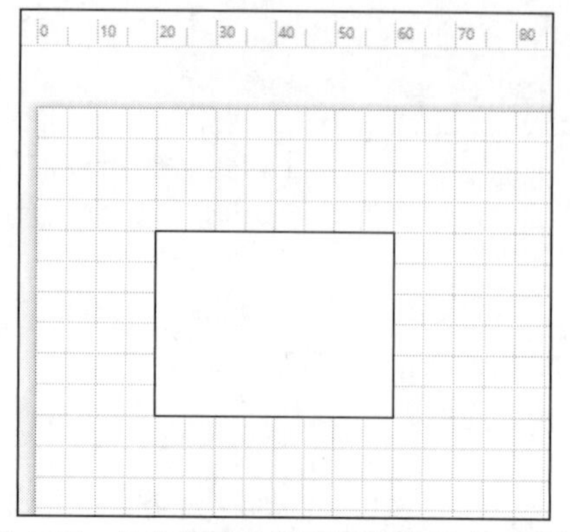

图 4-58　放大显示比例后网格数量自动增加

打印绘图时，默认不会将网格打印到纸张上。如果想要打印网格，则需要打开“页面设置”对话框，在“打印设置”选项卡中选中“网格线”复选框，如图 4-59 所示。

图 4-59　选中“网格线”复选框以打印网格

3. 参考线

使用参考线可以快速定位和对齐多个形状。可以将参考线作为多个形状进行对齐的基准或参照，也可以将不同的形状粘附到参考线上，然后通过移动参考线来同时将这些形状移动到新的位置。

要在绘图页上添加参考线，需要将鼠标指针移动到水平标尺或垂直标尺上，当鼠标指针变为双向箭头时，按住鼠标左键并拖动到绘图页上，即可在绘图页上添加一条参考线，如图 4-60 所示。拖动水平标尺添加的是水平参考线，拖动垂直标尺添加的是垂直参考线。

可以对参考线进行以下几种操作。

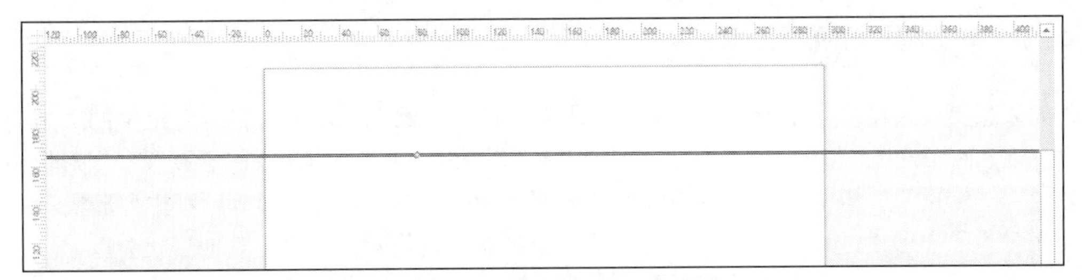

图 4-60　在绘图页上添加参考线

- 移动参考线：将鼠标指针移动到参考线上，当鼠标指针变为双向箭头时，按住鼠标左键并进行拖动，即可移动参考线。
- 旋转参考线：单击参考线以将其选中，然后在功能区“视图”选项卡的“显示”组中单击“任务窗格”按钮，在弹出的菜单中选择“大小和位置”命令，如图 4-61 所示。打开“大小和位置”窗格，在“角度”文本框中输入一个表示角度的数字，如图 4-62 所示，按 Enter 键后，即可将选中的参考线旋转指定的角度。正数表示顺时针旋转，负数表示逆时针旋转。

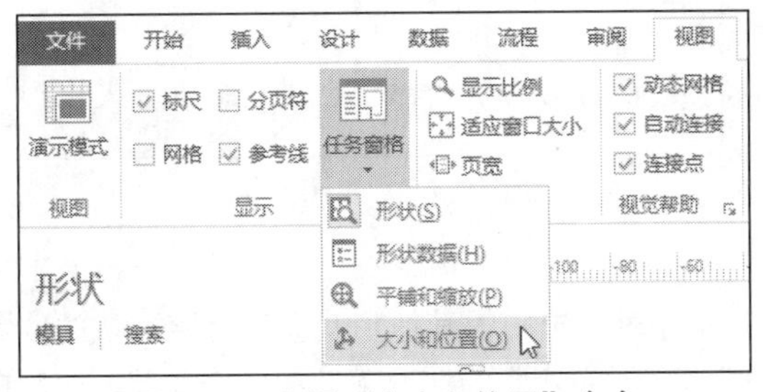

图 4-61　选择“大小和位置”命令

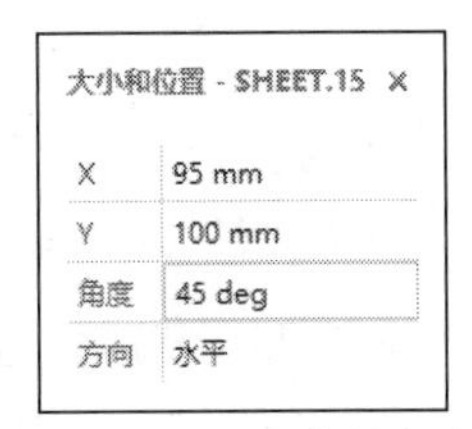

图 4-62　设置旋转角度

- 删除参考线：如果想要删除绘图页上的参考线，则可以单击参考线以将其选中，然后按 Delete 键。

提示：选中一条参考线时，其上会有一个圆点，如图 4-63 所示，它是参考线的旋转中心，它的位置决定了旋转参考线时的基点。选中参考线后，使用鼠标拖动该圆点，可以改变它在参考线上的位置。

在绘图页上使用鼠标拖动形状时，当该形状接近另一个形状的上边缘、下边缘、左边缘、右边缘、中心线等特定的几何位置时，会自动显示一条或多条水平虚线或垂直虚线，如图 4-64 所示。在 Visio 中将这种虚线称为“动态网格”，动态网格可以更好地帮助用户对齐或定位形状。

图 4-63　参考线上的圆点是旋转中心

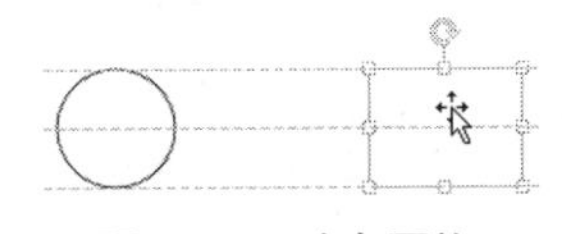

图 4-64　动态网格

可以使用以下两种方法开启“动态网格”功能：

- 在功能区“视图”选项卡的“视觉帮助”组中选中“动态网格”复选框。
- 单击“视图”选项卡“视觉帮助”组右下角的对话框启动器，打开“对齐和粘附”对话框，在“常规”选项卡中选中“动态网格”复选框。

4.4.3 自动排列形状

如果想要快速排列多个形状，则可以使用功能区“开始”选项卡“排列”组中的“排列”和“位置”两个命令，如图 4-65 所示。单击“排列”按钮中包含的命令用于设置多个形状的对齐方式，“位置”按钮中包含的命令用于设置多个形状的分布方式，即等间距排列形状。

在对齐多个形状时，Visio 会自动将其中一个形状指定为对齐基准，其他形状会以该形状为参照来进行对齐。选择多个形状时，第一个选中的形状将被指定为参照形状。为了灵活指定参照形状，可以先单击要作为对齐参照的形状以将其选中，然后按住 Shift 键，再依次单击其他形状。当选中所需的多个形状后，由粗线包围的形状就是参照形状。如图 4-66 所示，当前选中了 3 个形状，中间的矩形是参照形状。

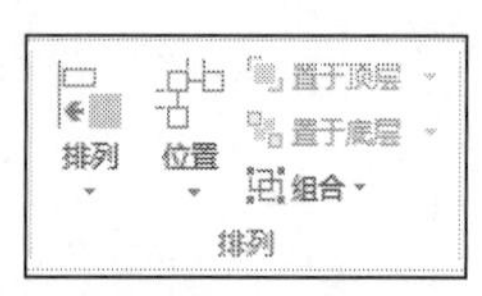

图 4-65 “排列”命令中包含用于对齐和排列形状的命令

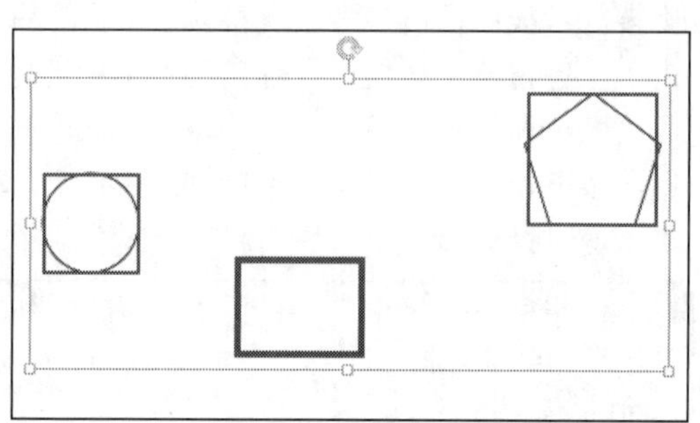

图 4-66 参照形状

确定好参照形状后，当执行特定的对齐命令时，选中的其他形状会以参照形状的位置为基准进行对齐。以图 4-66 为例，如果在以中间的矩形为参照的情况下选中 3 个形状，然后在功能区“开始”选项卡的“排列”组中单击“排列”按钮，在弹出的菜单中选择“顶端对齐”命令，如图 4-67 所示，那么其他两个形状的上边缘会以矩形的上边缘为基准进行对齐，如图 4-68 所示。

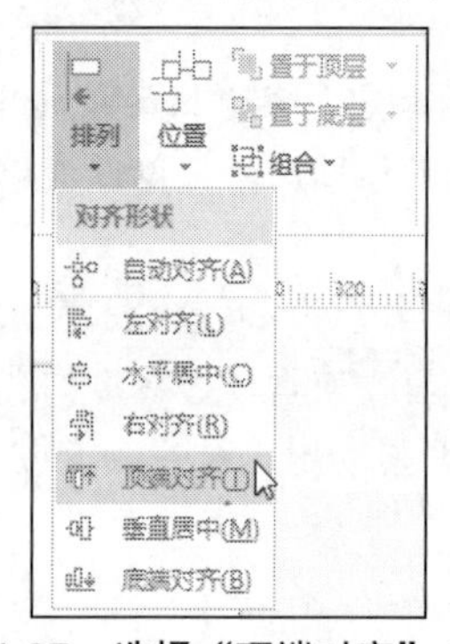

图 4-67 选择“顶端对齐”命令

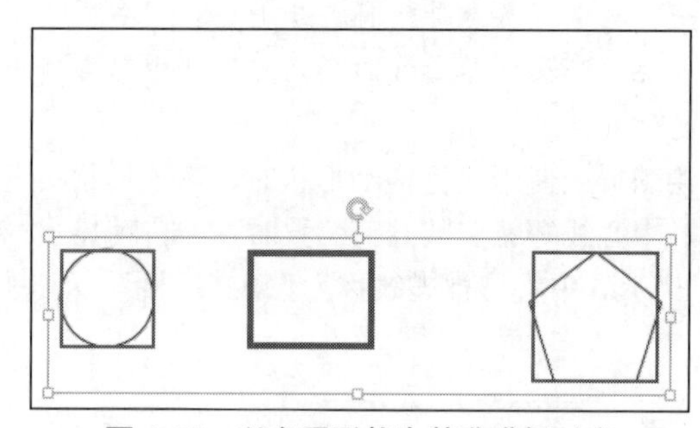

图 4-68 以参照形状为基准进行对齐

根据需要，用户可以从单击“排列”按钮弹出的菜单中选择所需的对齐命令，各个对齐命令的功能如下。

- 左对齐：其他形状的左边缘与参照形状的左边缘对齐。
- 水平居中：其他形状以参照形状的宽度为基准进行左右居中对齐。
- 右对齐：其他形状的右边缘与参照形状的右边缘对齐。
- 顶端对齐：其他形状的上边缘与参照形状的上边缘对齐。

- 垂直居中：其他形状以参照形状的高度为基准进行上下居中对齐。
- 底端对齐：其他形状的下边缘与参照形状的下边缘对齐。

除了设置形状的对齐之外，还可以快速为多个形状设置相同的间距。选择要设置间距的多个形状，然后在功能区“开始”选项卡的“排列”组中单击“位置”按钮，在弹出的菜单中选择“横向分布”或“纵向分布”命令，如图 4-69 所示。

图 4-70 所示是选择“横向分布”命令前、后的效果。执行该命令后，Visio 会将 3 个形状在水平方向上设置为相同的间距。

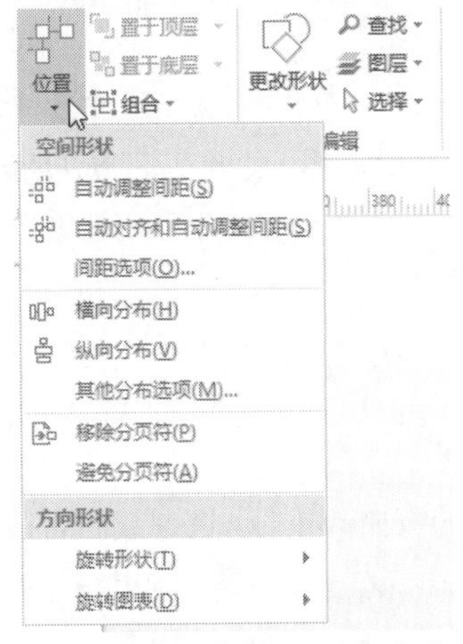

图 4-69　选择形状的分布方式

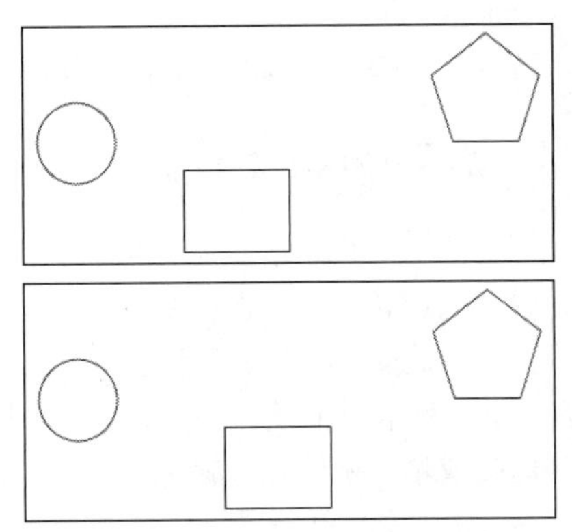

图 4-70　为形状设置横向分布

提示：Visio 默认以两个形状相邻边缘之间的距离作为横向分布和纵向分布的基准位置，可以更改形状分布所参照的基准位置。在功能区“开始”选项卡的“排列”组中单击“位置”按钮，然后在弹出的菜单中选择“其他分布选项”命令，打开“分布形状”对话框，在此处选择横向分布（水平分布）和纵向分布（垂直分布）的基准位置，如图 4-71 所示。

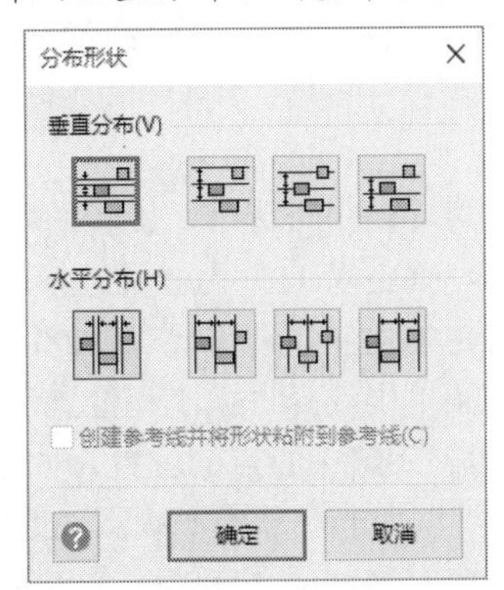

图 4-71　更改形状分布的基准位置

如果两个形状已经使用连接线连接起来，则可以使用“自动对齐和调整间距”功能，将这两个形状自动以 Visio 默认间距进行排列。图 4-72 所示是自动对齐和调整间距前后的效果，选择通过连接线连接在一起的圆形和矩形，然后在功能区“开始”选项卡的“排列”组中单击“位置”按钮，在弹出的菜单中选择“自动对齐和自动调整间距”命令，Visio 会自动将选中的两个形状自动对齐，并将它们之间的距离自动设置为 Visio 默认的间距 7.5mm。

提示：可以根据形状之间的空间布局需求来更改 Visio 的默认间距。在功能区“开始”选项卡的“排列”组中单击“位置”按钮，然后在弹出的菜单中选择“间距选项”命令，在打开的对话框中设置 Visio 默认的水平间距和垂直间距，如图 4-73 所示。

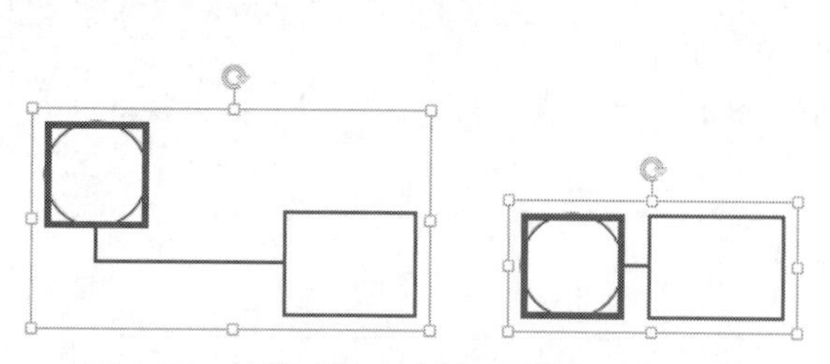

图 4-72　使用“自动对齐和调整间距”功能

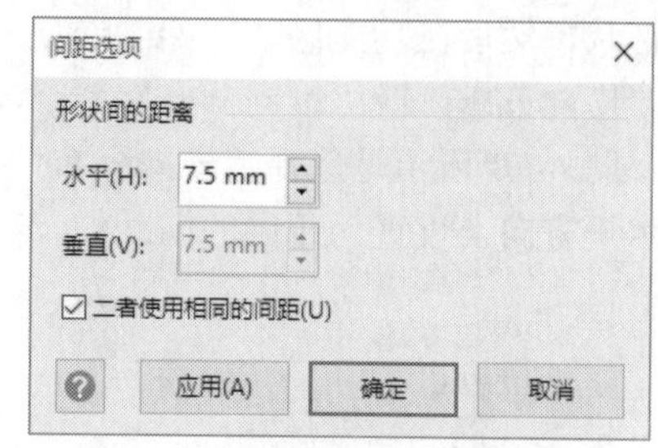

图 4-73　设置 Visio 默认的间距

4.4.4　旋转和翻转形状

当需要改变形状在绘图页上的角度时，可以使用 Visio 中的“旋转”功能。旋转形状的最简单方法是使用旋转手柄，选择要旋转的形状，此时会在形状上方显示一个弯曲箭头，它就是旋转手柄。有关旋转手柄的介绍请参看 4.1.2 节。

将鼠标指针移动到旋转手柄上，当鼠标指针变为黑色的弯曲箭头时，向左或向右拖动鼠标，将以逆时针或顺时针的方向旋转形状，旋转时鼠标指针会显示为 4 个箭头，如图 4-74 所示。

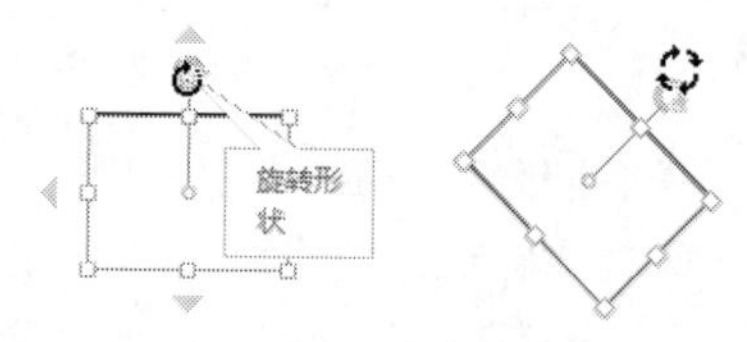

图 4-74　旋转形状

选择形状后，将鼠标指针移动到旋转手柄上，在形状的中心位置会显示一个圆圈，它是形状的旋转中心点，形状将围绕这个点进行旋转。用户可以将旋转中心点拖动到另一个位置，以后将围绕新的中心点进行旋转。

拖动旋转手柄时，拖动的位置离旋转中心越远，旋转的角度越小、越精确。如果在旋转手柄上方或距离较近的位置拖动鼠标，则会以 15° 为增量进行旋转。

如果想要快速将形状旋转到特定的角度，则需要在功能区“视图”选项卡的“显示”组中单击“任务窗格”按钮，在弹出的菜单中选择“大小和位置”命令，然后在打开的窗格中设置“角度”的值。在该窗格中还可以设置旋转中心点的位置，如图 4-75 所示。

利用 Visio 中的“翻转”功能，可以为非对称的形状实现镜像效果。镜像效果类似于照镜子，原来位于左侧的部分在镜子中呈现在右侧，反之亦然。在实际应用中，只需对现有的形状进行镜像，就可以满足特殊的绘图需求，而不必重新绘制方向相反的类似形状。

选择要翻转的形状，然后在功能区“开始”选项卡的“排列”组中单击“位置”按钮，在弹出的菜单中选择“旋转形状”命令，在弹出的子菜单中选择“垂直翻转”或“水平翻转”命令。

垂直翻转是指形状在垂直方向上翻转，可以理解为形状从上向下翻转；水平翻转是指形状在水平方向上翻转，可以理解为形状从左向右翻转。图 4-76 是对一个三角形进行水平翻转后的效果，左侧是翻转前的三角形，右侧是水平翻转后的三角形。

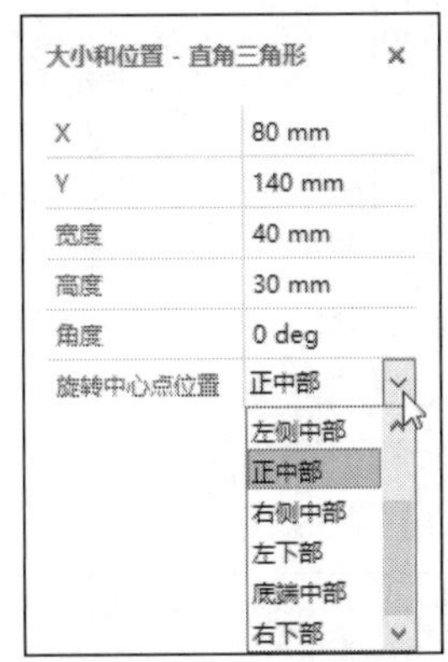

图 4-75　设置形状的角度和旋转中心点

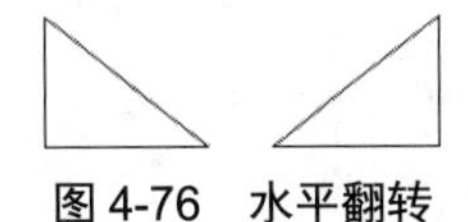

图 4-76　水平翻转

4.4.5　设置形状的层叠位置

有时，一个形状遮盖在另一个形状上，导致位于下方的形状无法完整显示。也有一些情况下需要呈现出不同层次的效果。无论基于哪种理由，都可以在绘图页上重新排列各个形状的层叠位置。

选择要设置层叠位置的形状，然后在功能区“开始”选项卡“排列”组中找到“置于顶层”和“置于底层”两个按钮，如图 4-77 所示。使用这两个按钮可以设置 4 种层叠位置。

- 置于顶层：单击“置于顶层”按钮，将选中的形状移动到所有其他形状的最上方。
- 上移一层：单击“置于顶层”按钮右侧的下拉按钮，在弹出的菜单中选择“上移一层”命令，将选中的形状按照排列的顺序向上移动一层。
- 置于底层：单击“置于底层”按钮，将选中的形状移动到所有其他形状的最下方。
- 下移一层：单击“置于底层”按钮右侧的下拉按钮，在弹出的菜单中选择“下移一层”命令，将选中的形状按照排列的顺序向下移动一层。

图 4-78 所示是对左侧的三角形执行“置于顶层”命令前后的效果。由于此处只有两个形状，因此执行“置于顶层”和“上移一层”命令的效果相同。

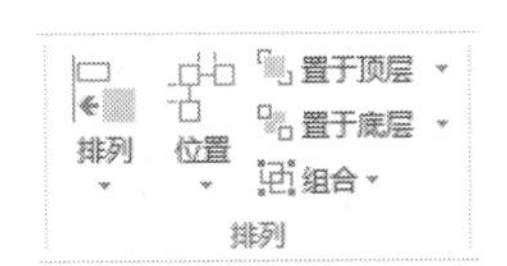

图 4-77　“置于顶层”和“置于底层”按钮

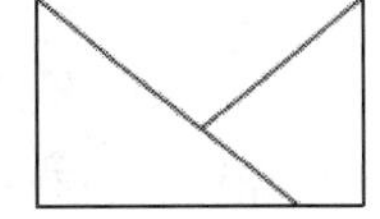

图 4-78　设置形状的层叠位置

4.4.6　复制形状

如果要在绘图中多次使用同一个形状，一种方法是直接从该形状所在的模具中将其拖动到绘图页上，但是这种方法添加的形状具有默认的外观格式。如果已经为一个形状设置好了特定的格式，为了快速得到多个具有相同外观格式的形状，可以使用“复制”操作。

首先使用以下几种方法将要复制的形状复制到剪贴板：

- 右击形状，在弹出的快捷菜单中选择“复制”命令。
- 单击形状，然后在功能区“开始”选项卡的“剪贴板”组中单击“复制”按钮。
- 单击形状，然后按 Ctrl+C 快捷键。

使用以上任意一种方法后，按 Ctrl+V 快捷键，将复制的形状粘贴到当前绘图页、其他绘图页、其他绘图文件或其他程序所创建的文件中。

提示：可以同时选择多个形状后执行复制操作，复制后得到的这些形状会保持它们原来的相对位置。

如果使用过 AutoCAD，那么可能会对其中的"阵列"功能印象深刻。Visio 也提供了类似的功能，可以基于一个形状快速复制出排列整齐且具有相同间距的多个形状。

选择要复制的形状，然后在功能区"视图"选项卡的"宏"组中单击"加载项"按钮，在弹出的菜单中选择"其他 Visio 方案"|"排列形状"命令，如图 4-79 所示。

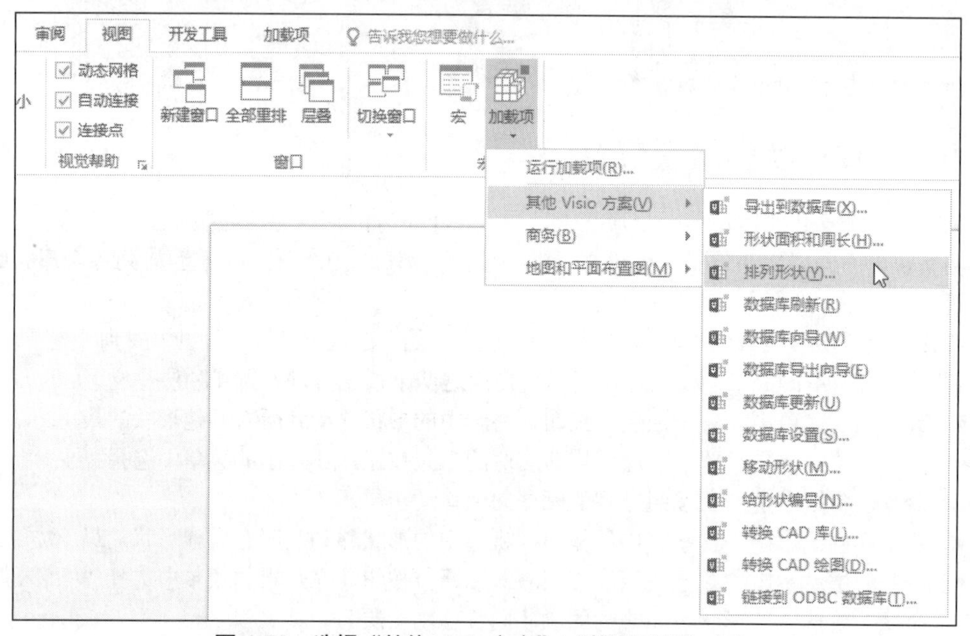

图 4-79　选择"其他 Visio 方案"|"排列形状"命令

打开"排列形状"对话框，如图 4-80 所示，该对话框中的设置分为以下两部分。

- 布局：在该部分主要设置复制后的形状包含的行数和列数，由此可以决定复制后的形状总数，同时还可以设置各行和各列形状之间的距离。
- 间距："形状中心之间"和"形状边缘之间"两项决定在"布局"部分设置的间距的计算方式。如果选择"形状中心之间"选项，那么设置的间距是指两个形状中心点之间的距离。在这种设置下，需要将两个形状的宽度和高度列入考虑范围，否则复制形状后可能会发生形状重叠。如果选择"形状边缘之间"选项，那么设置的间距是指两个形状相邻边缘之间的距离。

例如，选择绘图页上的一个矩形，打开"排列形状"对话框，按照图 4-80 进行设置，单击"确定"按钮后的效果如图 4-81 所示，将对选中的矩形进行复制，自动生成 3 行 4 列的矩形阵列，相邻两行的间距是 10mm，相邻两列的间距是 20mm。

注意：创建形状阵列的方向位于所选形状的上方和右侧，因此，选择的形状应该位于即将创建的阵列的左下角。

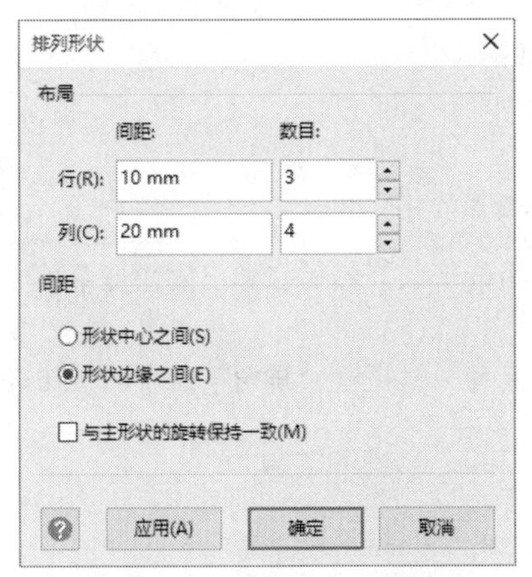

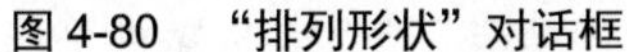
图 4-80　“排列形状”对话框

图 4-81　复制形状阵列

4.4.7　将多个形状组合为一个整体

如果经常需要同时处理特定的几个形状，那么可以利用“组合”功能将这几个形状组合为一个整体，组合后的这些形状会作为一个整体一起移动，也可以同时为组合中的所有形状设置统一的格式。如果需要，还可以单独为组合中的特定形状设置不同的格式。

将两个或多个形状组合在一起的方法很简单，首先同时选择要组合起来的多个形状，然后右击选中的这些形状中的任意一个，在弹出的快捷菜单中选择“组合”|“组合”命令，如图 4-82 所示。

将形状组合在一起后，在单击组合形状时，会在组合形状的最外面显示一个边框，位于边框内部的每一个形状都是组合形状的一部分，这些形状共用一个选择手柄，如图 4-83 所示。

如果想要选择组合形状内部的某个独立形状，则可以先单击组合形状，再单击其中要选择的那个形状，此时会显示该形状的选择手柄，如图 4-84 所示。

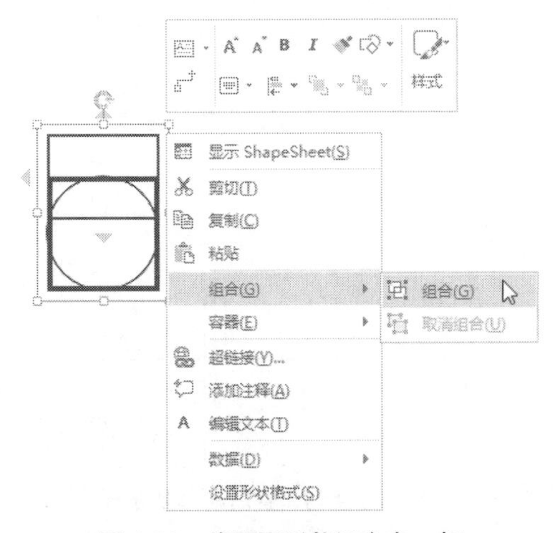

图 4-82　将不同形状组合在一起

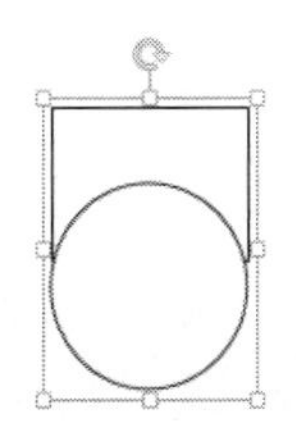
图 4-83　组合形状共用一个选择手柄

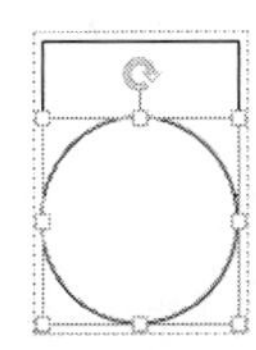
图 4-84　选择组合形状中的特定形状

实际上，Visio 内置模具中的很多形状也是组合形状。例如，将“常规”类别中的“图案形状”模具添加到“形状”窗格中，打开该模具，可以看到其中的很多形状都是组合形状，例如名为“笑脸”的形状，它由 3 个圆形组合而成，如图 4-85 所示。

图 4-85　内置模具中的组合形状

解除形状之间的组合关系的方法很简单，只需右击组合形状，然后在弹出的快捷菜单中选择“组合”|“取消组合”命令。

提示：组合与解除组合的操作也可以使用功能区“开始”选项卡“排列”组中的“组合”按钮来操作。

4.4.8　设置形状的整体布局

Visio 提供了对绘图页上的形状进行整体布局的功能，使该功能有效的前提条件是形状之间需要使用动态连接符来进行连接。

要设置绘图页上所有形状的整体布局，确保在绘图页上没有选中任何形状，然后在功能区“设计”选项卡的“版式”组中单击“重新布局页面”按钮，在弹出的菜单中选择一种 Visio 预置的布局方案，如图 4-86 所示。

图 4-87 是在绘图页上添加的 5 个矩形以及它们之间的连接方式。当单击“重新布局页面”按钮，在弹出的菜单中选择“流程图”类别中的第 3 个布局方案“从左到右”时，5 个矩形的布局将变为如图 4-88 所示的效果。

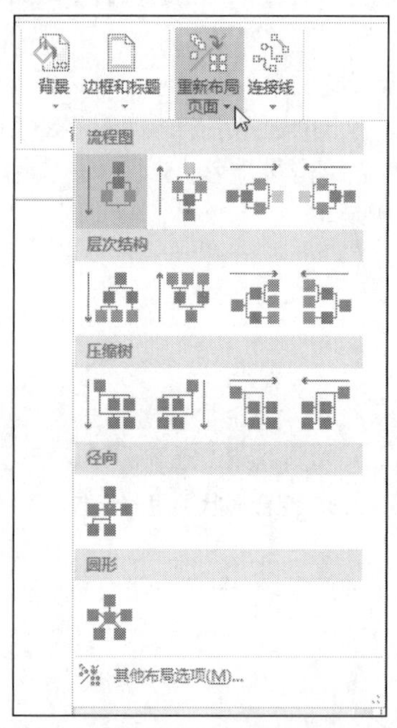

图 4-86　选择 Visio 预置的布局方案

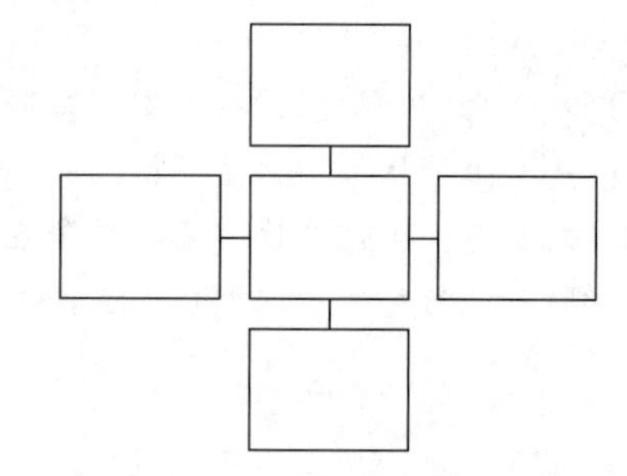

图 4-87　5 个矩形的初始连接方式

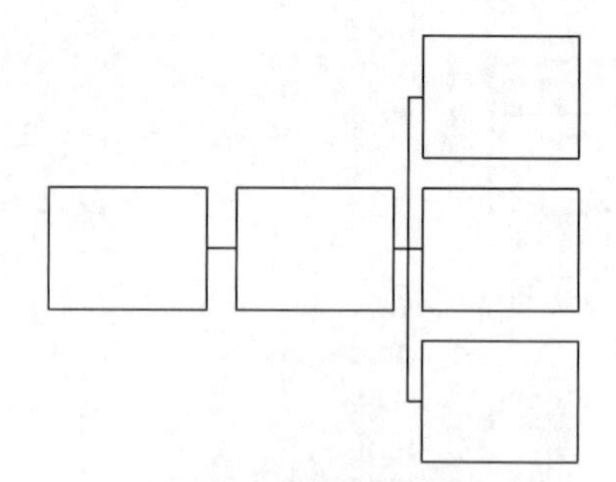

图 4-88　自动调整后的形状布局

如果想要详细设置形状布局的相关选项，则可以单击“重新布局页面”按钮，在弹出的菜单中选择“其他布局选项”命令，在打开的“配置布局”对话框中可以对布局的各个选项进行设置，通过右侧的小窗口可以查看在对每个选项进行选择后的预览效果，如图 4-89 所示。

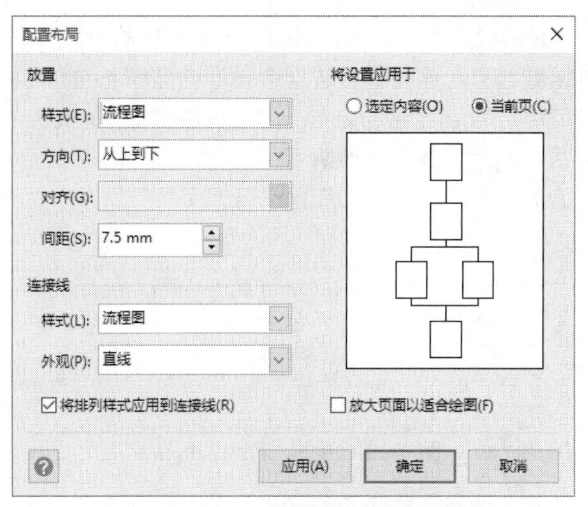

图 4-89　设置布局的相关选项

下面对这些选项的功能进行说明。

- 样式："放置"类别中的"样式"用于设置形状的摆放方式，包括径向、流程图、圆形、压缩树、层次结构 5 种。设置该项的同时 Visio 会自动改变"连接线"类别中的设置，以便与用户选择的放置样式相匹配。
- 方向：设置形状的整体流向，例如在创建组织结构图时通常将方向设置为"从上到下"或"从左到右"。
- 对齐：设置形状之间的对齐方式。只有将"样式"设置为"层次结构"时，该项才起作用。例如，如果将层次结构图的方向设置为"从上到下"，那么在将"对齐"设置为"靠左"时，层次结构图中每一层的第一个形状都会进行左对齐。
- 间距：设置形状之间的距离。
- 样式："连接线"类别中的"样式"用于设置连接线在形状布局中走什么样的路径。例如，"直角"样式会在两个形状之间以直角的形式绘制连接线，而"树"样式是在两个形状相邻两边的中点之间绘制连接线。
- 外观：设置连接线是直线还是曲线。
- 将排列样式应用到连接线：如果想要将新设置的排列选项应用到绘图页上的部分或全部连接线，则需要选中该复选框。
- 放大页面以适合绘图：对一些布局的设置可能会占用较大的页面空间，选中"放大页面以适合绘图"复选框可以让 Visio 自动调整绘图页的大小，以便容纳较大的形状布局。
- 将设置应用于：选择布局设置的作用范围，包括"选定内容"和"当前页"两项。如果在打开"配置布局"对话框之前选中了部分形状，那么两项都可用，否则只能选择"当前页"选项。如果选择"选定内容"选项，那么设置的布局选项只作用于当前选中的形状，否则设置的布局作用于当前绘图页上的所有形状。

4.4.9　设置形状的行为

4.2.8 节介绍了有关形状的行为的一个设置，该设置用于决定在两个用连接线连接起来的形状之间插入一个形状时，连接线是否可以自动断开，以便可以连接到新插入形状的两侧。

除此之外，还可以设置形状的其他行为，例如双击形状时执行的操作。在 Visio 中双击一个形状时将自动进入文本编辑状态，此时形状边框会显示为虚线，并在形状中心或形状附近显示一个闪烁的插入点，等待用户为形状输入文本。用户可能希望在双击一个形状时不执行任何操作，那么可以设置该形状的行为，操作步骤如下：

（1）选择要设置行为的形状，然后在功能区“开发工具”选项卡的“形状设计”组中单击“行为”按钮，如图 4-90 所示。

图 4-90　单击“行为”按钮

提示：在 Visio 功能区中默认没有显示“开发工具”选项卡，如果想要显示该选项卡，则可以打开“Visio 选项”对话框，然后选择“自定义功能区”选项卡，在右侧的列表框中选中“开发工具”复选框。

（2）打开“行为”对话框，选择“双击”选项卡，然后选中“不执行任何动作”单选按钮，如图 4-91 所示。

图 4-91　为所选形状设置双击时要执行的操作

（3）单击“确定”按钮，关闭“行为”对话框。

如果想要更改当前绘图中同一种形状的多个实例（例如将同一种矩形多次拖动到绘图页上并放到绘图的不同位置）出现的所有位置，那么可以使用文档模具，该模具中包含添加到当前绘图文件中的所有形状，以及曾经添加过但是后来删除的形状。换句话说，只要是用户添加过的形状，都会自动被文档模具记录下来。

可以使用以下两种方法显示文档模具：

- 在“形状”窗格中单击“更多形状”，在弹出的菜单中选择“显示文档模具”命令，如

图 4-92 所示。

- 在功能区“开发工具”选项卡“显示/隐藏”组中选中“文档模具”复选框。

打开文档模具后，右击其中想要修改行为的主控形状，在弹出的快捷菜单中选择“编辑主控形状”|“编辑主控形状”命令，如图 4-93 所示。

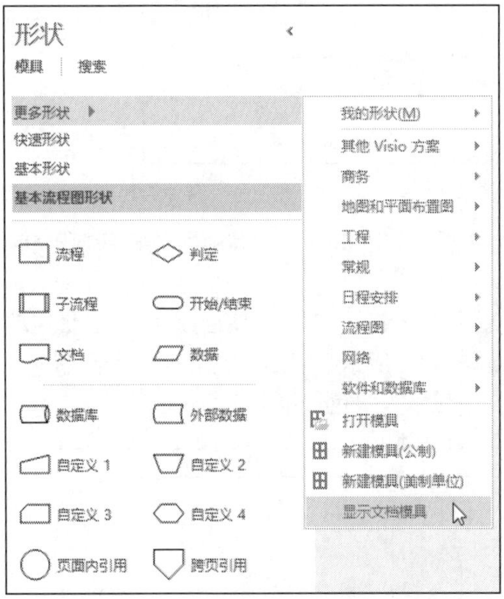

图 4-92　选择“显示文档模具”命令

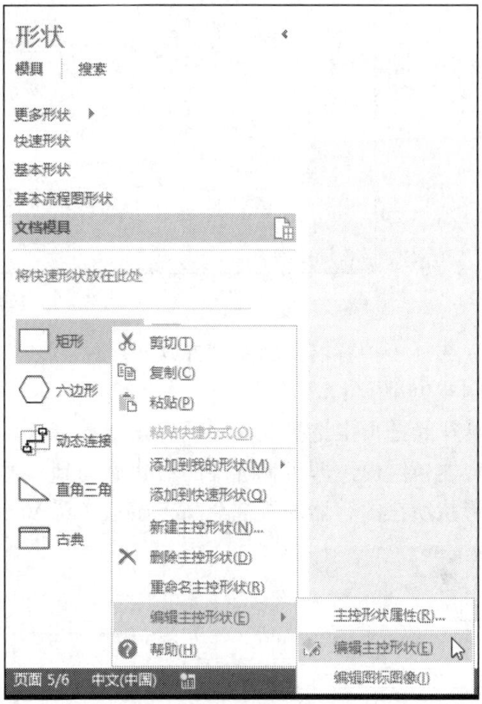

图 4-93　选择“编辑主控形状”|“编辑主控形状”命令

此时会打开一个独立的 Visio 窗口，其中显示了要编辑的主控形状，单击以选中该形状，然后在功能区“开发工具”选项卡中单击“行为”按钮，即可设置该主控形状的行为，设置结果将作用于当前绘图文件中所有基于该主控形状创建的形状实例。

4.5　使用容器对形状进行逻辑分组

一些复杂的图表通常包含几个不同的逻辑部分，为了使这些逻辑部分更清晰、更容易理解，用户可以使用“容器”来组织各个逻辑部分中的形状，以便将这些形状划分为不同的逻辑单元。

4.5.1　创建容器

创建容器有两种方法：一种方法是先创建一个空白容器，然后将形状添加到容器中；另一种方法是直接为选中的形状创建容器。下面分别介绍这两种方法。

1. 创建空白容器并向其中添加形状

在绘图页上确保没有选中任何形状，然后在功能区“插入”选项卡的“图部件”组中单击“容器”按钮，在打开的列表中选择一种容器样式，如图 4-94 所示。

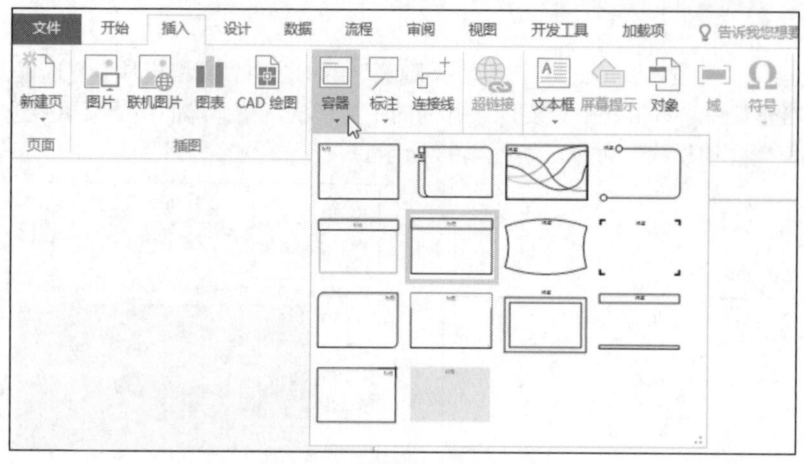

图 4-94　选择一种容器样式

选择一种容器（例如“古典”）后，将在当前绘图页上创建该容器，其中不包含任何形状，如图 4-95 所示。

在绘图页上选择要添加到容器中的形状，可以是一个或多个形状，然后将选中的形状拖动到容器范围内，即可将选中的形状添加到容器中，如图 4-96 所示。以后单击容器中的形状时，该形状所在的容器的边框会高亮显示（在 Visio 2016 中显示为绿色边框）。

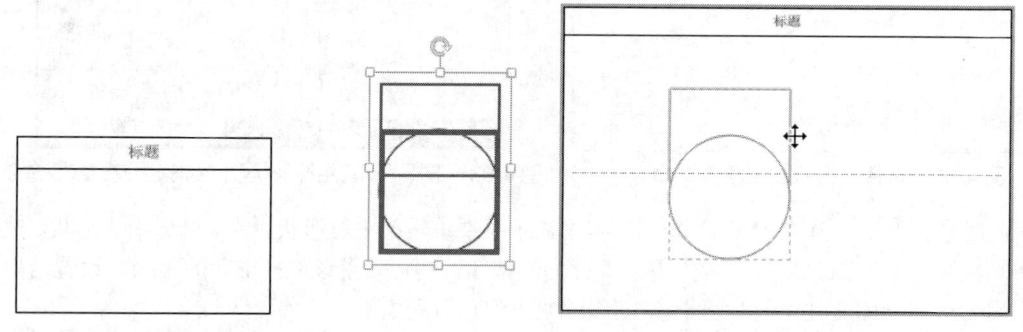

图 4-95　创建的空白容器

图 4-96　将形状添加到容器中

2. 为选中的形状创建容器

如果已经在绘图页上创建好了形状，那么可以直接为现有形状创建容器。选择要为其创建容器的一个或多个形状，然后在功能区“插入”选项卡的“图部件”组中单击“容器”按钮，在打开的列表中选择一种容器样式，即可为选中的形状创建容器。

4.5.2　设置容器的格式

创建的容器默认包含标题，用户可以为容器设置一个有意义的标题，以便增加图表的可读性，如图 4-97 所示。

也可以根据需要，更改标题的位置。选择要更改标题位置的容器，然后在功能区“容器工具|格式”选项卡的“容器样式”组中单击“标题样式”按钮，在打开的列表中选择一种标题位置，如图 4-98 所示。

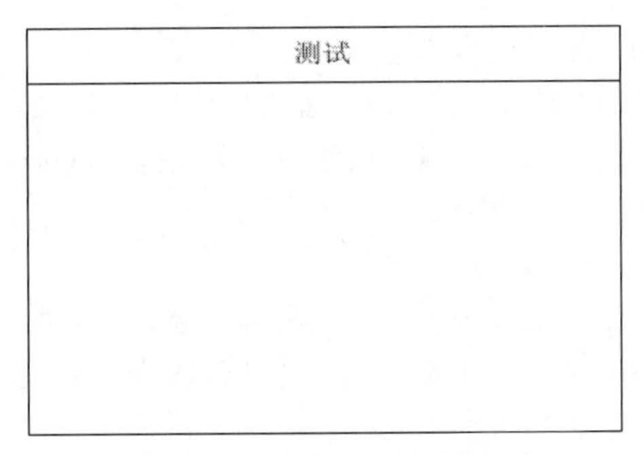

图 4-97　设置容器的标题

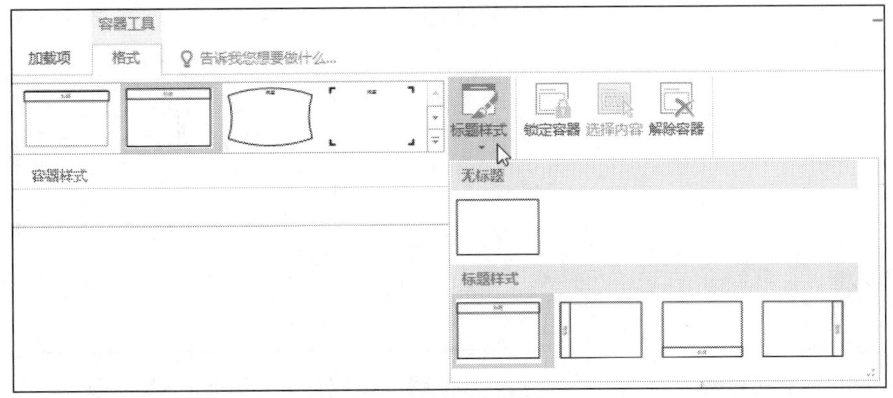

图 4-98　更改标题的位置

用户还可以设置容器的大小，有以下 3 种方法：

- 选择要调整大小的容器，在容器的边框上会显示 8 个控制点，使用鼠标拖动这些控制点，即可改变容器的大小。
- 选择要调整大小的容器，然后在功能区"容器工具|格式"选项卡的"大小"组中单击"自动调整大小"按钮，在弹出的菜单中选择一种调整大小的方式，如图 4-99 所示。如果想要根据容器内部的形状大小来自动调整容器的大小，则可以选择"始终根据内容调整"。
- 如果已经将形状添加到容器中，那么可以在功能区"容器工具|格式"选项卡的"大小"组中单击"根据内容调整"按钮，使容器大小自动匹配其内部的形状，效果与第二种方法相同，区别是此方法是手动操作，第二种方法是自动完成的。

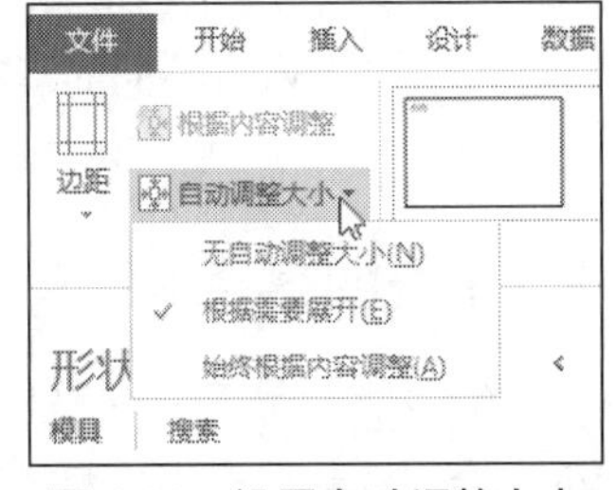

图 4-99　设置自动调整大小

4.5.3　锁定和解除容器

如果已经为容器添加好形状，并且以后不会再发生任何更改，那么可以锁定容器，以免以后出现误操作。选择要锁定的一个或多个容器，然后在功能区"容器工具|格式"选项卡的"成员资格"组中单击"锁定容器"按钮，即可将选中的容器锁定，如图 4-100 所示。

一旦将一个容器锁定，用户就不能再向该容器中添加形状了，也不能删除该容器中的形状。如果想要在锁定的容器中执行形状的添加或删除操作，需要先解除锁定，方法与锁定容器类似，只需单击“锁定容器”按钮，使该按钮弹起即可。

如果想要解除容器内的所有形状，则可以先选择容器，然后在功能区“容器工具|格式”选项卡的“成员资格”组中单击“选择内容”按钮，也可以拖动鼠标来选择容器中的形状。

如果想要解除容器但保留其中的形状，则可以先选择容器，然后在功能区“容器工具|格式”选项卡的“成员资格”组中单击“解除容器”按钮。

注意：在以下 3 种情况下无法解除容器。①将容器锁定。②在容器中选中了形状。③容器边框处于加粗选中状态，如图 4-101 所示。进入这种状态的方法是先选择容器，然后单击容器中的标题区域或单击标题下方的容器内容区域。

图 4-100　锁定容器

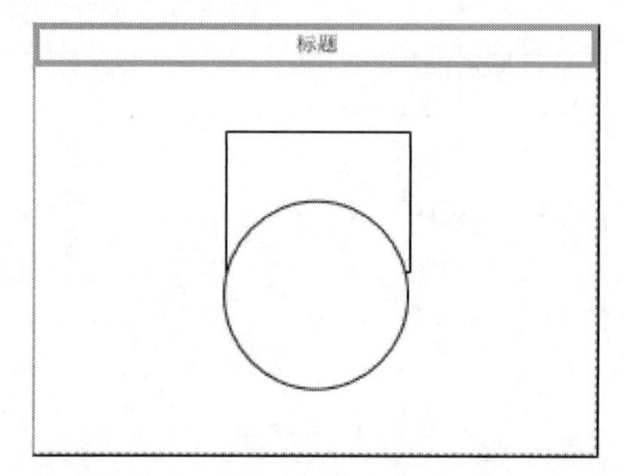

图 4-101　容器边框处于加粗状态

4.6　使用图层组织和管理形状

如果使用过 Photoshop，那么对其中的“图层”功能应该不会陌生。Visio 也提供了类似的功能，用户可以将不同的形状添加到图层中，然后使用图层来批量管理位于同一层中的所有形状。

4.6.1　创建图层

在 Visio 中执行一些操作时，Visio 会自动创建相应的图层。例如，在绘图页上创建容器时，Visio 会自动创建名为“容器”的图层。用户可以手动创建新的图层，操作步骤如下：

（1）在功能区“开始”选项卡的“编辑”组中单击“图层”按钮，在弹出的菜单中选择“层属性”命令，如图 4-102 所示。

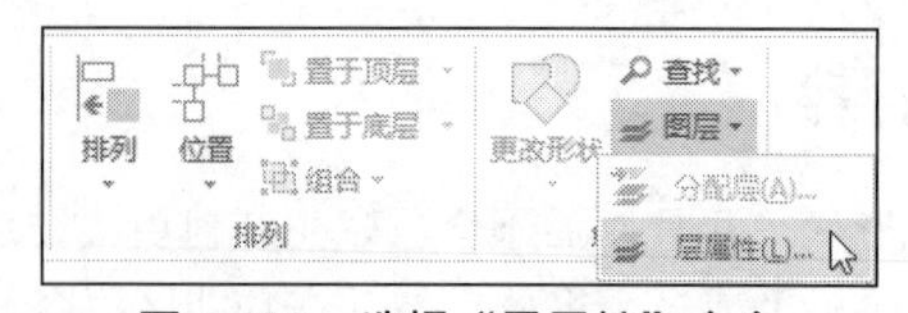

图 4-102　选择“层属性”命令

（2）打开“图层属性”对话框，单击“新建”按钮，在打开的“新建图层”对话框中输入图层的名称，如图 4-103 所示。

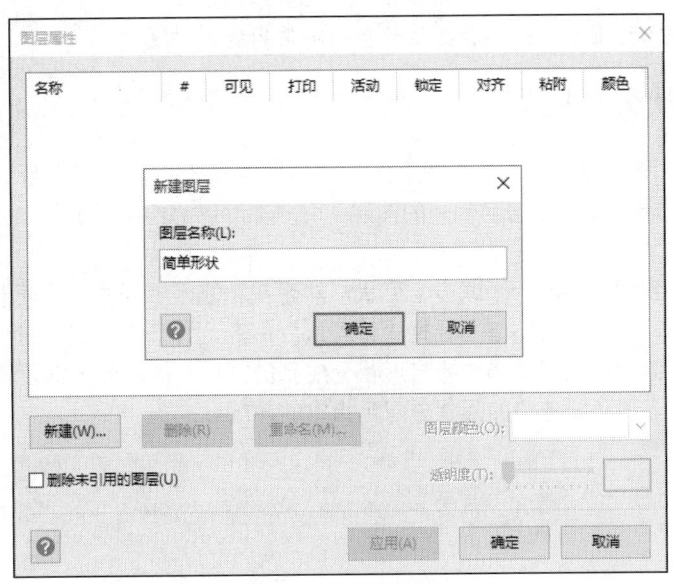

图 4-103　新建图层

（3）单击“确定”按钮，关闭“新建图层”对话框，新建的图层将显示在“图层属性”对话框中，如图 4-104 所示。

图 4-104　创建的图层

以后可以在“图层属性”对话框中使用“重命名”按钮来修改选中图层的名称，使用“删除”按钮删除选中的图层。执行删除操作时，会显示如图 4-105 所示的提示信息，如果单击“是”按钮，删除图层的同时也会删除位于该图层中的所有形状。

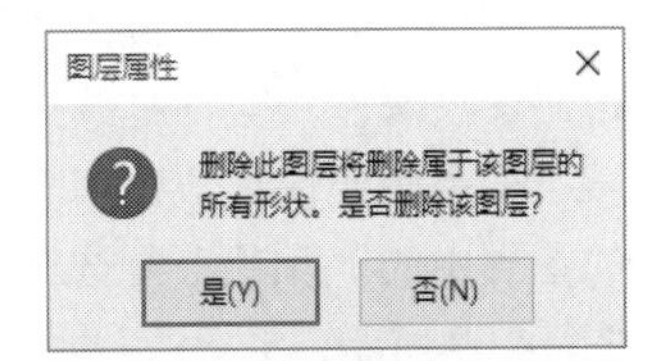

图 4-105　删除图层时的提示信息

注意：在“图层属性”对话框中单击“删除”按钮显示删除图层的提示信息时，如果单击的是“否”按钮不执行删除操作，那么在不关闭“图层属性”对话框的情况下再次单击“删除”按钮时，将会直接删除该图层，而不会再显示删除图层的提示信息。

4.6.2 为形状分配图层

图层是基于绘图页的，在一个绘图页上创建的图层对于其他绘图页是不可见的。无论是Visio自动创建的图层，还是由用户创建的图层，用户都可以将绘图页上的形状分配到在该绘图页上创建的图层。

选择想要分配到图层中的一个或多个形状，然后在功能区“开始”选项卡的“编辑”组中单击“图层”按钮，在弹出的菜单中选择“分配层”命令，打开“图层”对话框，其中显示了当前绘图页上包含的所有图层，选中要将形状分配到的图层左侧的复选框，如图 4-106 所示。单击“确定”按钮，即可将选中的形状分配到指定的图层。

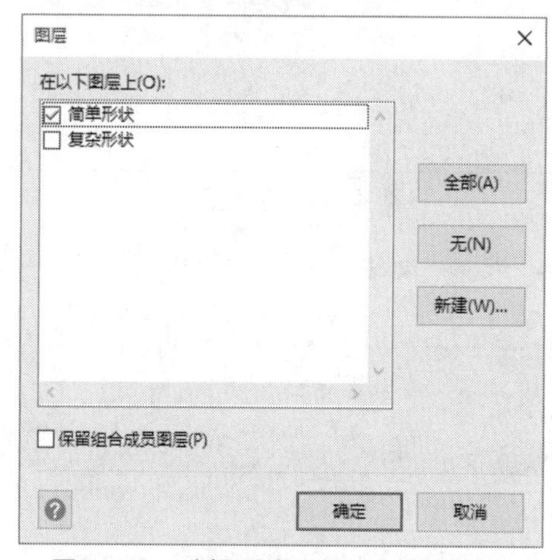

图 4-106　选择要将形状分配到的图层

如果想要更改形状分配到的图层，则可以重新执行上述操作，在打开的“图层”对话框中重新选择所需的图层。

4.6.3 使用图层批量管理形状

将形状分配到不同的图层后，就可以使用图层来批量管理位于相同图层中的所有形状了。在功能区“开始”选项卡的“编辑”组中单击“图层”按钮，然后在弹出的菜单中选择“层属性”命令，打开“图层属性”对话框，如图 4-107 所示，其中列出了当前绘图页上包含的所有图层的名称，每个图层名称的右侧有一系列复选框，通过选中特定的复选框来对图层实施所需的控制。

例如，如果想让位于“简单形状”图层中的所有形状不能被选择或进行任何修改，则可以在“图层属性”对话框选中“简单形状”图层中的“锁定”复选框，如图 4-108 所示。

如果想要快速改变多个形状的边框色，则可以在“图层属性”对话框中选中这些形状所属的图层中的“颜色”复选框，然后在对话框下方的“图层颜色”下拉列表中选择一种颜色，如图 4-109 所示。

注意：如果为图层设置“锁定”属性，那么在设置颜色前，必须先取消选中“锁定”复选框。

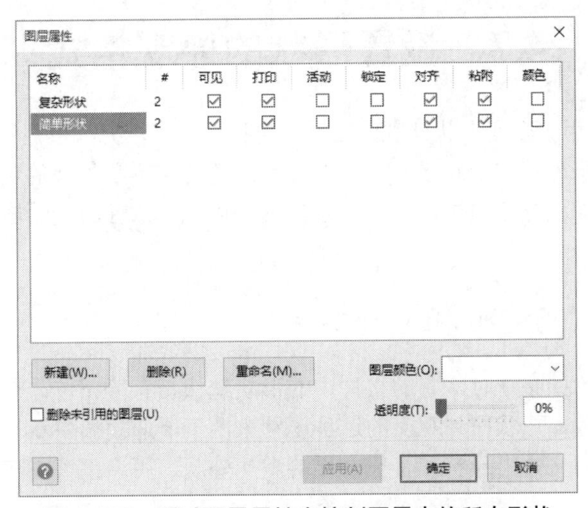

图 4-107　通过图层属性来控制图层中的所有形状

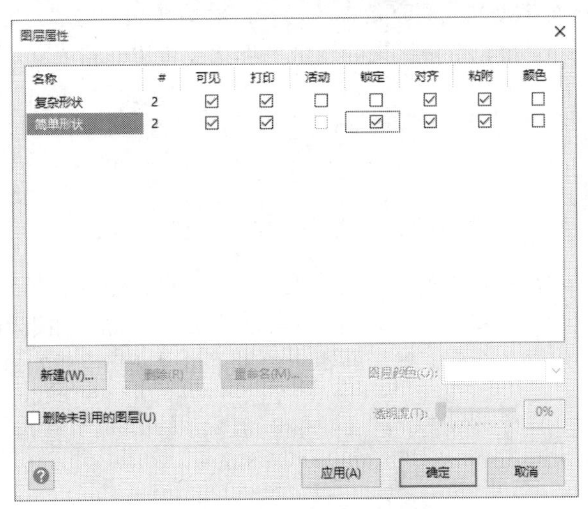

图 4-108　选中“锁定”复选框

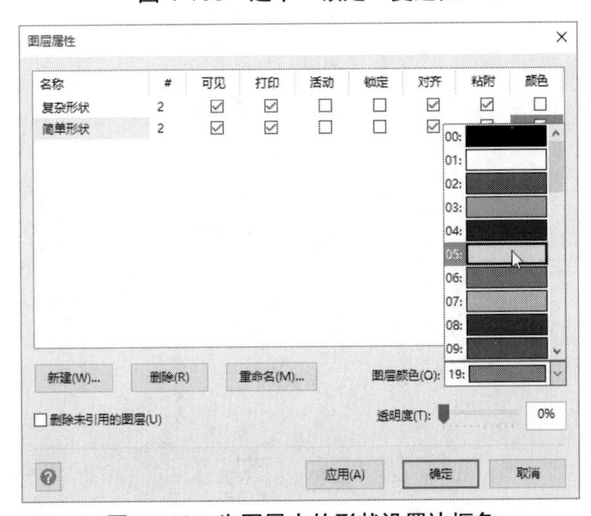

图 4-109　为图层中的形状设置边框色

4.7　设置形状的外观格式

Visio 提供了一些用于改变形状外观的工具，包括边框和填充、主题和样式等。用户还可以通过布尔操作获得特殊外观的形状。本节主要介绍改变特定形状外观的工具，这类工具仅针对选中的形状有效，例如边框和填充。像“主题”这种可以一次性改变绘图页上所有对象外观的工具将在第 8 章进行介绍。

4.7.1　设置形状的边框和填充效果

在基于模板创建绘图文件时，有的文件中的形状默认带有填充色，有的文件中的形状默认只有边框而没有填充色，形状在外观上的这种区别来源于所选模板中默认应用的主题类型。不过，无论在创建的绘图文件中形状具有什么样的默认外观，用户都可以随时为形状设置边框和填充效果。

在绘图页上选择要设置边框或填充效果的形状，然后在功能区“开始”选项卡的“形状样式”组中使用“线条”和“填充”按钮来为选中的形状设置边框和填充效果，如图 4-110 所示。

图 4-110　“线条”和“填充”按钮

单击“线条”按钮，在打开的列表中包含用于设置边框的选项，包括边框颜色、边框的宽度、边框的线型、边框是否带有箭头等，如图 4-111 所示。例如，如果想要改变边框的宽度，则可以在列表中选择“粗细”命令，然后在弹出的子菜单中选择一种宽度，如图 4-112 所示。

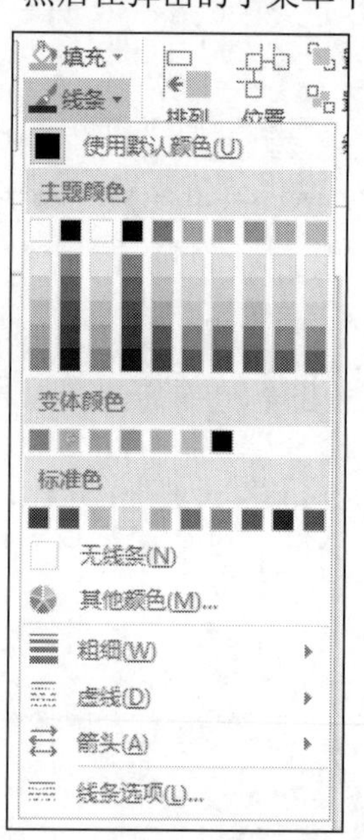

图 4-111　设置形状边框的选项

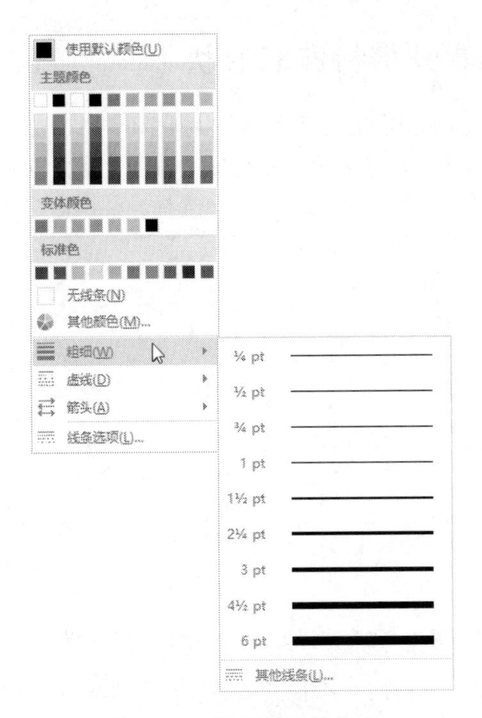

图 4-112　设置边框的宽度

为形状设置填充效果的方法类似，只需单击“填充”按钮，然后在打开的列表中进行设置。如果选择边框列表底部的“线条选项”命令或填充列表底部的“填充选项”命令，则可以在打开的“设置形状格式”窗格中对形状的边框和填充效果进行更全面的设置，如图 4-113 所示。用户也可以在绘图页上右击形状，然后在弹出的快捷菜单中选择“设置形状格式”命令来打开该窗格。

图 4-114 是为“基本形状”模具中的矩形设置 3 磅的宽度、橙色填充后的效果。

图 4-113　在窗格中设置形状的边框和填充效果

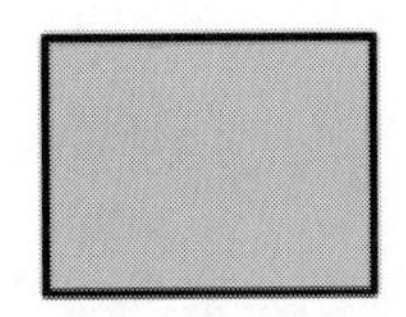

图 4-114　为形状设置边框和填充效果

4.7.2 通过几何运算获得特殊的形状

用户可以利用 Visio 为形状提供的几何运算，根据多个形状的重叠方式和位置关系，快速获得由多个形状组成的特殊形状。该功能位于功能区“开发工具”选项卡的“形状设计”组中，单击该组中的“操作”按钮，然后在弹出的菜单中选择一种操作，如图 4-115 所示。

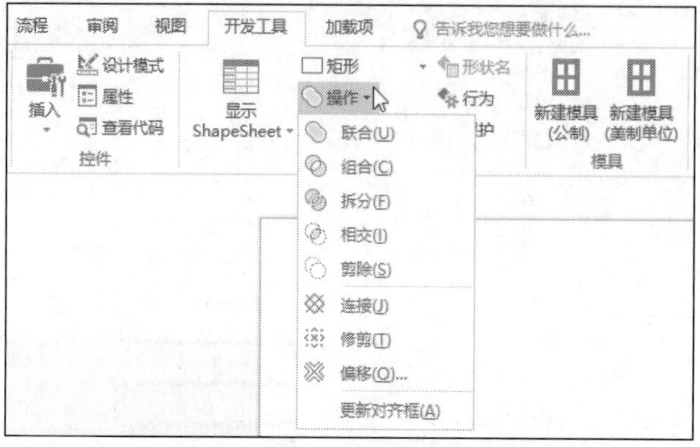

图 4-115　选择要对形状执行的几何操作

图 4-116 为矩形、圆形、三角形 3 个形状重叠摆放时的效果。同时选择这 3 个形状，然后单击“操作”按钮，在弹出的菜单中选择“联合”命令，将得到如图 4-117 所示的形状，它以所有形状的外边框作为自己的轮廓线，将所有形状的边界连起来。

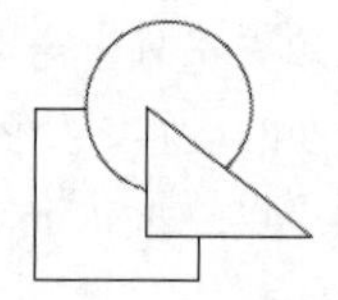

图 4-116　3 个形状重叠摆放时的效果

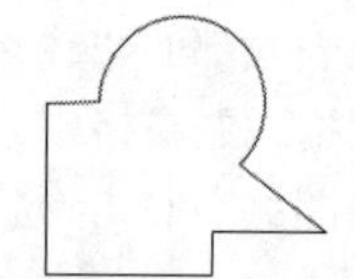

图 4-117　执行“联合”操作后的效果

第 5 章

在绘图中添加文本

使用 Visio 创建的大多数绘图都包含文本。如果把形状看作绘图的骨架，那么文本就是绘图的灵魂。恰当的文本可以让绘图含义明确，具有良好的可读性，易于理解。Visio 提供了与文本相关的很多操作，其中一部分与在 Microsoft Word 中编辑文本的方法类似，然而 Visio 也有其自己特有的处理文本的方法。本章主要介绍在绘图中使用文本的方法，包括添加文本、选择文本、编辑文本、查找和替换文本、设置文本格式等内容。

5.1　添加文本

在 Visio 中，用户可以使用多种方法在形状内部或连接线的中间位置上添加文本，还可以将 Visio 自动记录的有关绘图文件、绘图页或形状等对象的特定信息添加到形状中。此外，用户可以使用“标注”功能为形状添加附加说明。

5.1.1　为形状添加文本

可以使用以下几种方法在形状中添加文本：

- 选择要添加文本的形状，然后直接输入所需的文本，此时处于文本编辑状态。
- 双击要添加文本的形状，进入文本编辑状态，然后输入所需的文本，如图 5-1 所示。
- 选择要添加文本的形状，按 F2 键，进入文本编辑状态，然后输入所需的文本。
- 右击要添加文本的形状，在弹出的快捷菜单中选择“编辑文本”命令，如图 5-2 所示。

图 5-1　文本编辑状态

图 5-2　选择“编辑文本”命令

进入文本编辑状态后，形状的边框以虚线显示，并在形状中显示一个闪烁的竖线，称为“插入点”。插入点的位置决定当前输入文本的位置。

无论使用哪种方法输入文本，输入完成后都需要按 Esc 键或单击绘图页上的空白处，从而退出文本编辑状态。默认情况下，进入文本编辑状态时，Visio 会自动放大显示比例，以便可以清晰地显示文本内容，退出文本编辑状态后会恢复为输入文本前的显示比例。

5.1.2 为连接线添加文本

除形状外，用户还可以为形状之间的连接线添加文本，方法与为形状添加文本相同。图 5-3 为进入文本编辑状态时连接线的外观，输入所需文本后按 Esc 键或单击绘图页上的空白处，即可完成文本的输入。

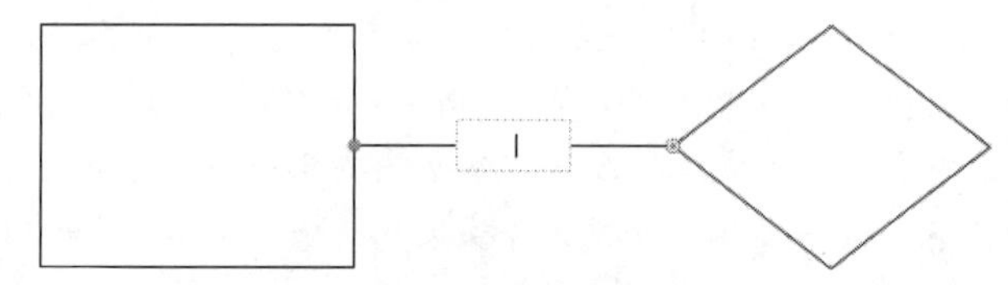

图 5-3　为连接线添加文本

5.1.3 为形状添加标注

除了在形状中添加文本之外，还可以为形状添加标注。标注通常位于形状的外面且距离形状较近，用于对形状进行备注说明。选择要添加标注的形状，然后在功能区“插入”选项卡的“图部件”组中单击“标注”按钮，在打开的列表中选择一种标注样式，如图 5-4 所示。

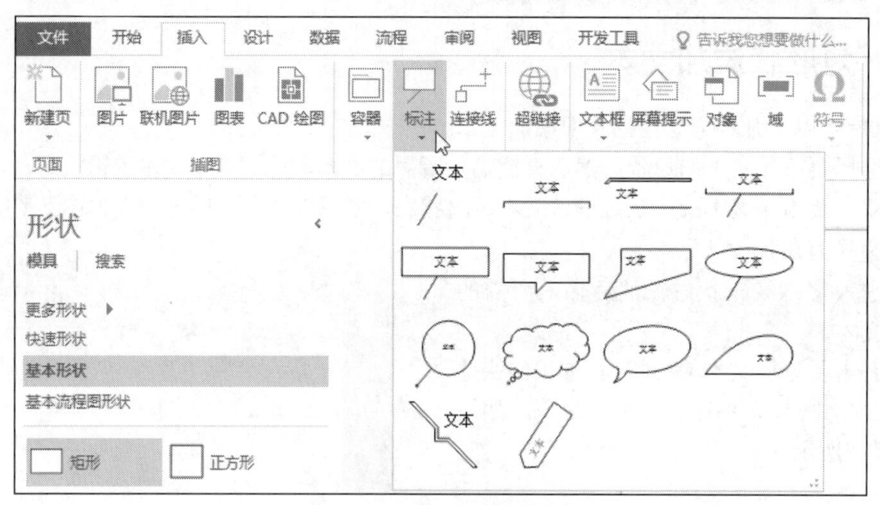

图 5-4　选择一种标注样式

选择一种标注样式后，将在形状的右上方添加所选择的标注，然后在标注中输入所需的内容。图 5-5 是为矩形添加名为“思想气泡”标注后的效果。在标注中输入文本的方法与在形状中输入文本的方法相同。

为形状添加标注后，用户可以单击标注并将其拖动到新的位置。

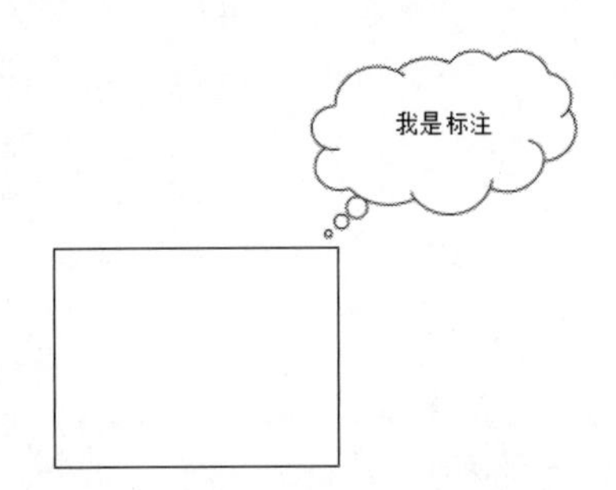

图 5-5　为形状添加标注

5.1.4　在绘图页上的任意位置添加文本

除了为绘图页上已经存在的形状添加文本之外，还可以在绘图页上的任意位置输入文本，有以下两种方法：

- 使用功能区“开始”选项卡中的“文本”按钮。
- 使用功能区“插入”选项卡中的“文本框”按钮。

1. 使用“文本”按钮

在功能区“开始”选项卡的“工具”组中单击“文本”按钮，如图 5-6 所示。然后在绘图页上的任意位置单击，将自动进入文本编辑状态，输入所需的文本后按 Esc 键，添加的文本将出现在单击的位置上。

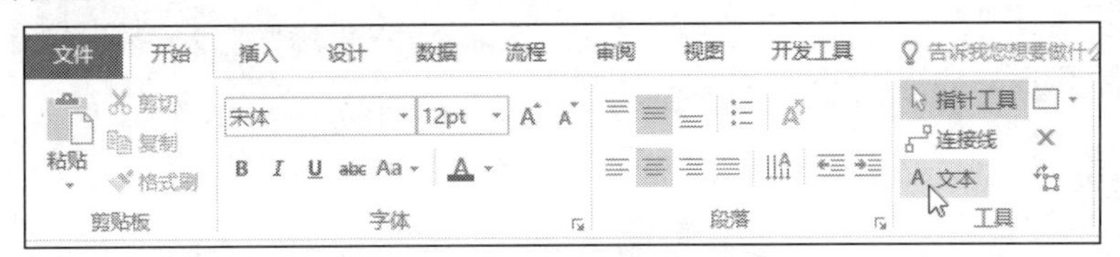

图 5-6　单击“文本”按钮

2. 使用“文本框”按钮

在功能区“插入”选项卡的“文本”组中单击“文本框”按钮上的下拉按钮，在弹出的菜单中选择“横排文本框”或“竖排文本框”命令，如图 5-7 所示。这两个命令的区别是所创建的文本框中的文本的排列方向，一个是横向排列，另一个是纵向排列。

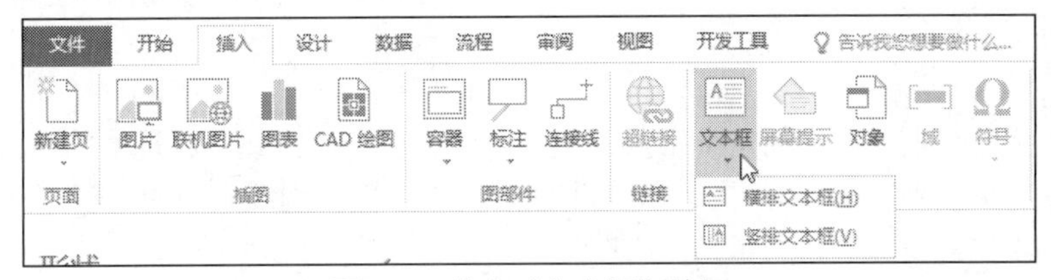

图 5-7　单击“文本框”按钮

无论选择哪一个命令，用户都需要在绘图页上单击或者拖动鼠标划过一个范围，然后输入所需的文本并按 Esc 键。“单击”创建的文本框的大小由 Visio 默认指定，“拖动鼠标划过一个范围”创建的文本框的大小由用户拖动鼠标划过的范围大小决定。图 5-8 所示是使用“单击”（左图）和“拖动鼠标划过一个范围”（右图）两种操作方式创建的文本框。

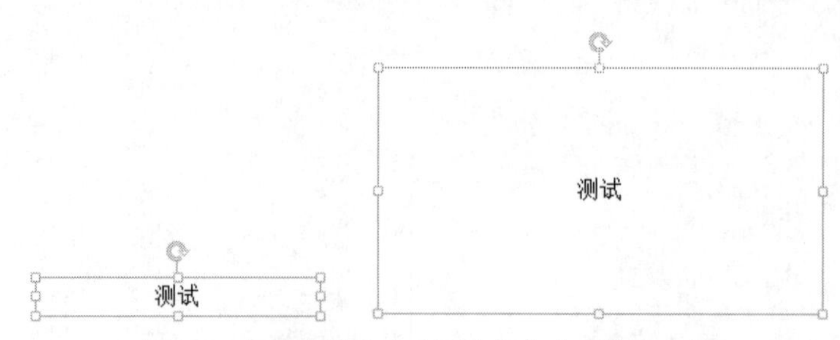

图 5-8　创建默认大小和用户指定大小的文本框

5.1.5　添加文本字段中的信息

Visio 将绘图文件和绘图页上的形状的相关信息存储在字段中，这些字段记录了绘图文件创建者的名字、创建和编辑绘图文件的时间、绘图文件的名称和路径、形状所在的绘图页的标签名、形状的尺寸等信息。

如果要查看字段能记录哪些信息，则可以在绘图页上选择一个形状，然后在功能区“插入”选项卡的“文本”组中单击“域”按钮，打开“字段”对话框，左侧列表框中显示字段的类别，右侧列表框中显示在左侧列表框中当前选中的字段类别中包含的字段名称，每一个字段名称代表一种信息，如图 5-9 所示。

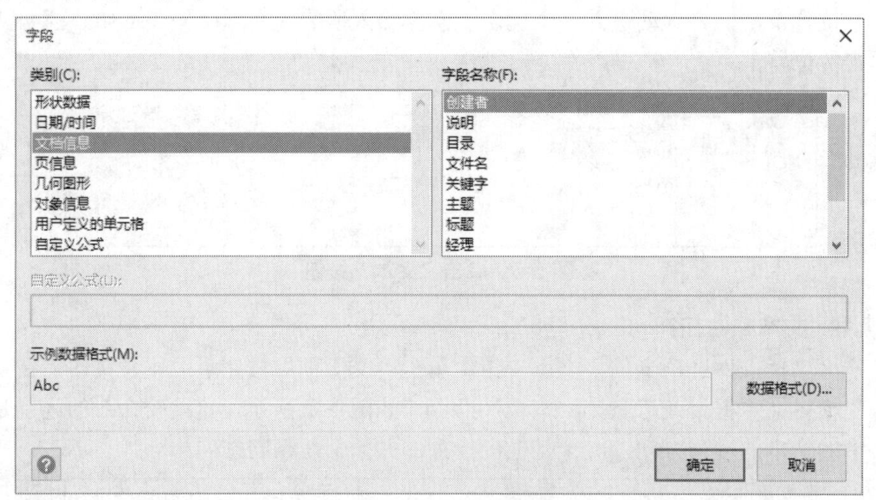

图 5-9　“字段”对话框

选择一个字段类别及其中的一个字段，然后单击“确定”按钮，将选中的字段所记录的信息添加到选中的形状中。图 5-10 为选择“日期/时间”字段类别及其中的“创建日期/时间”字段后在形状中添加的内容，它表示当前绘图文件的创建日期。

如果要在形状中的现有文本之间插入文本字段中的信息，则需要双击该形状进入文本编辑状态，使用鼠标或键盘上的方向键将插入点移动到要在文本中插入信息的位置，本例定位到现有文本的结尾，如图 5-11 所示。然后打开“字段”对话框，选择所需的字段类别及其中包含的特定字段，单击“确定”按钮，将所选字段中的信息插入到文本中的特定位置，如图 5-12 所示。

“字段”对话框“类别”列表框中的各个字段类别的含义如下。

- 形状数据：该类别中的字段与所选形状的形状数据字段相对应。

图 5-10　在形状中添加文本字段记录的信息　　图 5-11　将插入点定位到指定的位置　　图 5-12　在现有文本中插入文本字段中的信息

- 日期/时间：该类别中的字段记录了创建和打印绘图文件的日期和时间、最近一次编辑绘图文件的日期和时间，以及当前日期和时间。
- 文档信息：该类别中的字段记录了文件“属性”中的信息，例如文件的创建者和标题。
- 页信息：该类别中的字段记录了当前绘图文件中绘图页的相关信息，例如绘图页的名称、绘图文件中的绘图页总数。
- 几何图形：该类别中的字段记录了所选形状的宽度、高度和旋转角度。
- 对象信息：该类别中的字段记录了形状的内部 ID 或用于创建形状的主控形状。
- 用户定义的单元格：该类别中的字段记录了在 ShapeSheet 中的 User-Defined Cells 部分设置的规则的结果。
- 自定义公式：该类别中的字段记录了在“自定义公式”文本框中输入的规则的结果。

5.1.6　在页眉和页脚中添加文本

Visio 中的页眉和页脚出现在每一个绘图页的顶部和底部区域。在页眉和页脚中添加的内容会自动显示在每个绘图页上。页眉和页脚中的内容只能放置到绘图页的顶部和底部的左、中、右 3 个位置上。用户可以在页眉和页脚中输入自定义内容，也可以添加由 Visio 提供的字段中的信息，这些字段记录了绘图页的页码、总页数、绘图页的名称、当前日期和时间、绘图文件的名称和扩展名等。

要在页眉和页脚中添加文本，需要选择“文件”|“打印”命令，进入打印预览界面，单击底部的“编辑页眉和页脚”，如图 5-13 所示。

打开如图 5-14 所示的“页眉和页脚”对话框，“页眉”和“页脚”两个部分都提供了 3 个文本框，在这些文本框中输入的内容会出现在页眉和页脚区域的左、中、右 3 个位置上。

用户可以在这些文本框中手动输入所需的内容，也可以单击文本框右侧的按钮，然后在弹出的菜单中选择所需的字段，如图 5-15 所示。例如，选择“页码”字段将在文本框中自动添

图 5-13　单击“编辑页眉和页脚”

加“&p”，选择“总打印页数”字段将在文本框中自动添加“&P”。注意，它们具有不同的英文字母大小写。

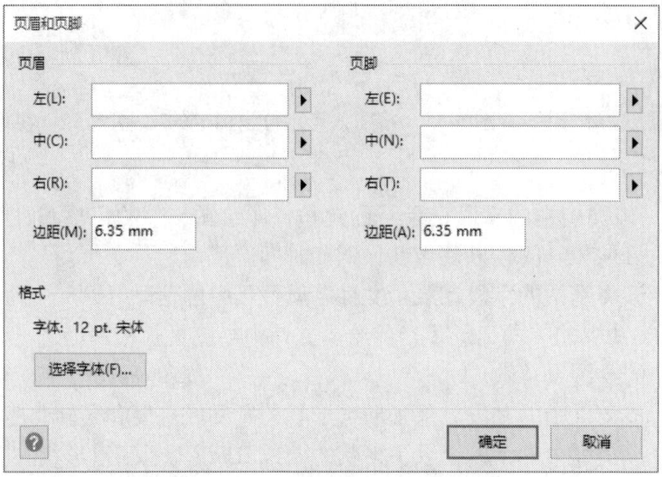

图 5-14 “页眉和页脚”对话框

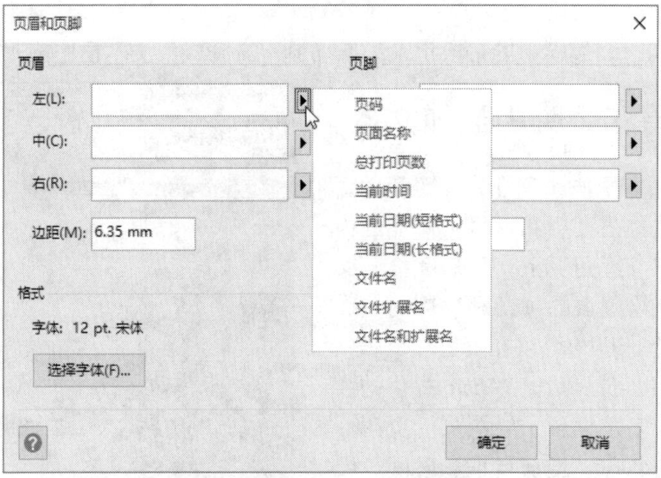

图 5-15 选择 Visio 提供的字段

用户可以通过组合使用不同的字段代码来显示复杂的信息。例如，如果要在页眉中显示“第几页/共几页”，则可以在文本框中输入“第&p 页/共&P 页”，效果如图 5-16 所示。

图 5-16 将不同的字段代码组合在一起

5.2 选择和编辑文本

与其他 Microsoft Office 程序类似，Visio 也支持常规的文本操作，例如移动和复制文本、修改和删除文本等。在对文本进行操作前，需要先选择要操作的文本。

5.2.1　选择文本

Visio 为用户提供了几种用于选择文本的工具，包括指针工具、文本工具、文本块工具，这些工具可以满足不同的文本选择需求。3 种工具都位于功能区“开始”选项卡的“工具”组中，如图 5-17 所示。单击“指针工具”按钮将启用指针工具，单击“文本”按钮将启用文本工具，单击“文本块”按钮将启用文本块工具，图 5-17 中鼠标指针指向的按钮是“文本块”按钮。

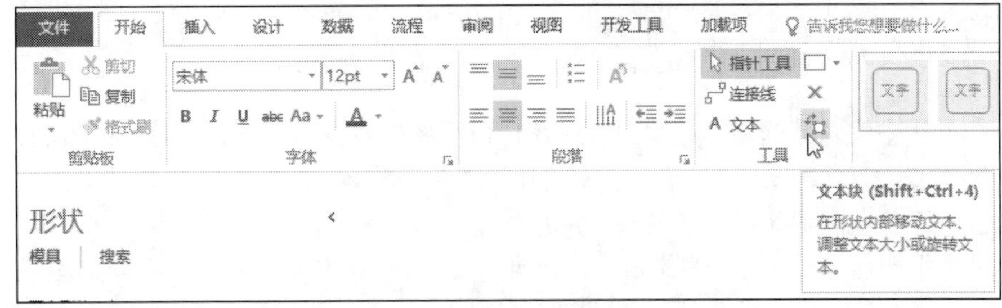

图 5-17　3 种文本工具在功能区中的位置

3 种工具各有特点，但是它们也可以实现一些相同的功能。

1. 指针工具

使用指针工具可以选择整个形状，也可以选择形状中的所有文本或部分文本，还可以在文本中定位插入点。启用指针工具后可以执行以下操作。

- 选择形状：单击形状。
- 选择形状中的所有文本：双击形状，或者单击形状后按 F2 键。
- 在文本中定位插入点：将鼠标指针移动到想要定位到的位置，然后快速单击形状 3 次。

2. 文本工具

使用文本工具可以很方便地在文本中定位插入点，或者在包含多个段落的文本中快速选择某个段落。启用文本工具后可以执行以下操作。

- 在文本中定位插入点：将鼠标指针移动到想要定位到的位置，然后单击。
- 选择文本中的特定段落：将鼠标指针移动到想要选择的段落的上方，然后快速单击形状 3 次，如图 5-18 所示。

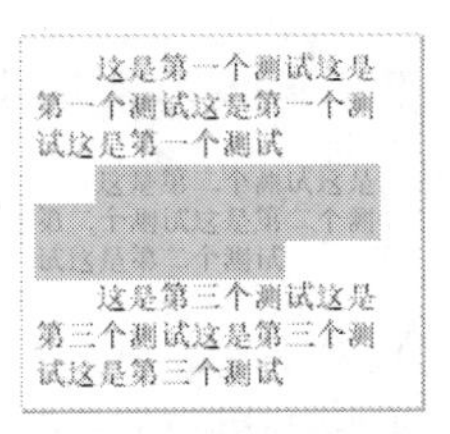

图 5-18　选择特定的段落

- 选择形状中的所有文本：如果首先使用指针工具选择了一个形状，那么在切换到文本工具时，会自动进入文本编辑状态并选中该形状中的所有文本。

3. 文本块工具

使用文本块工具也可以选择文本和定位插入点。该工具与前两种工具的主要区别是可以将文本以类似形状的方式来处理，这一特点也正是将该工具称为“文本块”的原因。文本块工具将整个文本当作一个整体来处理，就像处理形状一样，而不是独立地处理各个字符。启用文本块工具后可以执行以下操作。

- 选择形状中的所有文本：双击形状。
- 以类似形状的方式选择整个文本：单击形状，将整个文本以类似形状的方式选中后，可以将文本从形状中移出，或者旋转文本而不改变形状的角度。

在使用文本块工具选择文本后对文本的操作，将在 5.2.3 节进行介绍。

5.2.2 修改、移动和复制文本

对于在形状中输入好的文本，用户可以在任何需要的时候修改它们。修改文本前需要先进入文本编辑状态，方法就是 5.2.1 节介绍的选择文本的一些方法，例如使用指针工具双击形状，或者使用文本工具单击形状中文本的某个位置。

进入文本编辑状态后，页面的显示比例会自动放大到 100%，以便用户可以清楚地看到形状中的文本。如果不希望在进文本编辑状态时自动放大页面的显示比例，则可以选择“文件”|“选项”命令，打开“Visio 选项”对话框，然后选择“高级”选项卡，将“编辑小于此字号的文字时自动缩放”设置为 0 磅，如图 5-19 所示。

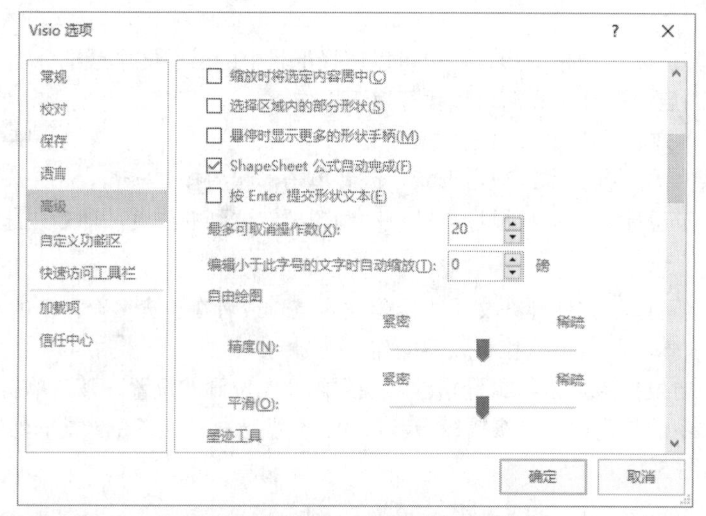

图 5-19 禁止 Visio 自动放大显示比例

进入文本编辑状态后，用户可以像在 Word 中编辑文本一样来编辑 Visio 中的文本。下面是一些常规的编辑方法：

- 拖动鼠标选择要编辑的文本部分。
- 使用方向键移动插入点，输入的文本会被放置到插入点的位置。
- 使用 Delete 键删除插入点右侧的字符，使用 Backspace 键删除插入点左侧的字符。对于选中的文本，使用这两个按键可以一次性删除这些文本。
- 完成文本的编辑后，可以按 Esc 键或单击绘图页上的空白处，以便退出文本编辑状态。

注意：如果形状中的文本是使用 5.1.5 节中的方法添加的文本字段信息，那么在进入文本编辑状态后，只能选中整个文本，而不能将插入点定位到文本字段信息的字符之间。

除了对文本进行上面介绍的常规编辑之外，用户还可以移动和复制文本。首先选择要移动或复制的文本，然后使用以下方法对选中的文本进行移动和复制。

- 鼠标拖动法：如果要移动文本，则需要将鼠标指针移动到选中的文本上，然后按住鼠标左键将文本拖动到目标位置。复制文本的操作与移动文本类似，只是在拖动鼠标的过程中需要始终按住 Ctrl 键，此时会在鼠标指针附近显示一个+号，如图 5-20 所示。
- 快捷菜单法：如果要移动文本，则需要右击选中的文本，在弹出的快捷菜单中选择“剪切”命令，如图 5-21 所示，然后将插入点定位到目标位置并右击，在弹出的快捷菜单中选择“粘贴”命令。复制文本的操作与移动文本类似，只需在右击选中的文本时选择快捷菜单中的“复制”命令，粘贴的方法完全相同。

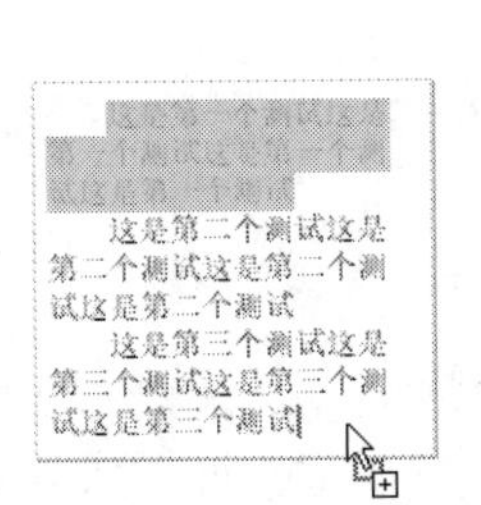

图 5-20　复制文本时鼠标指针会显示+号

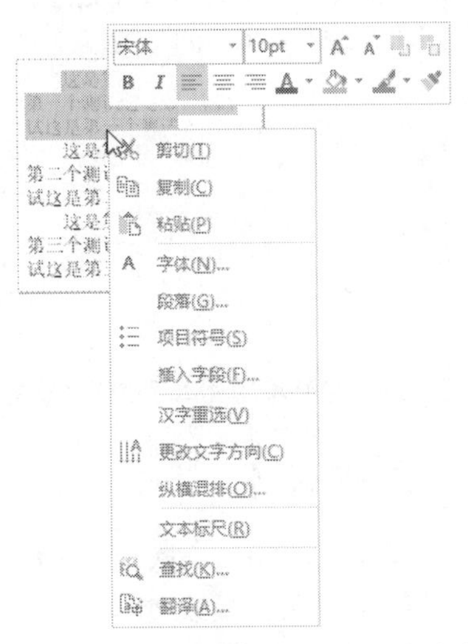

图 5-21　使用快捷菜单移动和复制文本

- 快捷键法：方法与快捷菜单法类似，只不过使用 Ctrl+X 快捷键代替快捷菜单中的“剪切”命令，使用 Ctrl+C 快捷键代替快捷菜单中的“复制”命令，使用 Ctrl+V 快捷键代替快捷菜单中的“粘贴”命令。

5.2.3　重新定位形状中的文本

5.2.2 节介绍的移动文本主要针对的是文本中的一个或多个字符。实际上，通过文本块工具可以将整个文本以形状的方式整体移动到另一个位置，而不是始终与文本所属的形状保持在同一个位置上。

要将文本整体移动到另一个位置，首先需要在功能区“开始”选项卡的“工具”组中单击“文本块”按钮，启用文本块工具。然后单击形状，此时会显示选择手柄和旋转手柄，如图 5-22 所示。虽然看上去可能会认为它们是形状上的手柄，但其实它们是文本块上的手柄。

选中文本块后，将鼠标指针移动到文本上方或者选择手柄所在的边框上，当鼠标指针变为十字箭头时，按住鼠标左键将文本块拖动到目标位置。如图 5-23 所示，左侧的矩形是文本所属的形状，右侧是移动出来的文本块。

将文本从形状中移动出来后，选择形状后的效果如图 5-24 所示。拖动形状时，文本仍然会与形状同时移动。双击形状仍然可以对文本进行编辑。但是如果想要将脱离的文本重新移动到形状中，则需要使用文本块工具。

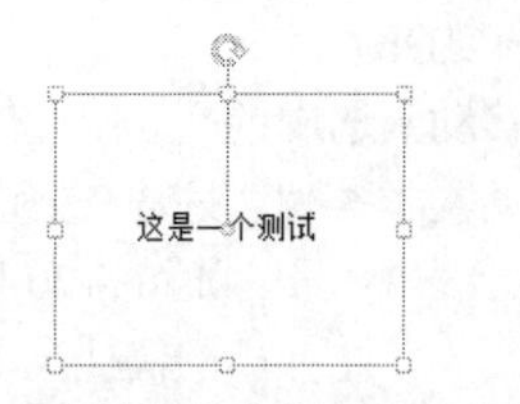

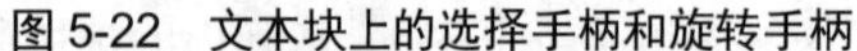

图 5-22　文本块上的选择手柄和旋转手柄

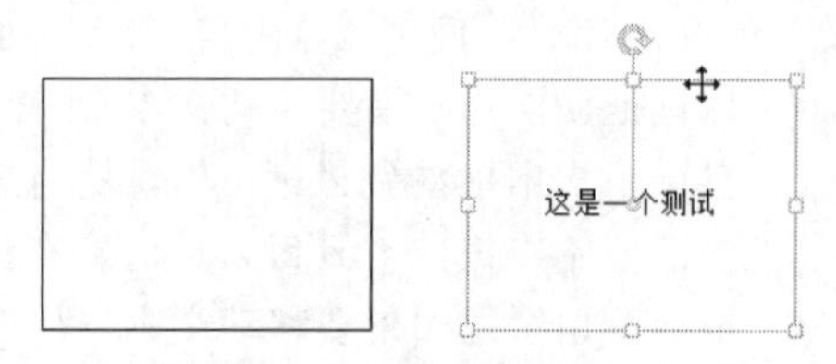

图 5-23　移动文本块

在使用常规的方法旋转文本时，形状会与文本同时旋转。利用文本块工具，可以只旋转文本而不旋转形状。启用文本块工具选择形状中的文本后，会在形状的上方显示旋转手柄，此时使用鼠标拖动旋转手柄，即可改变文本的角度，而形状的角度保持不变，如图 5-25 所示。

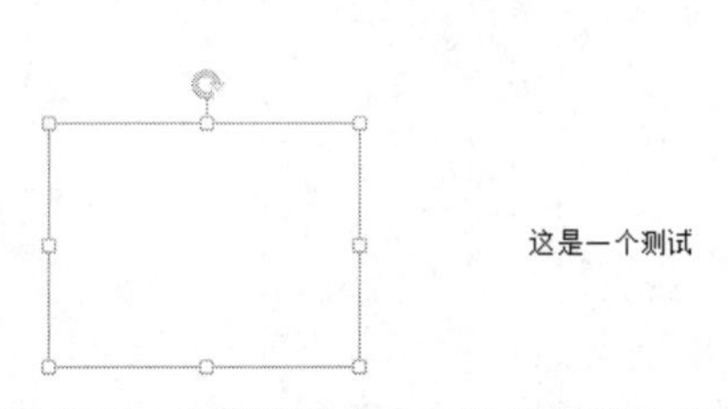

图 5-24　单独移动文本后选择形状的效果

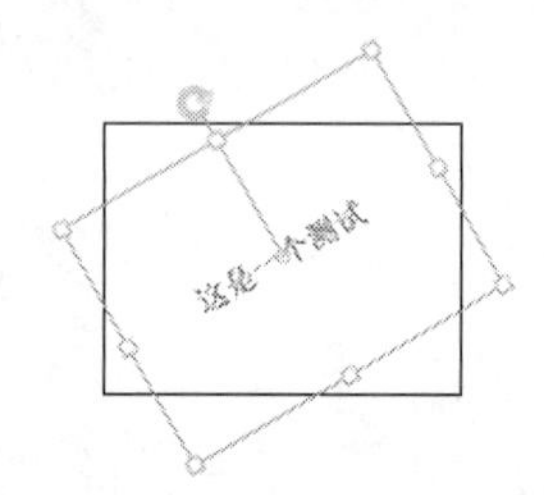

图 5-25　只旋转文本而不改变形状的角度

5.2.4　删除文本

如果形状中的部分或全部文本不再有用，则可以将它们删除。如果要删除的是形状中的文本，则可以使用指针工具或文本工具进入文本编辑状态，然后使用 Delete 键或 Backspace 键删除插入点两侧的一个或多个字符，或者删除选中的文本。完成删除后按 Esc 键。

删除由文本工具或文本框创建的纯文本形状中的文本仍然可以使用上面介绍的方法。如果要删除纯文本形状自身，则可以使用指针工具选择纯文本形状，然后按 Delete 键。

5.3　查找和替换文本

从广义上讲，查找和替换文本也属于文本的编辑操作，只不过查找和替换操作可以快速处理一系列相同或相似的文本，为用户提供更高的操作效率。

5.3.1　查找文本

利用 Visio 中的“查找”功能，用户可以在选中的内容、当前绘图页或所有绘图页中查找形状中的文本、形状数据、形状名称和在 ShapeSheet 中用户自定义的单元格。在绘图中查找文本的操作步骤如下：

（1）在功能区“开始”选项卡的“编辑”组中单击“查找”按钮，然后在弹出的菜单中选择“查找”命令，如图 5-26 所示。

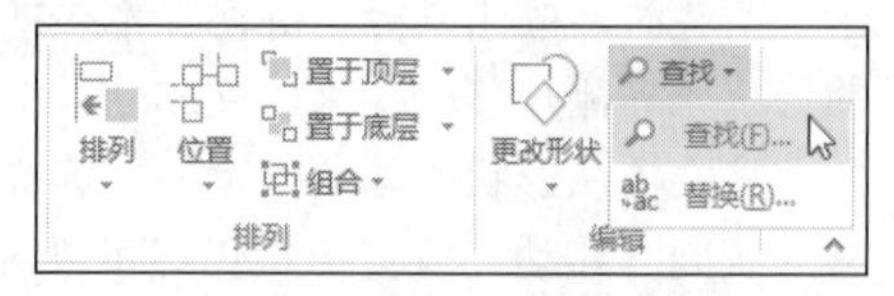

图 5-26　选择“查找”命令

提示：按 Ctrl+F 快捷键与选择“查找”命令的效果相同。

（2）打开“查找”对话框，如图 5-27 所示，在“查找内容”文本框中输入想要查找的内容，然后在“搜索范围”部分设置在哪里进行查找，以及查找的是哪类数据，具体如下：

- “选定内容”“当前页”和“全部页”3 个选项决定在哪个范围进行查找，用户只能选择其中之一。例如，如果想在当前绘图文件的所有绘图页中查找特定的文本，则需要选中“全部页”单选按钮，Visio 就会依次在每一个绘图页中查找用户在“查找内容”文本框中输入的文本。
- “形状文本”“形状数据”“形状名”和“用户定义的单元格”4 个选项决定查找的文本来源类型，可以同时选择多项。“形状文本”是指在形状中输入的文本；“形状数据”是指形状数据字段中的文本；“形状名”是指在形状属性的“名称”字段中输入的文本，使用该选项可以通过形状的名称来查找形状；“用户定义的单元格”是指在 ShapeSheet 的 User-Defined Cells 部分中为 Value 和 Prompt 设置的值。
- 在“选项”部分可以指定文本的匹配规则。例如，如果选中“全字匹配”复选框和“形状文本”复选框，并将查找内容设置为“测试”，那么只会找到只包含“测试”二字的形状，不会找到包含“第一个测试”的形状。

（3）设置好所需的查找选项后，单击“查找下一个”按钮，如果找到匹配的文本，则会在“查找”对话框的“查找范围”部分显示找到的结果，并会选中相应的形状或直接进入文本编辑状态。继续单击“查找下一个”按钮可以继续查找下一个匹配的形状，直到没有形状匹配为止。

提示：如果要修改形状的名称，则需要选择要修改名称的形状，然后在功能区“开发工具”选项卡的“形状设计”组中单击“形状名”按钮，打开“形状名”对话框，在“名称”文本框中修改形状的名称，如图 5-28 所示。

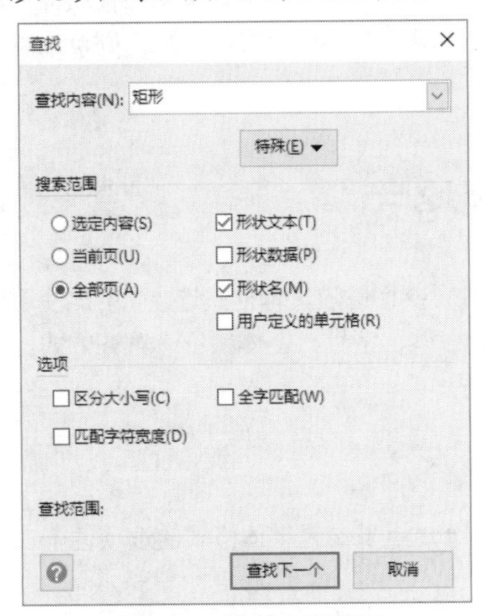

图 5-27　设置查找选项

图 5-28　修改形状的名称

5.3.2　替换文本

如果要对位于多个形状中的特定文本进行统一修改，那么使用“替换”功能可以使这一操作变得更有效率。“替换”是在“查找”之上进行的，也就是说，需要先找到匹配的文本，然后再将这些文本替换为由用户指定的文本。当然，在 Visio 中执行替换操作时是一步到位完成的。

替换文本的操作步骤如下：

（1）在功能区“开始”选项卡的“编辑”组中单击“查找”按钮，然后在弹出的菜单中选择“替换”命令。

（2）打开“替换”对话框，如图 5-29 所示，该界面与查找文本时的界面类似，只不过还需要在“替换为”文本框中设置替换后的内容。此处是在当前绘图页上查找“测试”文本，找到后将该文本替换为“检测”。

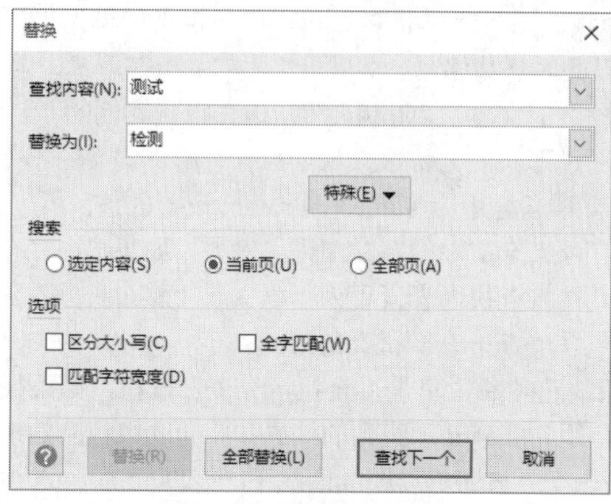

图 5-29　设置替换选项

（3）如果想要逐个进行替换，以便在每次替换前可以确认是否真的需要替换，那么可以单击“查找下一个”按钮，找到匹配内容后，“替换”按钮将变为可用状态，单击该按钮即可将当前找到的匹配内容替换为目标内容。如果想要一次性完成所有匹配内容的替换，则可以单击“全部替换”按钮。

5.4　设置文本格式

与其他 Microsoft Office 程序类似，Visio 也提供了相同或相似的文本格式选项，用户使用这些选项可以为绘图中的文本设置大多数常规格式，包括字体、字号、字体颜色、对齐方式、缩进、段落间距、行距、项目符号等。

5.4.1　设置字体格式

字体格式包括字体、字号、字体颜色、加粗、倾斜等，用于设置字体格式的选项位于功能区“开始”选项卡的“字体”组中，如图 5-30 所示。

设置字体格式的方法如下。

- 为形状中的所有文本设置字体格式：使用指针工具选择要设置字体格式的形状，然后在功能区“开始”选项卡的“字体”组中选择所需的字体格式，设置结果会作用于该形状中的所有文本。图 5-31 是将矩形中的所有文本的字体设置为楷体、字号设置为 30 磅，并设置加粗后的效果。选择该形状时，“字体”组中的相关选项会显示当前的设置值，如图 5-32 所示。

- 为形状中的部分文本设置字体格式：使用文本工具在形状中选择要设置字体格式的部分文本，然后在功能区“开始”选项卡的“字体”组中选择所需的字体格式，设置结果只会作用于选中的文本。图 5-33 是只为“测试”两个字设置字体格式后的效果。

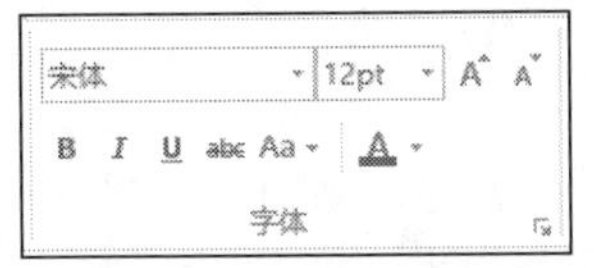

图 5-30　“字体”组中包含字体格式的相关选项

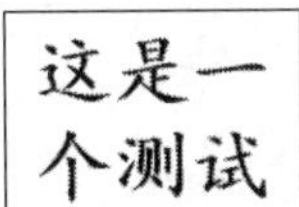

图 5-31　为形状中的所有文本设置字体格式

图 5-32　“字体”组中的选项会显示当前设置值

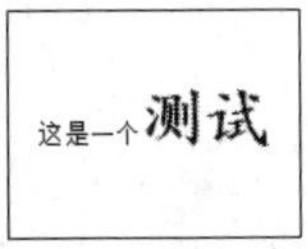

这是一个测试

图 5-33　为形状中的部分文本设置字体格式

技巧：如果想要设置的字号没有出现在“字号”下拉列表中，那么可以直接在“字号”下拉列表顶部的文本框中输入表示字号大小的数字，例如 25，然后按 Enter 键，即可将选中的文本设置为指定的大小。

除了使用功能区“开始”选项卡“字体”组中的选项设置字体格式之外，用户还可以在“文本”对话框中进行相同的设置。首先选择要设置字体格式的文本，然后单击功能区“开始”选项卡“字体”组右下角的对话框启动器或者按 F11 键，打开“文本”对话框，在“字体”选项卡中设置文本的字体格式，如图 5-34 所示。

图 5-34　“文本”对话框

5.4.2　设置文本在水平方向和垂直方向上对齐

除了字体格式，用户还可以为文本设置段落格式。段落格式的选项位于功能区“开始”选项卡的“段落”组中，如图 5-35 所示。本节及本章后续的几节将介绍段落格式的几个常用设置。

通常情况下，用户在形状中输入的文本默认为居中对齐，如图 5-35 所示。如果需要让文本在形状中靠左或靠右对齐，那么可以选择要设置的文本，然后在功能区“开始”选项卡的“段落”组中单击“左对齐”或“右对齐”按钮，如图 5-36 所示。

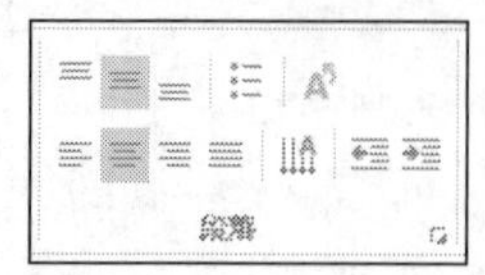

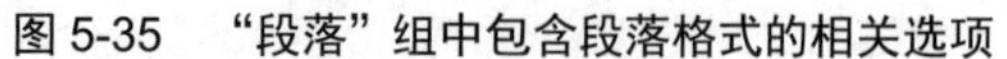

图 5-35 “段落”组中包含段落格式的相关选项

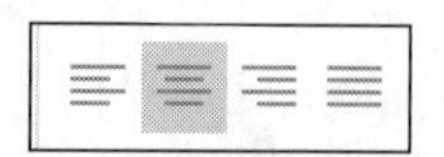

图 5-36 文本水平对齐的命令

图 5-37 所示为文本在形状中左对齐和右对齐的效果。

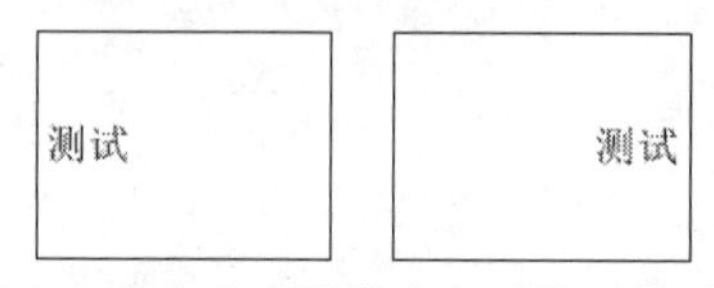

图 5-37 文本在形状中左对齐和右对齐

如果形状中的文本包含多个段落，在不选择特定段落的情况下，也就是说如果全选文本或者只是将插入点定位到文本中的任意位置，那么执行的对齐操作会作用于所有文本。如果只想为特定的段落设置对齐方式，那么需要选择这个段落，然后再执行对齐操作。图 5-38 为形状中的 3 个段落设置了 3 种不同的对齐方式。

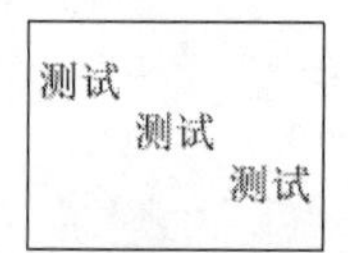

图 5-38 为不同的段落设置不同的对齐方式

如果要设置文本在形状中的垂直位置，那么可以选择文本后单击“顶端对齐”“中部对齐”或“底端对齐”按钮，如图 5-39 所示。

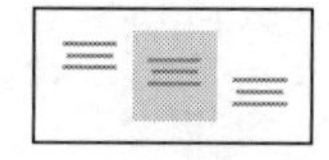

图 5-39 文本垂直对齐的命令

5.4.3 设置文本的缩进位置

在 Visio 中可以为文本设置 3 种缩进：文本前缩进、文本后缩进和首行缩进。文本前缩进是指每行文本的开头与形状左边缘之间的距离，文本后缩进是指每行文本的结尾与形状右边缘之间的距离，首行缩进是指每个段落第一行的开头与形状左边缘之间的距离。

提示：如果使用过 Microsoft Word，那么 Visio 中的文本前缩进相当于 Word 中的左缩进，文本后缩进相当于 Word 中的右缩进。

选择要设置缩进的文本，可以是形状中的所有文本，也可以选择部分文本。然后在功能区“开始”选项卡的“段落”组中单击“减少缩进量”或“增加缩进量”按钮，如图 5-40 所示。

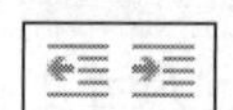

图 5-40 文本缩进的命令

如果要精确设置缩进的距离，那么可以单击功能区“开始”选项卡“段落”组右下角的对话框启动器，打开“文本”对话框的“段落”选项卡，在“缩进”部分可以精确设置 3 种缩进的距离，如图 5-41 所示。

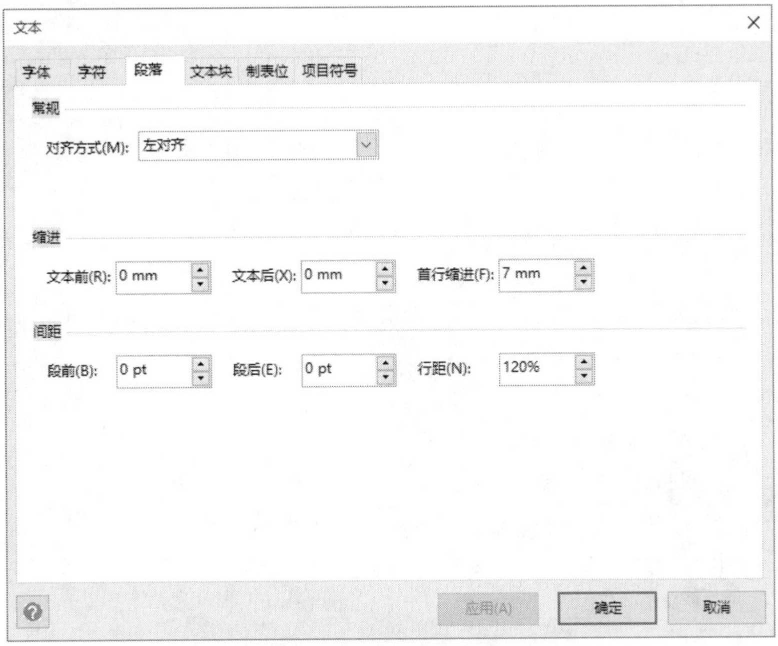

图 5-41　“文本”对话框的“段落”选项卡

图 5-42 是将 3 个段落的首行缩进都设置为 7mm 的效果。

图 5-42　设置文本的首行缩进

5.4.4　设置文本的段间距和行距

段间距包括段前间距和段后间距两种，段前间距用于在段落上方增加距离，段后间距用于在段落下方增加距离。通过设置段间距，可以让多个段落之间保持一定的距离，避免多个段落挤在一起，影响文本的显示和阅读体验。

选择要设置段间距的文本，然后单击功能区“开始”选项卡“段落”组右下角的对话框启动器，打开“文本”对话框的“段落”选项卡，在“段前”和“段后”文本框中输入段间距的值，如图 5-43 所示。

图 5-44 是将形状中的第二个段落的段前间距设置为 6 磅的效果。设置前需要先选择第二个段落，否则设置结果会作用于所有段落。

提示：在文本编辑状态下右击，然后在弹出的快捷菜单中选择“段落”命令，如图 5-45 所示，也可以打开“文本”对话框的“段落”选项卡。

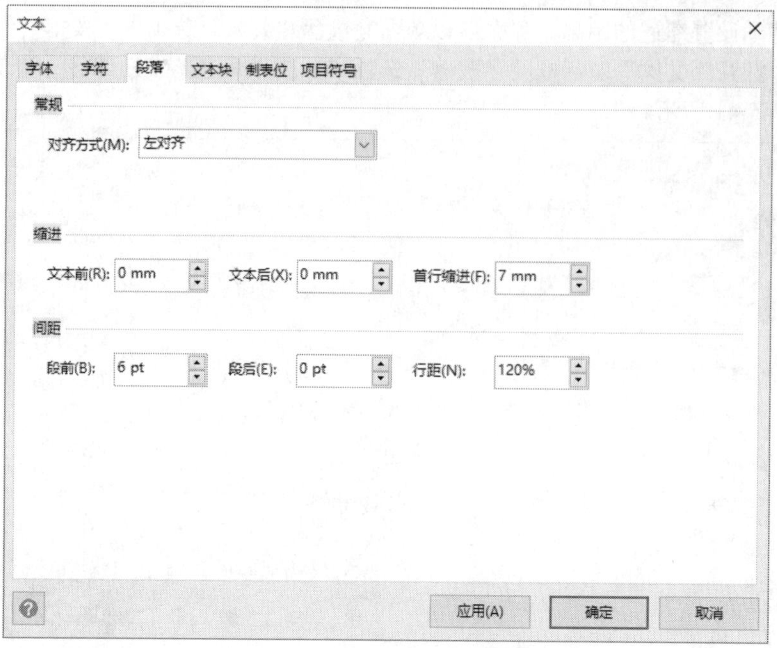

图 5-43　设置文本的段间距

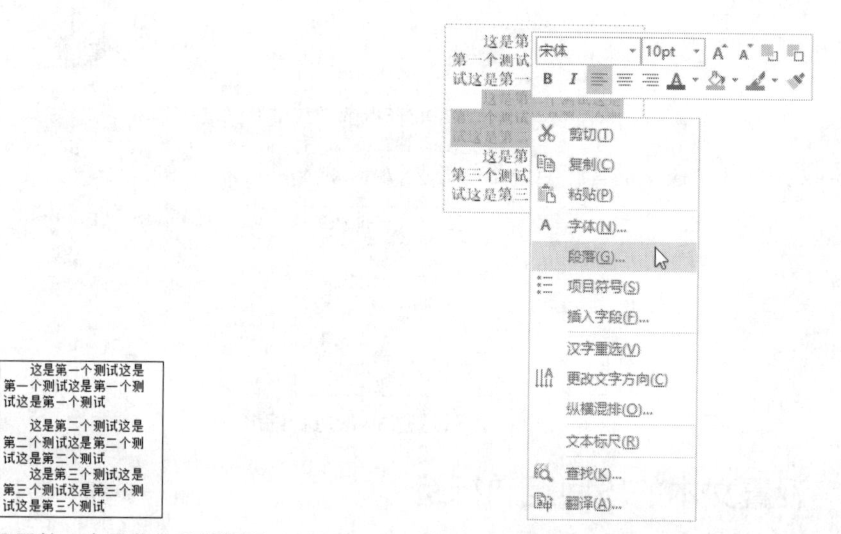

图 5-44　设置第二个段落的段前间距

图 5-45　使用快捷菜单中的“段落”命令打开“文本”对话框的“段落”选项卡

5.4.5　为文本设置项目符号

项目符号是指每段文本开头显示的符号。当文本包含多个段落时，使用项目符号可以让这些段落齐头排列，使形状中的文本更加清晰、易读。选择要设置项目符号的文本，通常需要选择多个段落或形状中的所有文本。然后在功能区“开始”选项卡的“段落”组中单击“项目符号”按钮，将为选中的文本设置最近一次使用过的项目符号。图 5-46 为设置项目符号前后的效果。

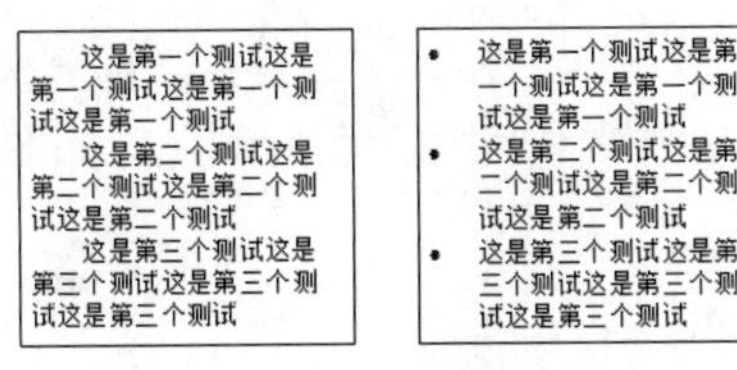

图 5-46　为文本设置项目符号

如果想要使用其他样式的项目符号，则可以在选择文本后，按 F11 键打开“文本”对话框，选择“项目符号”选项卡，然后选择不同样式的项目符号，如图 5-47 所示。

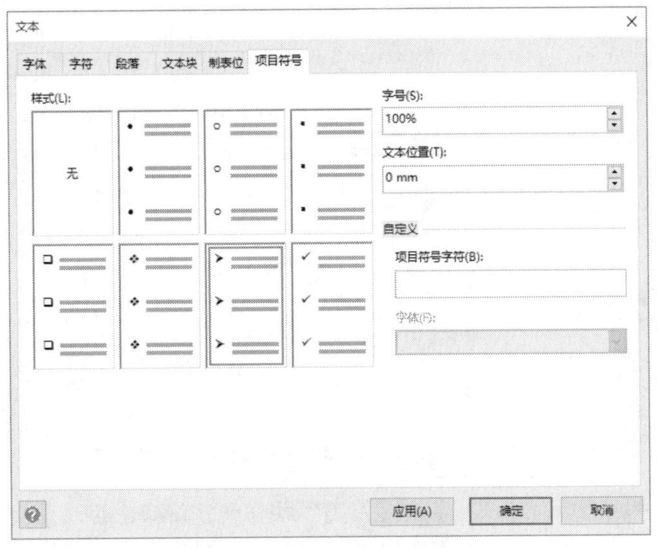

图 5-47　选择更多的项目符号

如果 Visio 内置的项目符号无法满足需求，那么用户可以在“项目符号”选项卡的“项目符号字符”文本框中输入要作为项目符号的字符，例如“#”，还可以在下方的“字体”下拉列表中为输入的字符选择一种字体，如图 5-48 所示。图 5-49 是使用#符号作为项目符号为段落设置后的效果。

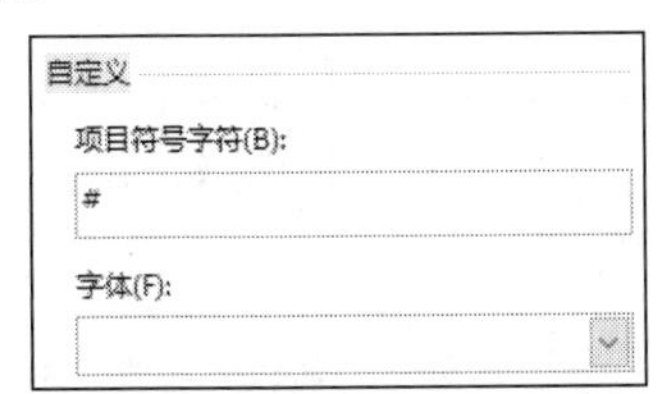

图 5-48　自定义项目符号的字符

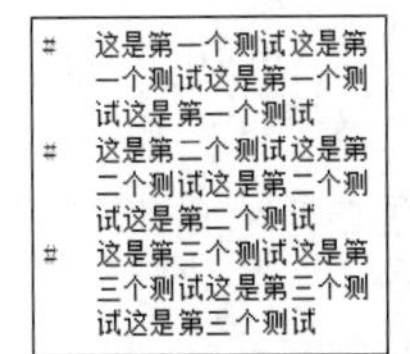

图 5-49　使用自定义字符作为项目符号

5.4.6　设置文本块的背景色和边距

使用第 4 章介绍的方法可以为形状设置填充色，形状中的文本也可以进行类似的设置，可将其称为文本的背景色。为文本设置背景色，实际上是将形状中的所有文本看作一个称为“文本块”的整体，第 4 章曾经使用过文本块工具，它对应于功能区“开始”选项卡“工具”组中的“文本块”按钮。

如果要为文本设置背景色，需要先使用指针工具选择文本所属的形状。然后按 F11 键打开

“文本”对话框，选择“文本块”选项卡，在“文本背景”部分选中“纯色”单选按钮，然后打开右侧的下拉列表，从中选择一种想要作为背景色的颜色，如图 5-50 所示。

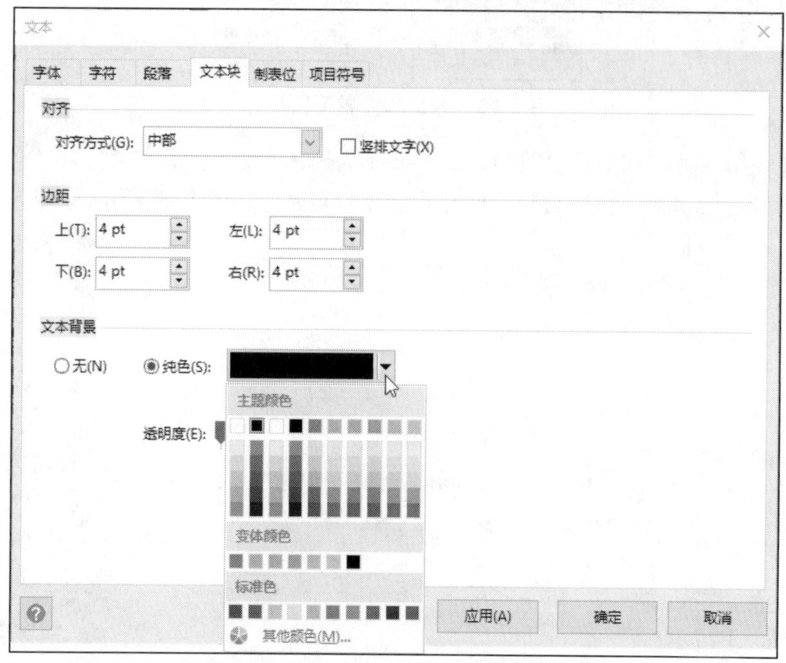

图 5-50　为文本的背景色选择一种颜色

技巧：选择一种颜色后，可以先单击“应用”按钮预览该颜色的设置效果，这样就可以在不关闭“文本”对话框的情况下测试不同颜色的效果，直到找到满意的颜色为止。

图 5-51 是为文本设置灰色背景后的效果。

用户还可以在“文本”对话框“文本块”选项卡中的“边距”部分设置文本块与形状边缘之间的距离。实际上，在 5.4.3 节介绍的文本缩进位置的设置是指文本的开头和结尾与文本块的左、右边缘之间的距离。因此，如果想让文本开头和结尾与形状的左、右边缘无限接近，那么就需要调整文本块的边距。

打开“文本”对话框中的“文本块”选项卡，在“边距”部分可以调整文本块与形状边缘之间的距离，如图 5-52 所示。图 5-53 是将“左”“右”边距设置为 0 后的效果，此时为文本块设置的背景色与形状的左右边缘已经紧挨在一起。

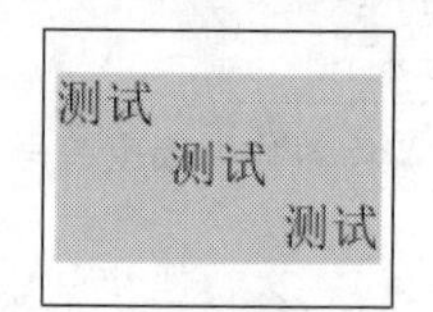

图 5-51　为文本设置灰色背景

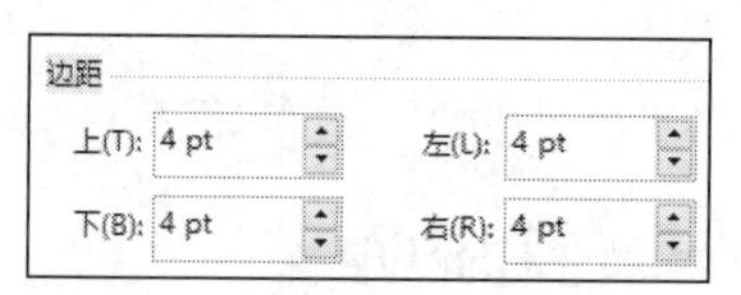

图 5-52　调整文本块与形状边缘之间的距离

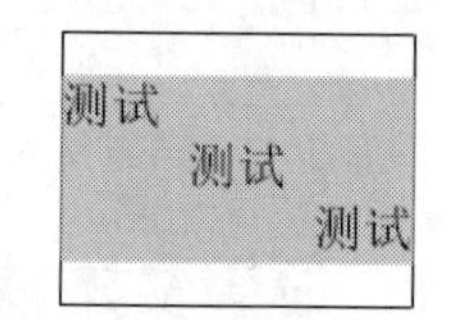

图 5-53　将左、右边距设置为 0 的效果

第6章

在绘图中使用图片

除了使用 Visio 模板中的形状来构建绘图，用户还可以在绘图中插入来自本地计算机或网络中的图片，使一些特定类型的绘图更真实，更具表现力。本章主要介绍在绘图中添加与设置图片的方法。

6.1 在绘图中添加图片

用户可以在绘图中添加本地计算机或网络中的图片。从技术上讲，在 Visio 中插入外部图片的操作称为“嵌入对象”。在 Visio 中添加外部对象的另一种技术称为“链接对象”，本书第 9 章将会详细介绍在 Visio 中链接与嵌入对象的方法。

6.1.1 插入本地计算机中的图片

如果平时在计算机中收集了很多图片素材，那么在创建一些绘图时，可以将相关的图片添加到绘图中，从而更好地展现绘图想要表达的内容。在绘图中插入本地计算机中的图片的操作步骤如下：

（1）选择要插入图片的绘图页，然后在功能区“插入”选项卡的“插图”组中单击“图片”按钮，如图 6-1 所示。

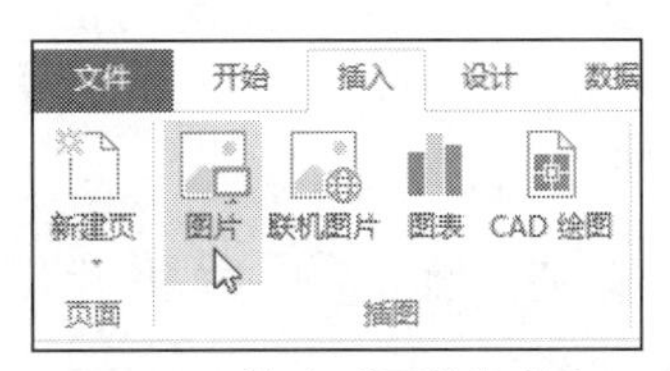

图 6-1 单击“图片”按钮

（2）打开“插入图片”对话框，导航到图片所在的文件，然后双击要插入的图片，如图 6-2 所示。

提示： 如果想要一次性在绘图中插入多张图片，那么需要将这些图片放置到同一个文件夹中，然后在“插入图片”对话框中拖动鼠标框选多个图片，或者使用 Shift 键或 Ctrl 键并配合鼠标单击来选择相邻或不相邻的多张图片，选择方法与在 Windows 操作系统中选择多个文件和文件夹相同。

（3）Visio 会将所选图片插入到当前绘图页上，如图 6-3 所示。

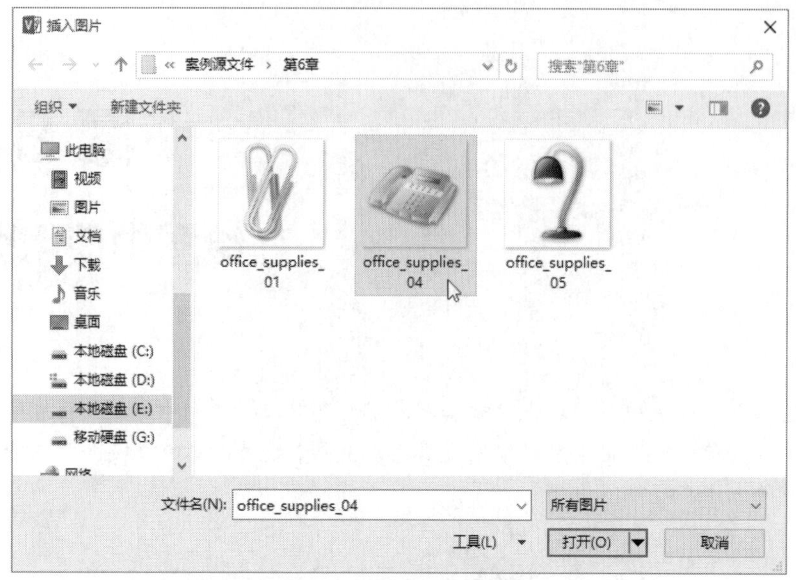

图 6-2　双击要插入的图片

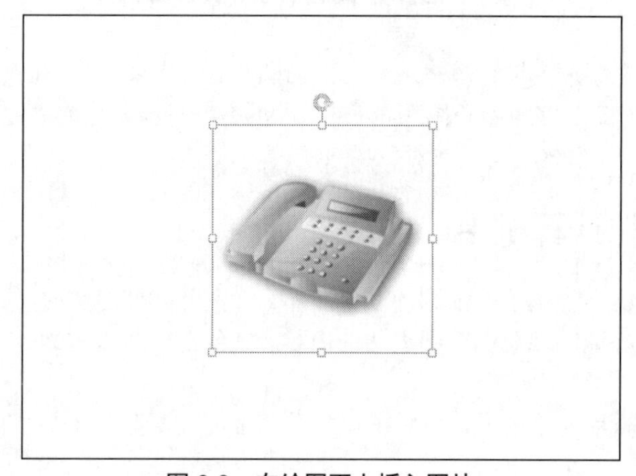

图 6-3　在绘图页上插入图片

6.1.2　插入网络中的图片

计算机中存储的图片始终是有限的，如果想要在绘图中插入计算机中没有的图片，那么可以插入网络中的图片，操作步骤如下：

（1）选择要插入图片的绘图页，然后在功能区“插入”选项卡的“插图”组中单击“联机图片”按钮。

（2）打开“插入图片”对话框，在“必应图像搜索”右侧的文本框中输入要搜索的图片的关键字，如图 6-4 所示。

（3）单击文本框右侧的“放大镜”按钮或者按 Enter 键，将在对话框中显示与关键字匹配的图片，如图 6-5 所示。

（4）单击要插入到绘图中的图片，以将其选中，在选中图片的左上角会显示一个对勾标记，如图 6-6 所示。单击“插入”按钮，即可将选中的图片插入到当前绘图页上。

图 6-4　输入图片的关键字

图 6-5　显示与关键字匹配的图片

图 6-6　选择要插入的图片

6.2 图片的基本操作

将图片插入到绘图页后，通常都需要对图片进行一些基本的处理，例如将图片调整到适当的大小，或者将图片中的无用部分裁剪掉。

6.2.1 调整图片大小和角度

在将图片插入到绘图页时，图片会被自动选中。与选中的形状类似，选中的图片四周也会显示选择手柄，图片上方也有旋转手柄。使用鼠标拖动选择手柄，即可调整图片的大小。如果想要在调整图片大小时始终保持图片的比例，那么需要拖动位于 4 个角上的选择手柄，如图 6-7 所示。

使用鼠标拖动图片上方的旋转手柄，即可改变图片的角度，如图 6-8 所示。

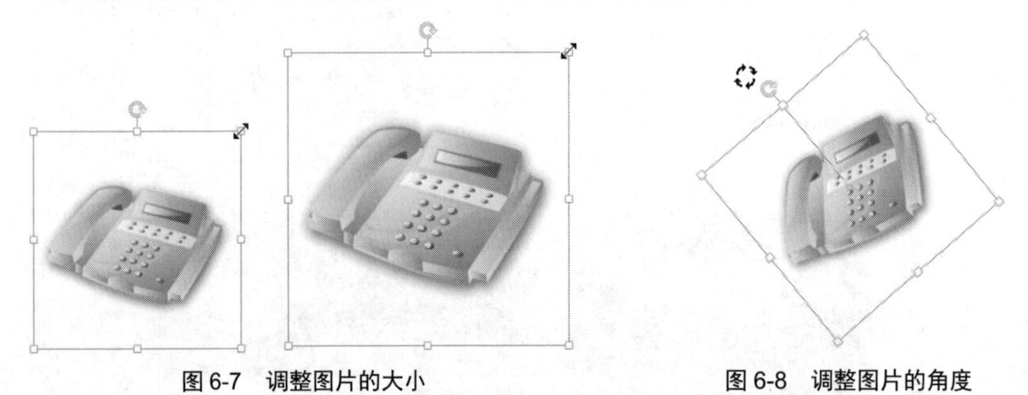

图 6-7 调整图片的大小　　图 6-8 调整图片的角度

如果想要按照 90° 进行旋转，或者实现类似镜像效果的翻转，那么可以单击功能区“图片工具|格式”选项卡“排列”组中的“旋转”按钮，在弹出的菜单中选择所需的旋转或翻转操作。

6.2.2 裁剪图片

在绘图中插入图片后，一些图片可能会包含与绘图主题无关的部分。这些部分会额外占据页面空间，因此应该将它们去除。

首先需要选择一个图片，然后在功能区“图片工具|格式”选项卡的“排列”组中单击“剪裁工具”按钮，如图 6-9 所示。

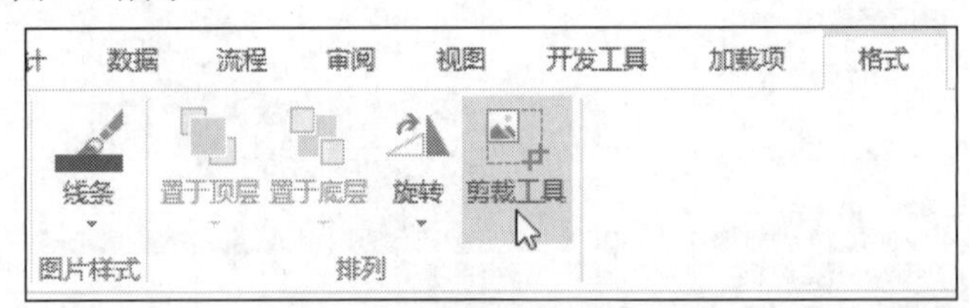

图 6-9 单击“剪裁工具”按钮

进入裁剪模式，此时选中的图片四周会显示黑色的粗线。将鼠标指针移动到这些黑线上，当鼠标指针变为双向箭头时会显示“裁剪图像”的提示文字，如图 6-10 所示。

向图片的中心位置拖动鼠标，以便覆盖要去除的部分。拖动后，表示裁剪边缘的黑线将与选中图片时的轮廓分离，它们之间的部分就是要被去除的部分，如图 6-11 所示。

如果图片其他几个方向上也有需要去除的部分，则可以使用类似的方法进行操作。完成裁剪部分的指定后，单击图片以外的区域，即可执行裁剪操作。裁剪后再次选中图片时，可以看到外部矩形轮廓位置的变化，如图 6-12 所示。

图 6-10　将鼠标指针移动到黑线上

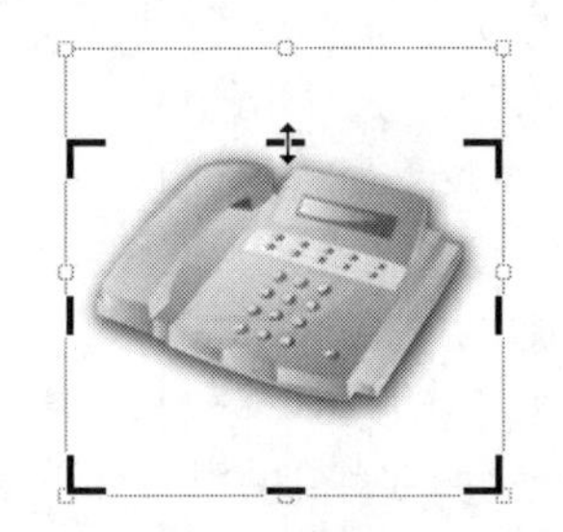

图 6-11　拖动鼠标以覆盖要去除的部分

图 6-12　裁剪后的图片

6.2.3　移动和复制图片

可以使用类似于移动和复制形状的方法来移动和复制图片。如果是在同一个绘图页上移动图片，那么可以使用鼠标拖动图片到目标位置。如果在拖动图片时按住 Ctrl 键，那么将对图片执行复制操作，此时会在鼠标指针附近显示一个“+”号，如图 6-13 所示。

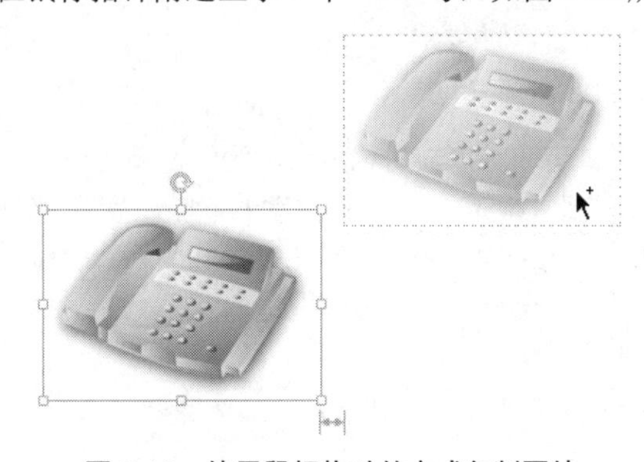

图 6-13　使用鼠标拖动的方式复制图片

如果要将图片从一个绘图页移动到另一个绘图页，那么可以使用以下 3 种方法：

- 右击图片，在弹出的快捷菜单中选择“剪切”命令。
- 单击图片，然后在功能区“开始”选项卡的“剪贴板”组中单击“剪切”按钮。
- 单击图片，然后按 Ctrl+X 快捷键。

使用以上任意一种方法后，切换到另一个绘图页，按 Ctrl+V 快捷键将剪贴板中的图片粘贴到目标位置。

6.3　美化图片的外观

Visio 提供了一些快速调整图片外观的选项，例如调整图片的亮度和对比度，为图片添加阴影、映像或发光效果等。通过这些选项，可以让图片外观的美化设置变得更简单。

6.3.1 设置图片的平衡度

图片的平衡度包括亮度、对比度和灰度系数等参数。在绘图中插入图片后，可以通过调整平衡度来改善图片的显示效果。在绘图页上选择要调整的图片，然后在功能区“图片工具|格式”选项卡的“调整”组中单击“自动平衡”按钮，Visio 将根据图片当前情况来自动调整亮度、对比度和灰度系数。图 6-14 是自动调整图片平衡度前后的效果。

用户也可以手动调整图片的平衡度，即分别调整图片的亮度、对比度和灰度系数。选择图片后，可以在功能区“图片工具|格式”选项卡的“调整”组中使用“亮度”和“对比度”两个按钮来调整图片的亮度和对比度，如图 6-15 所示。

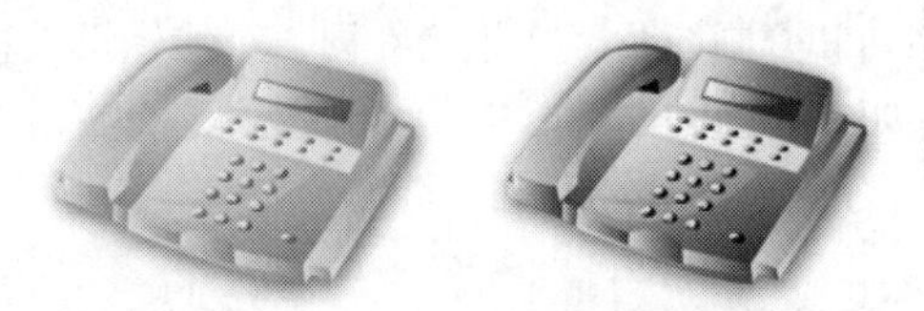

图 6-14 自动调整图片的平衡度

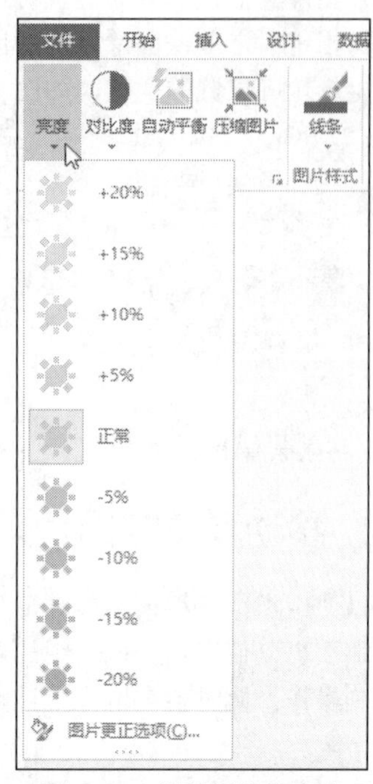

图 6-15 调整图片的亮度

如果想要调整灰度系数或者将亮度、对比度设置为一个精确值，那么需要单击功能区“图片工具|格式”选项卡“调整”组右下角的对话框启动器，打开“设置图片格式”对话框，在“图像控制”选项卡中可以拖动滑块来指定亮度、对比度和灰度系数的值，或者在对应的文本框中输入精确的值，如图 6-16 所示。

图 6-16 精确设置亮度、对比度和灰度系数的值

提示：如果选中右侧的“实时预览更新”复选框，则在左侧调整各个参数的值时，右侧的预览窗口会实时反映图片外观上的变化。

6.3.2　为图片设置特殊效果

除了对图片的亮度、对比度等基础显示属性进行调整之外，用户还可以为图片设置一些特殊的效果，例如阴影、映像和三维效果。首先选择要设置特殊效果的图片，然后在功能区“开始”选项卡的“形状样式”组中单击“效果”按钮，在弹出的菜单中选择一种效果类型，如图 6-17 所示。

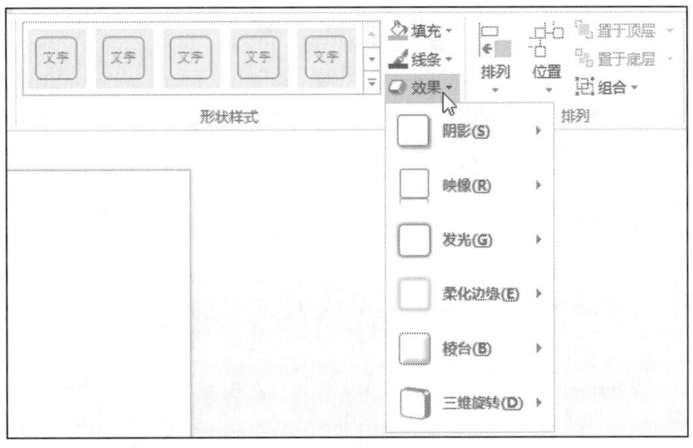

图 6-17　选择效果的类型

例如，如果要为图片设置倒影，则需要选择“映像”，然后在打开的列表中选择一种效果，如图 6-18 所示。图 6-19 是选择“全映像，8pt 偏移量”后的图片效果。

如果想要自定义映像效果的参数，则可以单击“效果”按钮，在打开的列表中选择“映像”|“映像选项”命令，打开“设置形状格式”窗格，在“映像”部分对映像的相关参数进行设置，如图 6-20 所示。其他图片效果的设置方法与此类似。

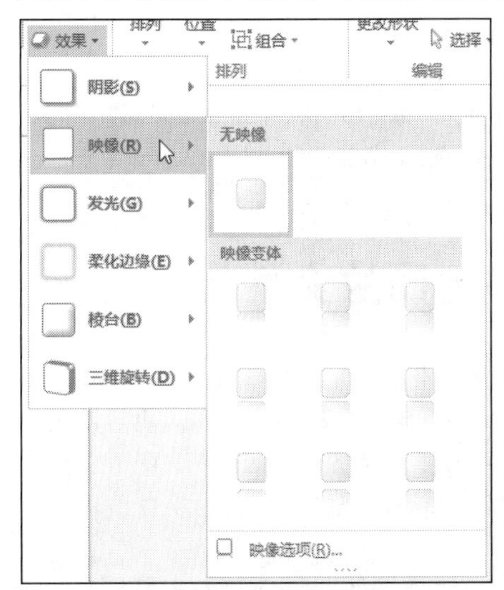

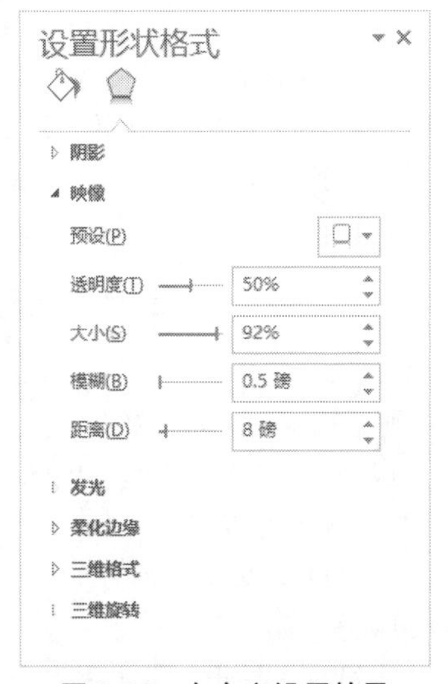

图 6-18　选择一种映像效果　　图 6-19　为图片设置倒影　　图 6-20　自定义设置效果

6.4 压缩图片

在绘图文件中添加大量图片后，绘图文件的容量会快速增大。为了尽量减少绘图文件的容量，用户可以使用 Visio 中的“压缩图片”功能来减小图片的容量。

首先选择要压缩的一张或多张图片，然后在功能区“图片工具|格式”选项卡的“调整”组中单击“压缩图片”按钮，打开“设置图片格式”对话框的“压缩”选项卡，如图 6-21 所示。

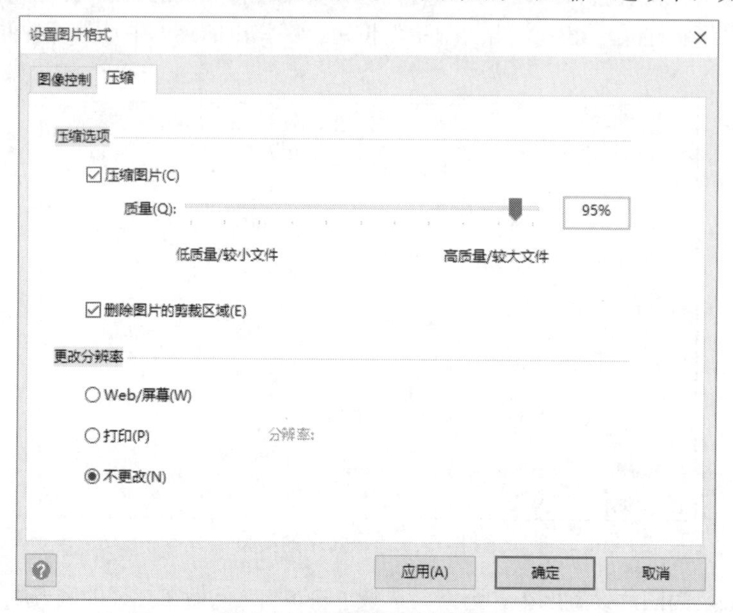

图 6-21　设置图片压缩选项

在该对话框中可以进行以下 3 种操作：

- 选中“压缩图片”复选框，然后拖动下方的滑块来决定图片的压缩比率，右侧的百分比值与滑块的位置相关联，百分比值越小，表示对图片的压缩程度越大，反之亦然。
- 裁剪图片时，图片中被去除的部分实际上仍然存储在绘图文件中，它们始终占据一定的文件容量。为了减小绘图文件的容量，可以选中“删除图片的剪裁区域”复选框。
- 在“更改分辨率”部分可以为图片选择一种分辨率，从而减小图片的容量。

设置好所需选项后，单击“确定”按钮，Visio 将对图片执行压缩操作。

6.5 将 Visio 绘图导出为图片文件

在 Visio 中创建好绘图后，可能需要在其他环境中使用这些绘图，例如在提交的 Word 策划案或在 Web 页面中包含绘图。Visio 允许用户将绘图导出为不同类型的图片文件，包括常见的 JPEG 文件交换格式（.jpg）、Windows 位图（.bmp）、可移植网络图形（.png）、图形交换格式（.gif）、Windows 图元文件（.wmf）等图片格式，还可以将绘图导出为 AutoCAD 图形文件（.dwg）。

虽然“导出”听上去像是一种比较高级的操作，但其操作过程与使用“另存为”命令将绘图文件以不同的名称进行保存的过程并没有太大区别。将 Visio 绘图导出为图片文件的操作步骤如下：

（1）在 Visio 中打开要导出为图片的绘图文件，选择“文件”|“导出”命令，在进入的界面中单击“更改文件类型”，然后在右侧双击一种图片文件类型，如图 6-22 所示。

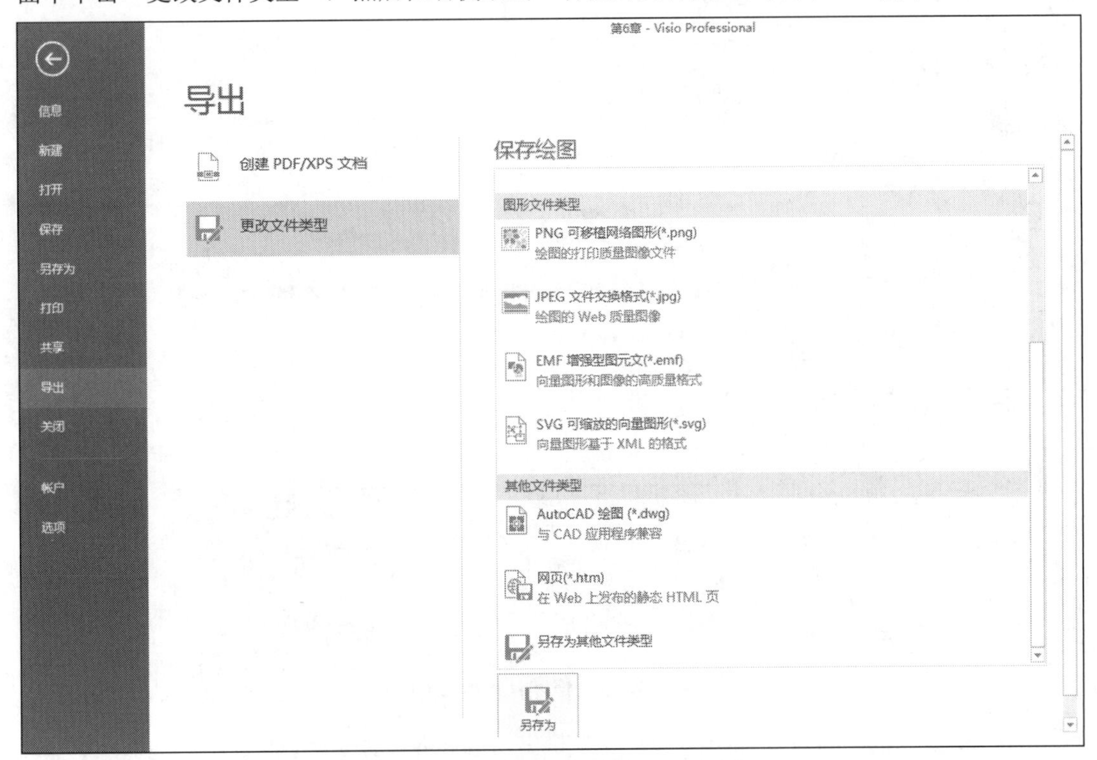

图 6-22　选择要导出的图片文件类型

（2）打开“另存为”对话框，选择导出文件的位置，并在“文件名”文本框中输入图片文件的名称，如图 6-23 所示。

图 6-23　设置文件的导出位置和名称

提示： 如果已将“另存为”命令添加到快速访问工具栏，则直接选择该命令就可以打开“另存为”对话框，然后在该对话框的“保存类型”下拉列表中选择所需的图片文件类型，如图 6-24 所示。

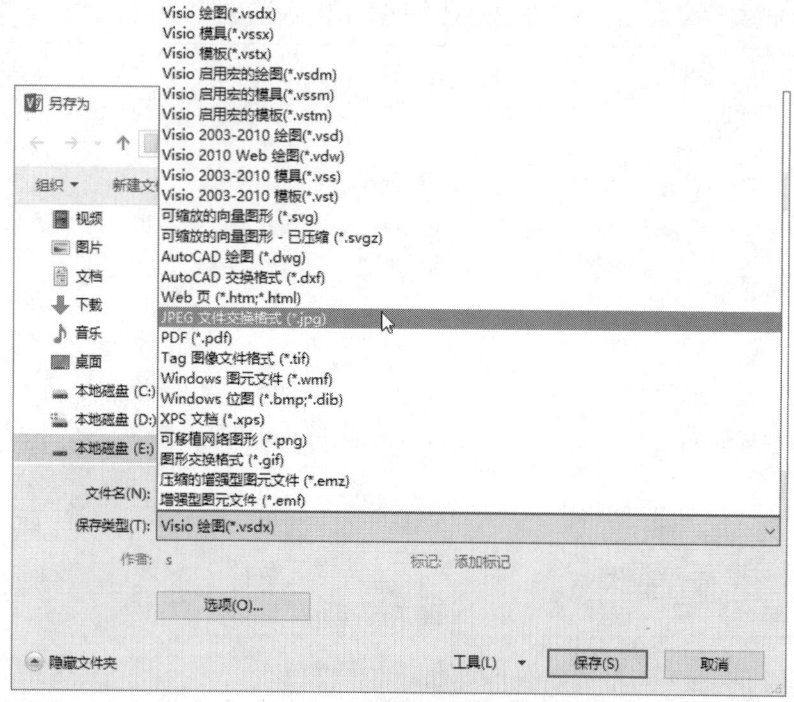

图 6-24　选择图片文件类型

（3）单击“保存”按钮，将当前绘图文件导出为指定格式的图片文件。

第 7 章

为形状添加和显示数据

Visio 提供了强大的图形展示能力，其内部内置的大量模板包含各式各样的形状，为创建不同类型和需求的图表提供了丰富的素材。无论创建如何美观的图表，都只处于形式层面上。实际上，Visio 还允许用户为形状添加数据，然后以图标、数据栏等图形化的方式显示这些数据，从而可以更清晰地展示状态、进度、趋势或可能存在的问题。本章主要介绍在 Visio 中为形状添加数据，以及使用数据图形显示数据的方法。

7.1　为形状手动输入数据

在 Visio 中，用户可以为形状添加数据，这样就可以通过数据来描述形状的状态或属性。用户可以使用手动输入数据或导入外部数据两种方式来为形状添加数据，本节将介绍为形状手动输入数据和查看形状数据的方法。

7.1.1　为形状输入数据

为形状输入数据需要使用“定义形状数据”对话框，在绘图页上右击要设置数据的形状，然后在弹出的快捷菜单中选择“数据”|“定义形状数据”命令，如图 7-1 所示。

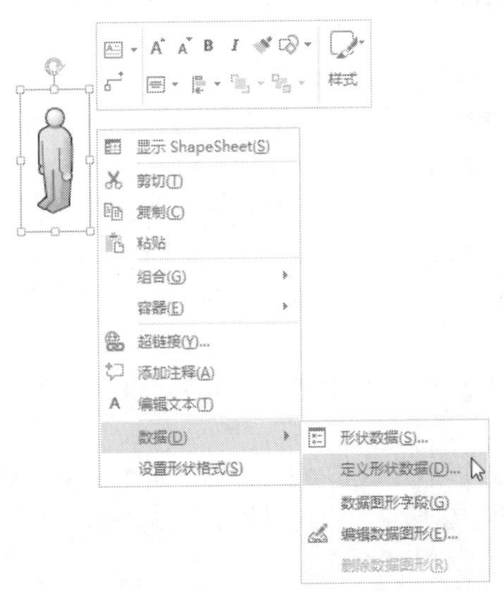

图 7-1　选择“数据”|“定义形状数据”命令

打开如图 7-2 所示的“定义形状数据”对话框，在各个文本框中输入各个数据的值，这些数据的名称及其对应的值构成了形状的一个属性，为形状创建数据实际上就是在为形状定义一个或多个属性，并设置这些属性的值。

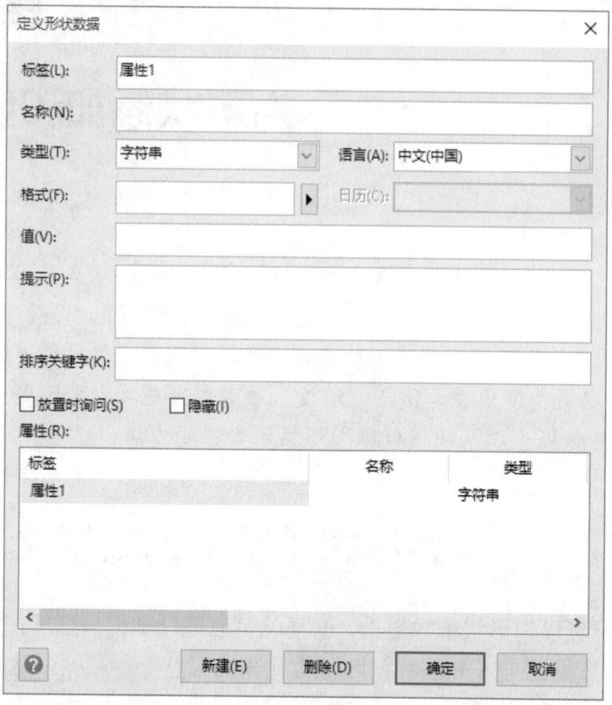

图 7-2　“定义形状数据”对话框

“定义形状数据”对话框中各项数据的含义如下。

- 标签：指定属性的名称。
- 名称：指定显示在 ShapeSheet 中的名称。
- 类型：指定属性的值的数据类型，包括字符串、数字、货币、日期、持续时间、布尔、列表等类型。
- 语言：指定用于正确显示日期和时间的语言，该语言与日期和字符串数据类型相关联。
- 格式：指定值的显示方式，该项的设置方法与“类型”和“日历”两项设置相关。如果将“类型”设置为字符串、数字、货币、日期或持续时间，则可以单击“格式”文本框右侧的箭头，然后从弹出的菜单中选择所需的格式。如果将“格式”设置为列表类型，则需要在“格式”文本框中手动输入以分号分隔的多个值。
- 日历：指定用于所选语言的日历类型，不同类型的日历会影响“格式”选项的设置。
- 值：指定属性的值。
- 提示：指定在“形状数据”窗格中选择的属性或鼠标悬停在“形状数据”窗格中的数据标签上时显示的提示信息。
- 排序关键字：指定在“形状数据”窗格中各个属性的显示顺序。
- 放置时询问：当用户创建形状的实例或复制并粘贴形状时，自动打开需要用户为形状输入数据的对话框。
- 隐藏：指定在“形状数据”窗格中是否显示当前正在设置的属性。

如图 7-3 所示，在“定义形状数据”对话框中为“人”形状创建了“姓名”和“年龄”两个属性。当需要连续创建多个属性时，可以在设置好一个属性的相关数据后，单击“定义形状数据”对话框中的“新建”按钮，继续创建下一个属性。

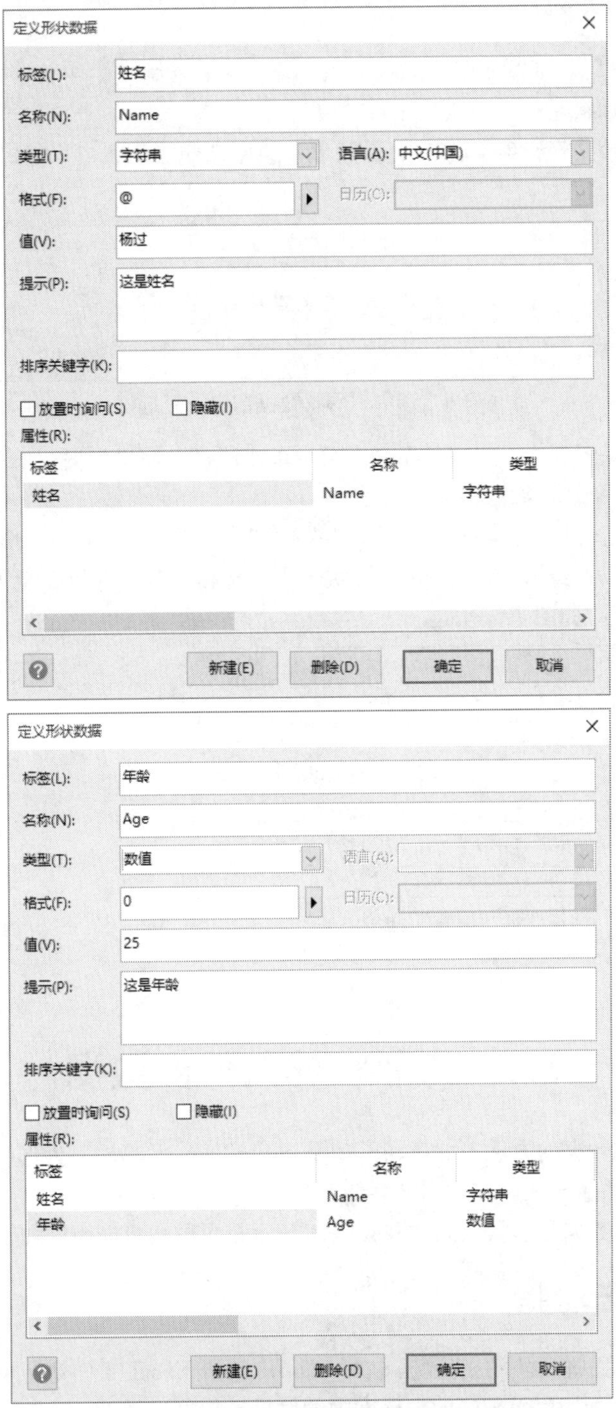

定义形状数据

标签(L): 姓名

名称(N): Name

类型(T): 字符串　语言(A): 中文(中国)

格式(F): @　日历(C):

值(V): 杨过

提示(P): 这是姓名

排序关键字(K):

放置时询问(S)　隐藏(I)

属性(R):

标签	名称	类型
姓名	Name	字符串

新建(E)　删除(D)　确定　取消

定义形状数据

标签(L): 年龄

名称(N): Age

类型(T): 数值　语言(A):

格式(F): 0　日历(C):

值(V): 25

提示(P): 这是年龄

排序关键字(K):

放置时询问(S)　隐藏(I)

属性(R):

标签	名称	类型
姓名	Name	字符串
年龄	Age	数值

新建(E)　删除(D)　确定　取消

图 7-3　为形状创建属性并设置属性的值

创建好的属性会依次显示在“定义形状数据”对话框下方的“属性”列表框中。创建好所需的所有属性后，单击“确定”按钮即可。

7.1.2 查看形状数据

为形状添加数据后，可以使用“形状数据”窗格来查看形状中的数据。打开“形状数据”窗格的方法有以下几种：

- 在功能区“数据”选项卡的“显示/隐藏”组中选中“形状数据窗口”复选框，如图 7-4 所示。

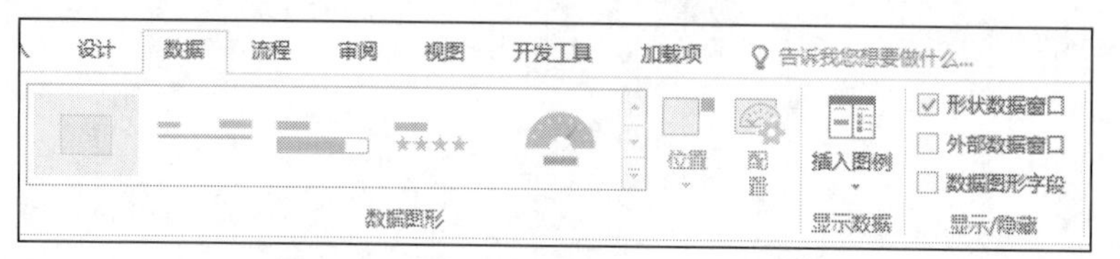

图 7-4 选中“形状数据窗口”复选框

- 在功能区“视图”选项卡的“显示”组中单击“任务窗格”按钮，在弹出的菜单中选择“形状数据”命令，如图 7-5 所示。
- 在绘图页上右击形状，然后在弹出的快捷菜单中选择“数据”|“形状数据”命令。

使用以上任意一种方法，都将打开“形状数据”窗格，其中可以在绘图页上查看当前选中的形状的属性及其值，如图 7-6 所示。

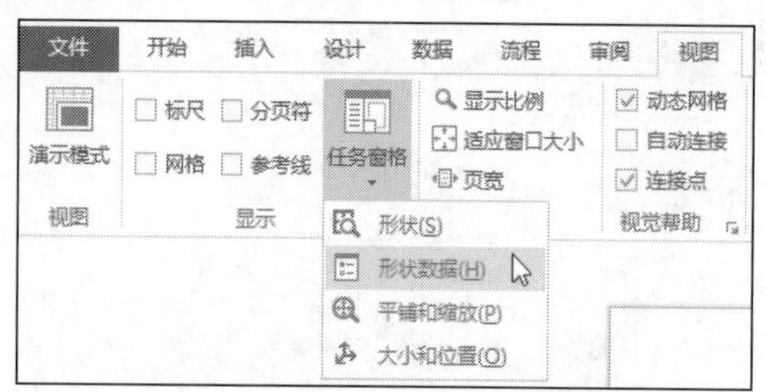

图 7-5 选择“形状数据”命令

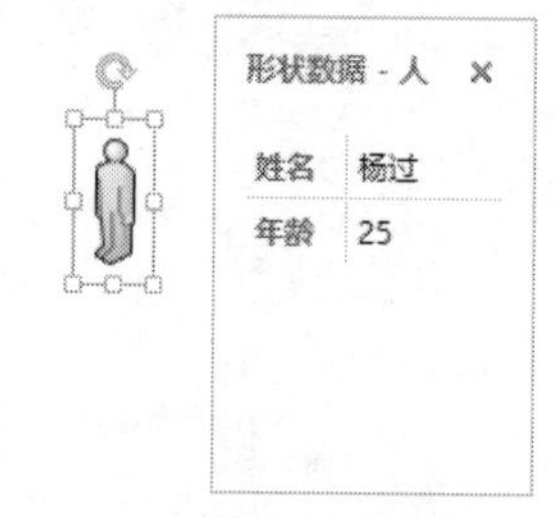

图 7-6 在“形状数据”窗格中查看为形状设置的数据

7.2 为形状导入外部数据

为形状手动输入数据的方法虽然灵活，但是效率较低，尤其需要为形状添加大量数据时更是如此。Visio 还提供了导入外部数据的功能，使用该功能可以将其他程序中的数据导入 Visio 中，然后在导入后的数据与形状之间建立关联，从而完成形状数据的添加工作。

7.2.1 导入外部数据

Visio 允许用户将其他程序中的数据导入 Visio，包括 Excel 工作簿、Access 数据库、SQL Server 数据库、存储在适用 ODBC 的数据库中的数据，以及通过 Microsoft OLEDB API 存取的数据源。在功能区“数据”选项卡“外部数据”组中提供了两个用于导入外部数据的命令：“快速导入”和“自定义导入”，如图 7-7 所示。

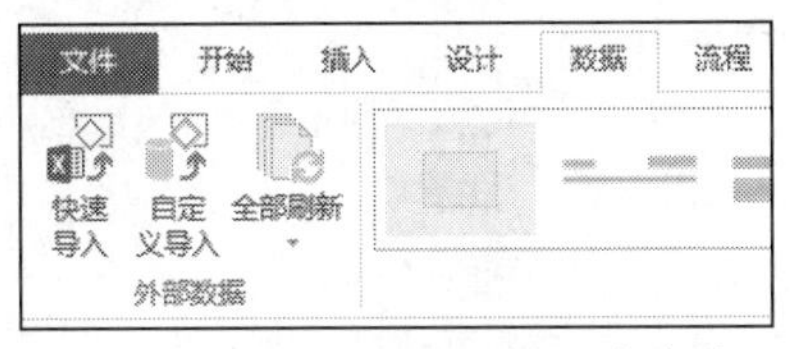

图 7-7　导入外部数据的两个命令

如果经常要向 Visio 中导入 Excel 数据，那么使用“快速导入”命令会很方便。如果要导入其他类型的数据，则需要使用“自定义导入”命令，该命令也支持导入 Excel 数据。实际上“快速导入”命令是“自定义导入”命令的一个简化版，因为在使用“自定义导入”命令导入数据的过程中，如果选择导入 Excel 数据，则操作步骤与执行“快速导入”命令相同。

下面以导入 Excel 工作簿中的数据为例，介绍使用“自定义导入”命令导入数据的方法，操作步骤如下：

（1）在 Visio 中打开要导入数据的绘图文件，然后在功能区“数据”选项卡的“外部数据”组中单击“自定义导入”按钮。

（2）打开“数据选取器”对话框，选中“Microsoft Excel 工作簿”单选按钮，然后单击“下一步”按钮，如图 7-8 所示。

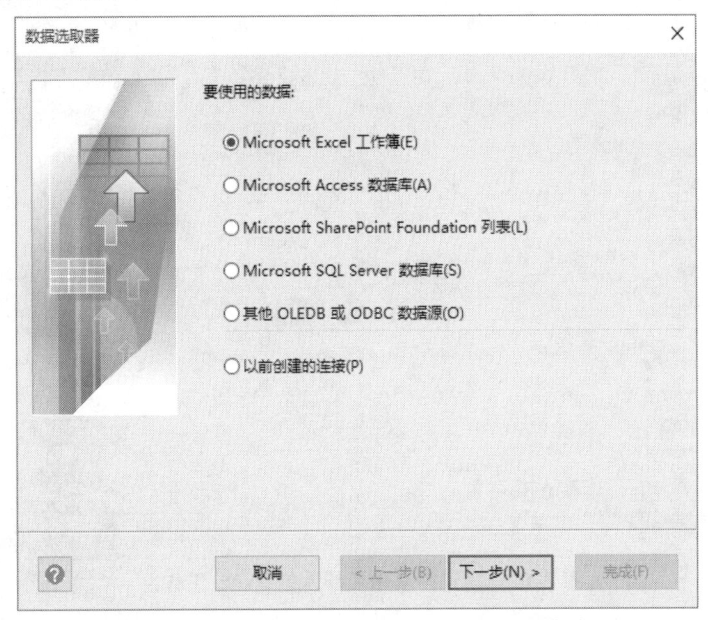

图 7-8　选中“Microsoft Excel 工作簿”单选按钮

（3）进入如图 7-9 所示的界面，可以单击“浏览”按钮上方的下拉按钮，然后在打开的列表中选择最近在 Excel 程序中打开过的工作簿。如果要导入其他工作簿，则可以单击“浏览”按钮，这里单击该按钮。

（4）打开如图 7-10 所示的对话框，找到并双击要导入的 Excel 工作簿。

（5）返回步骤（3）的界面，选择的 Excel 工作簿的完整路径被自动添加到文本框中，确认无误后单击“下一步”按钮，如图 7-11 所示。

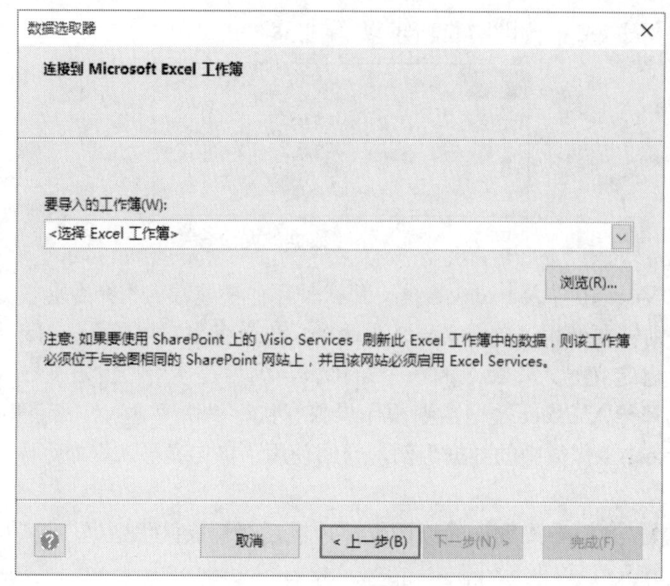

图 7-9　单击“浏览”按钮

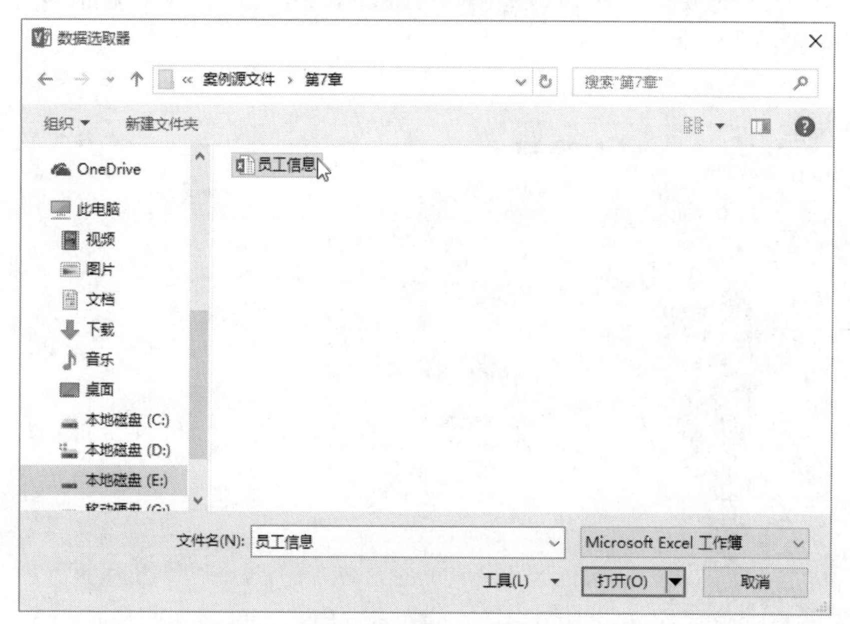

图 7-10　找到并双击要导入的 Excel 工作簿

（6）进入如图 7-12 所示的界面，选择要导入的数据位于哪个工作表。如果 Excel 数据区域中的第一行是标题行，那么应该选中“首行数据包含有列标题”复选框。设置好后单击“下一步”按钮。

（7）进入如图 7-13 所示的界面，默认导入指定工作表中的所有数据。如果只想导入工作表中的特定行或列中的数据，则需要单击“选择列”和“选择行”按钮，然后分别指定要导入哪些列和哪些行。此处保持默认设置不变，即导入所有列和所有行中的数据，然后单击“下一步”按钮。

图 7-11　自动添加所选 Excel 工作簿的路径信息

图 7-12　选择数据所在的工作表

图 7-13　选择要导入的数据行和数据列

（8）进入如图 7-14 所示的界面，在这里需要选择一个可以唯一标识每一行数据的列（在数据库程序中通常称为字段），例如编号、姓名之类的列。如果没有这样的列，那么需要选中“我的数据中的行没有唯一标识符，使用行的顺序来标识更改”单选按钮。选择后单击“下一步”按钮。

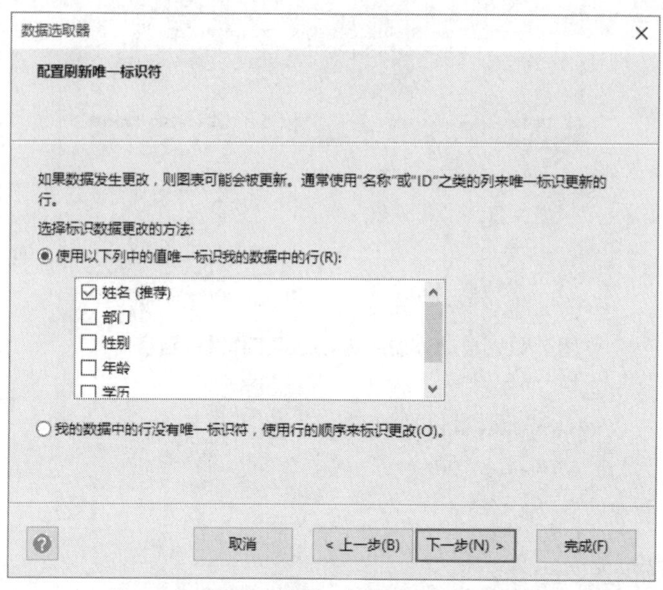

图 7-14　选择可以唯一标识每一行数据的列

（9）进入如图 7-15 所示的界面，单击“完成”按钮，关闭“数据选取器”对话框。

成功将 Excel 数据导入 Visio 后，会在 Visio 窗口中自动打开“外部数据”窗格，其中显示了 Excel 工作簿中的数据，如图 7-16 所示。

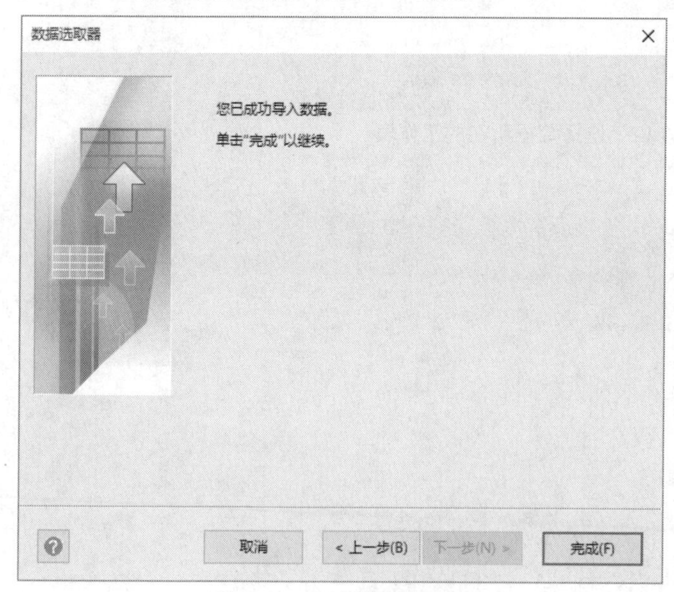

图 7-15　完成数据的导入

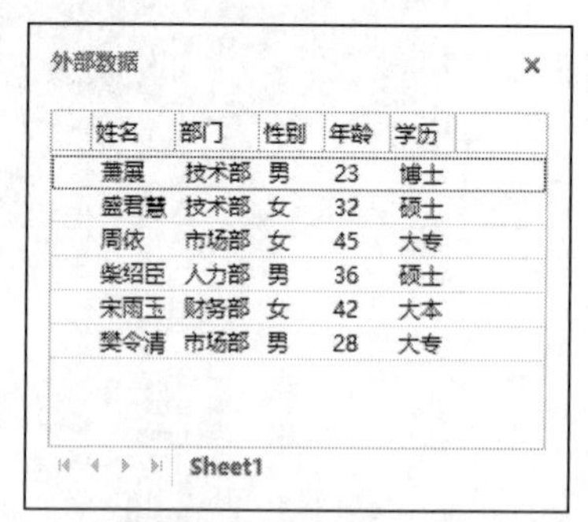
外部数据

姓名	部门	性别	年龄	学历
萧展	技术部	男	23	博士
盛君慧	技术部	女	32	硕士
周依	市场部	女	45	大专
柴绍臣	人力部	男	36	硕士
宋雨玉	财务部	女	42	大本
樊令清	市场部	男	28	大专

Sheet1

图 7-16　导入后的数据显示在“外部数据”窗格中

7.2.2　将数据链接到形状

在使用 7.2.1 节介绍的方法将外部数据导入 Visio 后，接下来还需要将导入后的数据链接到形状上，才能完成为形状创建数据的工作。用户可以使用以下 3 种方法将数据链接到形状上。

1. 每次将一行数据链接到一个现有的形状

手动将数据链接到形状的操作需要使用“外部数据”窗格。在“数据选取器”对话框中单击“完成”按钮，将自动打开“外部数据”窗格。如果当前没有显示该窗格，则可以在功能区“数据”选项卡的“显示/隐藏”组中选中“外部数据窗口”复选框来打开“外部数据”窗格，如图 7-17 所示。

如果已经将数据导入 Visio 中，那么在打开的“外部数据”窗格中会显示导入后的数据，接下来就可以将该窗格中的数据链接到形状上了。将鼠标指针移动到“外部数据”窗格中的一行数据上，按住鼠标左键将该行数据拖动到某个形状上，当鼠标指针附近显示一个链条标记时松开鼠标按键，即可将该行数据链接到该形状上，如图 7-18 所示。

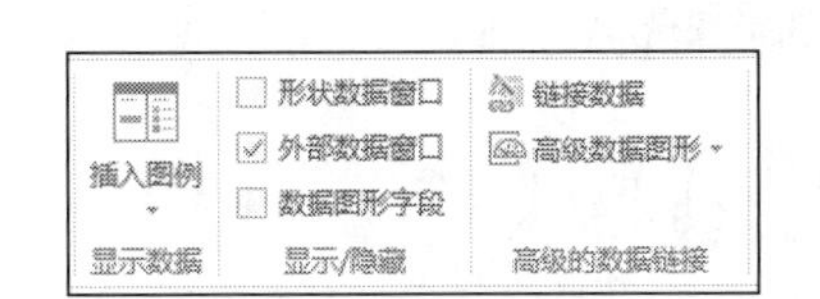

图 7-17　选中“外部数据窗口”复选框

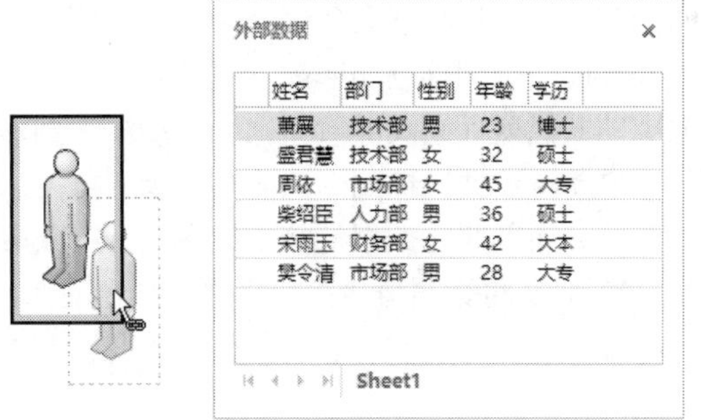

图 7-18　将一行数据拖动到形状上

提示：用户也可以在“外部数据”窗格中右击要链接的数据行，然后在弹出的快捷菜单中选择“链接到所选的形状”命令，将数据链接到选中的形状，如图 7-19 所示。

图 7-20 为链接数据后的形状和“外部数据”窗格，“外部数据”窗格已链接到形状上的数据行的开头会显示一个链接标记。

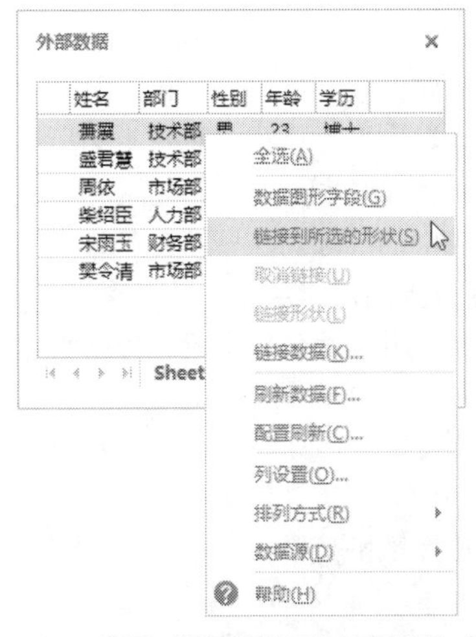

图 7-19　选择“链接到所选的形状”命令

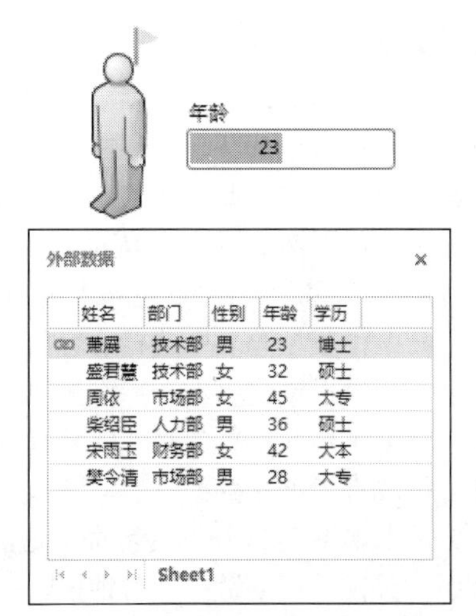

图 7-20　链接数据后的形状和“外部数据”窗格

2. 链接数据时创建新的形状

除了使用上一种方法将数据链接到绘图页上的现有形状，用户还可以在链接数据的同时创建新的形状。也就是说，要链接数据的形状并没有出现在绘图页上，在链接数据的同时创建形状并完成链接。

要使用这种方法链接数据，首先需要在“形状”窗格中单击一个主控形状以将其选中，然后打开“外部数据”窗格，将其中的一行数据拖动到绘图页上的空白处，Visio 会自动在绘图页上添加一个在“形状”窗格中当前选中的主控形状的实例，并将拖动到绘图页上的这一行数据链接到该形状实例上，如图 7-21 所示。

3. 自动将数据链接到现有的多个形状

除了前面介绍的两种方法，Visio 还允许用户将数据自动链接到现有的一个或多个形状。要想正确使用该功能，必须确保要链接数据的形状所包含的属性及其值与已导入的数据相匹配，否则 Visio 无法确定将数据与哪些形状建立链接。

如果形状包含多个属性，只需有一个可以唯一标识数据行的属性与导入的数据中的一列相匹配即可。如果形状只包含一个属性，而导入的数据包含多个列，只要形状的该属性与导入的数据行的一个列标题相匹配，且能唯一标识数据行，那么在将数据成功链接到形状后，导入数据中的其他列标题及其数据也会自动添加到形状上。

自动将数据链接到形状的操作步骤如下：

（1）如果要将数据链接到绘图页上的部分形状，则需要先选择这些形状，否则无须选择形状，Visio 会将数据链接到绘图页上的所有形状。

（2）在功能区“数据”选项卡的“高级的数据链接”组中单击“链接数据”按钮，如图 7-22 所示。

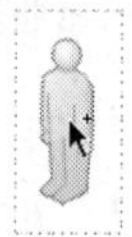

图 7-21　拖动数据时创建形状并建立链接

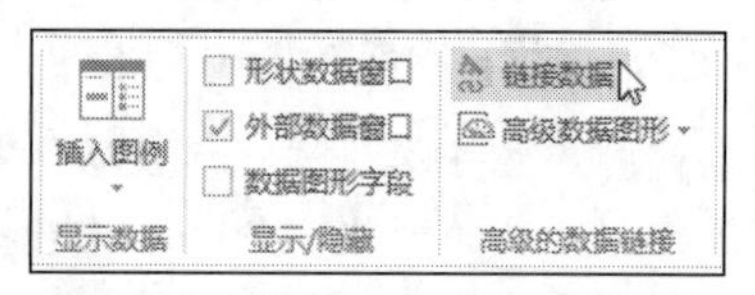

图 7-22　单击“链接数据”按钮

注意： 如果发现“链接数据”按钮呈现灰色且无法单击，那么需要先打开“外部数据”窗格，然后再单击该按钮。

（3）打开如图 7-23 所示的“自动链接”对话框，选择要链接到的形状范围，只有在绘图页上选择了一个或多个形状，对话框中的两个选项才会都有效，否则只有“此页上的所有形状”选项有效。这里选中“此页上的所有形状”单选按钮，然后单击“下一步”按钮。

（4）进入如图 7-24 所示的界面，“数据列”下拉列表中的选项对应于“外部数据”窗格中的各列标题，“形状字段”下拉列表中的选项对应于绘图页上的形状所包含的各个属性的名称，用户需要在两个下拉列表中选择内容相匹配的字段，此处使用“姓名”字段为外部数据和形状建立关联。设置后单击“下一步”按钮。

提示： 如果形状上已经存在链接数据，那么选中“替换现有链接”复选框，将使用新的链接数据替换现有的链接数据。

（5）进入如图 7-25 所示的界面，这里显示了前几步设置的汇总信息，确认无误后单击“完成”按钮，关闭“自动链接”对话框。

图 7-26 是为绘图页上的 3 个形状自动链接数据后的效果。

自动链接 - Sheet1
自动将行链接到形状
如果形状中的现有值等于行中的值，"自动链接向导"可允许您将数据行快速链接至图表中的形状。
希望自动链接到:
选定形状(S)
此页上的所有形状(A)
取消
< 上一步(B)
下一步(N) >
完成(F)

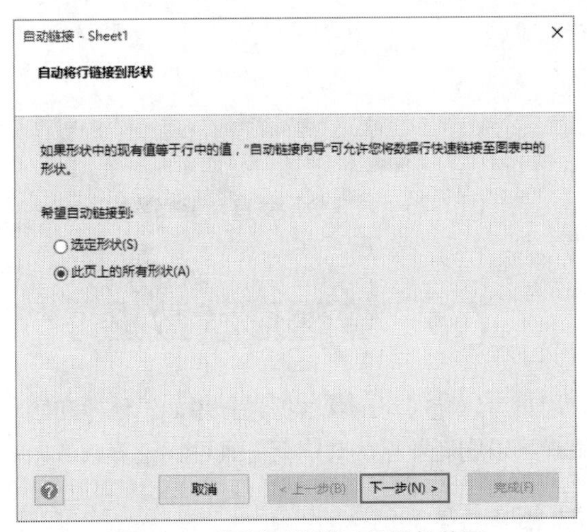

图 7-23　选择要链接到的形状范围

自动链接 - Sheet1
自动将行链接到形状
满足以下条件时自动将行链接到形状:
数据列
形状字段
姓名
等于
姓名
删除(D)
和(A)
替换现有链接(R)
取消
< 上一步(B)
下一步(N) >
完成(F)

图 7-24　为外部数据和形状选择相匹配的字段

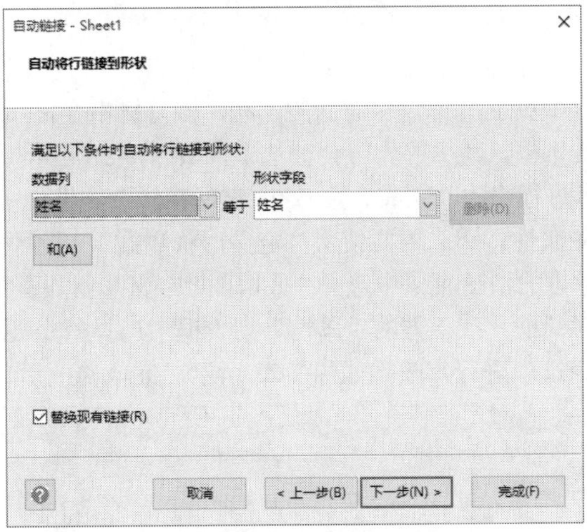

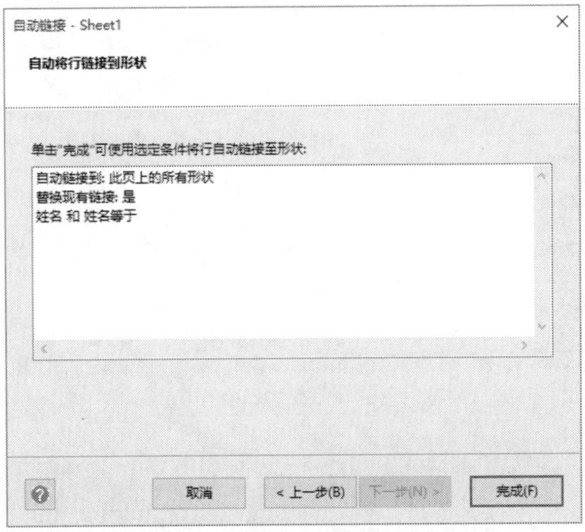

自动链接 - Sheet1
自动将行链接到形状
单击"完成"可使用选定条件将行自动链接至形状:
自动链接到: 此页上的所有形状
替换现有链接: 是
姓名 和 姓名等于
取消
< 上一步(B)
下一步(N) >
完成(F)

图 7-25　前几步设置的汇总信息

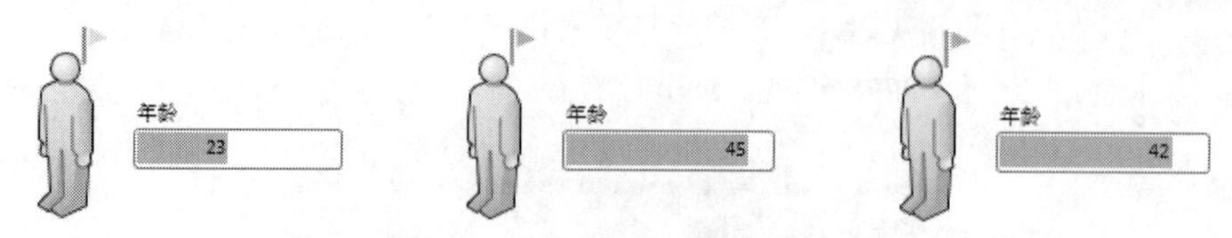

图 7-26　为 3 个形状自动链接数据

7.3　管理形状数据

为形状添加数据后，用户可以随时对形状数据进行添加、修改和删除。如果形状上的数据来自外部链接数据，那么用户可以刷新数据、对刷新方式进行设置或者取消数据链接状态。

7.3.1　更改形状数据

用户可以更改形状的属性值，也可以更改形状的属性的数据项。更改形状的属性值的最简单方法是使用“形状数据”窗格。使用 7.1.2 节的方法打开“形状数据”窗格，然后在绘图页上选择包含数据的形状，该窗格中会显示所选形状中的数据。单击一个文本框，其中的内容会被选中，如图 7-27 所示，可以输入新的内容或对原有内容进行修改，完成后按 Enter 键保存修改结果。

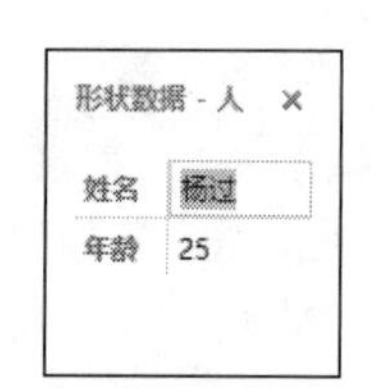

图 7-27　在“形状数据”窗格中修改数据

如果想要修改形状的属性，那么需要使用“定义形状数据”对话框。右击要修改属性的形状，在弹出的快捷菜单中选择“数据”|“定义形状数据”命令，打开“定义形状数据”对话框，在下方的“属性”列表框中选择一个要修改的属性，然后对上方的各个选项进行修改，如图 7-28 所示。完成修改后单击“确定”按钮。

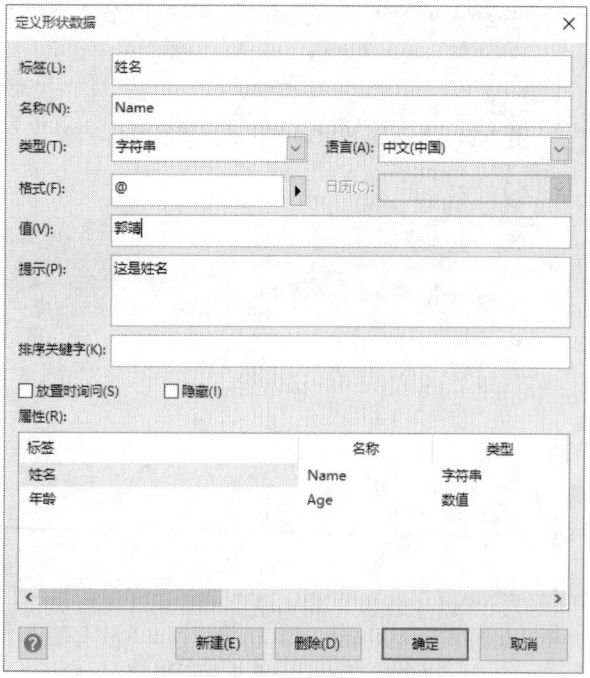

图 7-28　修改形状的属性

7.3.2　刷新形状数据

如果形状上的数据来自于外部链接数据，那么当外部数据在其源程序中发生改变时，这种改变不会自动对 Visio 中链接到形状上的这些数据进行同步更新，因此，用户需要适时地刷新数据，包括手动刷新和定时自动刷新两种方法。

1. 手动刷新

可以使用以下两种方法执行手动刷新操作：

- 在功能区“数据”选项卡的“外部数据”组中单击“全部刷新”按钮上的下拉按钮，然后在弹出的菜单中选择“全部刷新”或“刷新数据”命令，如图 7-29 所示。
- 打开“外部数据”窗格，右击任意数据行，在弹出的快捷菜单中选择“刷新数据”命令，如图 7-30 所示。

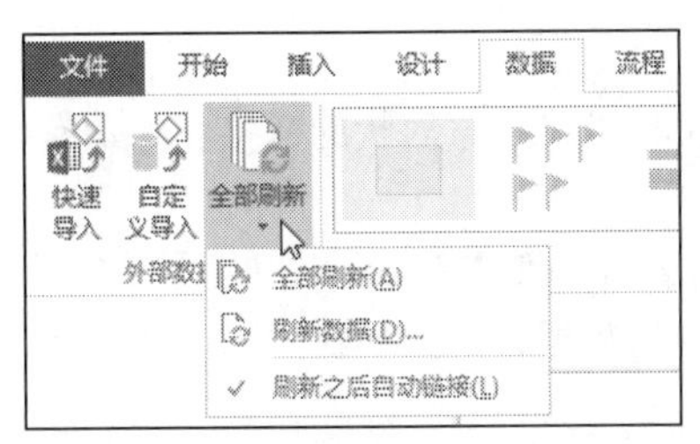

图 7-29　选择“全部刷新”或“刷新数据”命令

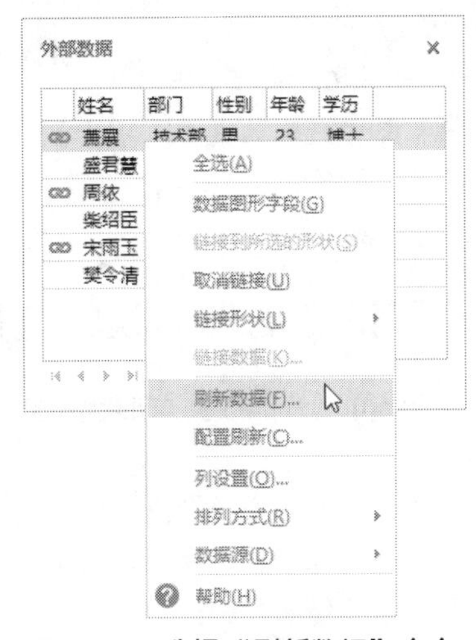

图 7-30　选择“刷新数据”命令

无论使用哪种方法，都会打开“刷新数据”对话框，并完成指定的刷新操作，如图 7-31 所示。如果想要再次刷新数据，则可以选择一个数据源，然后单击“刷新”按钮。如果要刷新所有数据源，则可以单击“全部刷新”按钮。完成后单击“关闭”按钮。

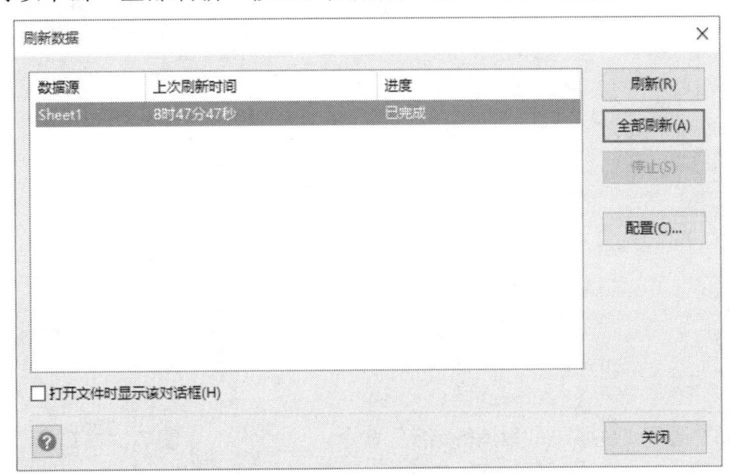

图 7-31　“刷新数据”对话框

2. 定时自动刷新

除了手动刷新数据之外，用户还可以让 Visio 以指定的时间间隔自动刷新数据。在"外部数据"窗格中右击任意数据行，然后在弹出的快捷菜单中选择"配置刷新"命令，打开"配置刷新"对话框，选中"刷新间隔"复选框，然后在右侧的文本框中输入一个以"分钟"为单位的时间值，如图 7-32 所示。最后单击"确定"按钮。

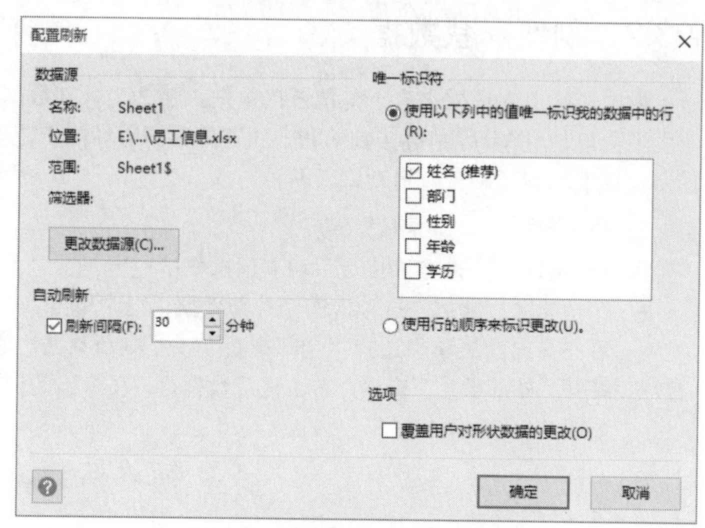

图 7-32　设置自动刷新的时间间隔

提示：如果在"配置刷新"对话框中单击"更改数据源"按钮，则可以修改链接到形状上的数据的来源。

7.3.3　取消数据与形状的链接状态

如果不想再让外部数据与形状保持关联，那么可以取消数据与形状的链接状态，有以下两种方法：

- 右击形状，在弹出的快捷菜单中选择"数据"|"取消行链接"命令，如图 7-33 所示。
- 打开"外部数据"窗格，右击开头带有链条标记的数据行，然后在弹出的快捷菜单中选择"取消链接"命令，如图 7-34 所示。

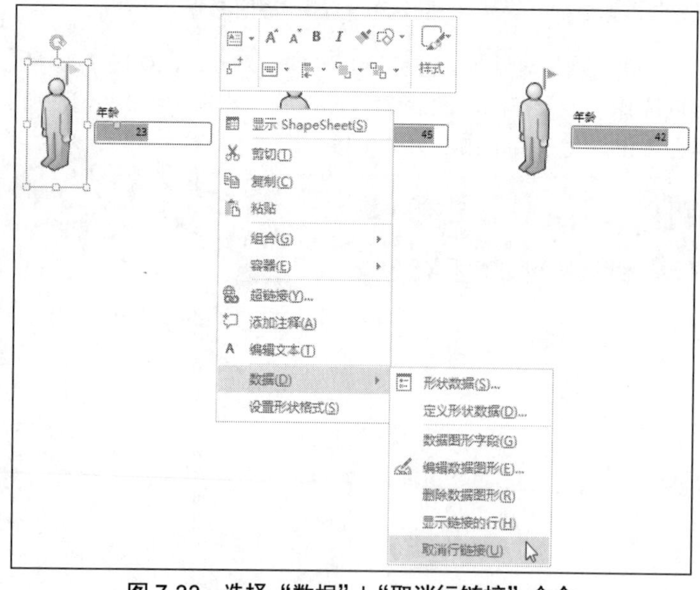

图 7-33　选择"数据"|"取消行链接"命令

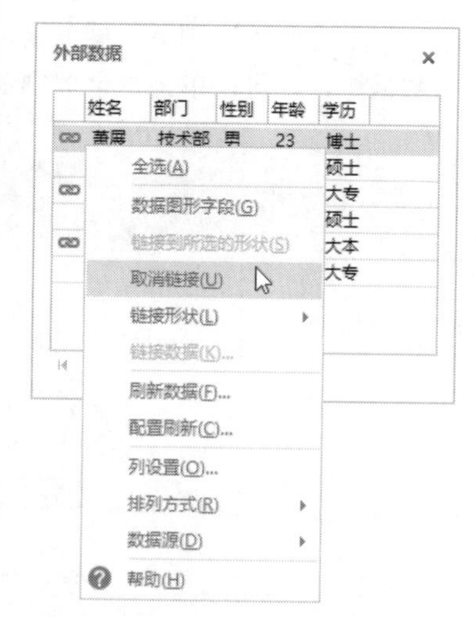

图 7-34　选择"取消链接"命令

取消形状上的数据链接状态后，如果数据在其源程序中进行修改，即使在 Visio 中执行刷新操作，也不会再对形状上的数据进行更新。

7.3.4　删除形状数据

无论是手动为形状输入的数据，还是通过导入数据的方式为形状添加的数据，都可以在不需要时删除。需要注意的是，即使取消数据与形状的链接状态，通过链接的方式在形状上添加的数据也不会自动消失。

删除形状数据分为删除形状的属性值和删除形状的属性两种情况。如果要删除形状的属性值，则可以打开“形状数据”窗格，单击属性对应的文本框，按 Delete 键将其值删除，然后按 Enter 键确认。

如果要删除形状的属性，则需要打开“定义形状数据”对话框，在下方的“属性”列表框中选择要删除的属性，然后单击“删除”按钮，如图 7-35 所示。

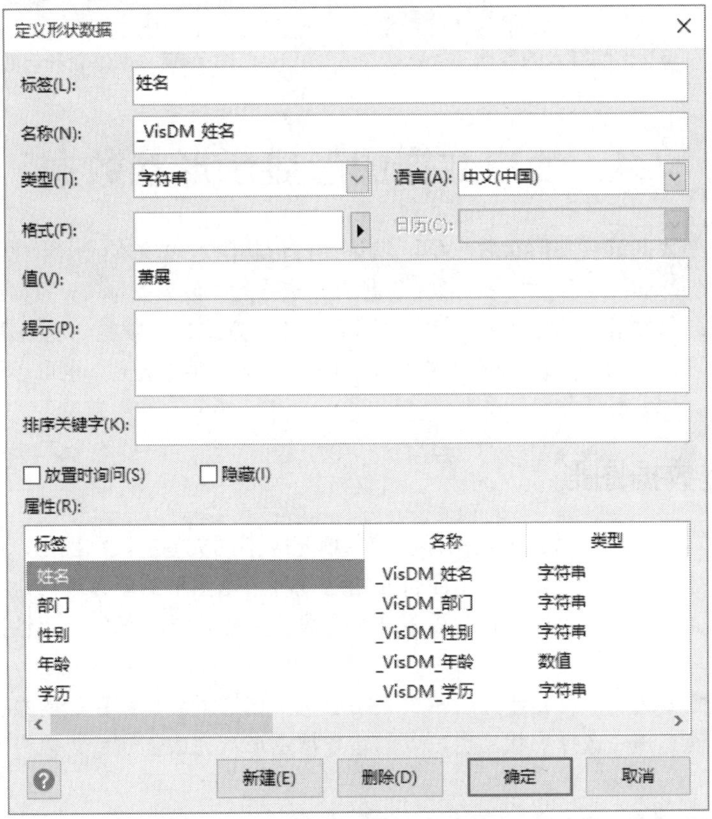

图 7-35　选择属性后单击“删除”按钮

如果想要将导入的外部数据从 Visio 绘图文件中彻底删除，那么需要打开“外部数据”窗格，单击任意数据行，按 Ctrl+A 快捷键选中所有数据，然后右击任意数据，在弹出的快捷菜单中选择“数据源”|“删除”命令，如图 7-36 所示。将打开如图 7-37 所示的对话框，单击“是”按钮，将导入的数据从绘图文件中删除，并彻底断开与数据源的连接。

图 7-36　删除导入的数据

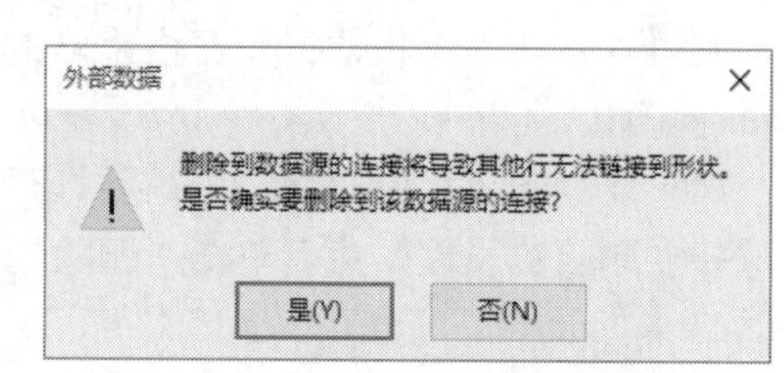

图 7-37　彻底断开与数据源的连接

7.4　使用数据图形显示形状数据

将导入的外部数据链接到形状后，Visio 默认会在形状附近以文本或图形化的方式显示与形状链接的数据，在 Visio 中将这种显示形状数据的方式称为“数据图形”。数据图形将文字和视觉元素（例如图标和数据栏）结合在一起，以图文并茂的方式显示数据，使图表的含义更直观，具有更丰富的表现力。用户可以创建数据图形，并将其应用到形状上，也可以修改或删除数据图形。

7.4.1　创建数据图形

Visio 提供了文本标签、数据栏、图标和颜色填充等不同类型的数据图形，用户可以使用它们以不同的外观显示形状上的数据。下面将介绍这几种数据图形的创建方法，所使用的示例数据仍然是本章前面使用过的数据，包含以下几个字段：“姓名”“部门”“性别”“年龄”和“学历”。

在创建数据图形之前，可以选择绘图页上的形状，这样就会将创建后的数据图形应用到选中的形状上。即使不预先选择形状，也可以创建数据图形，完成创建后可以为所需的形状应用数据图形。

1. 使用文本显示形状数据

文本是数据图形中最简单、含义最清晰的显示方式。创建文本类型的数据图形的操作步骤如下：

（1）在功能区“数据”选项卡的“高级的数据链接”组中单击“高级数据图形”按钮，然后在打开的列表中选择“新建数据图形”命令，如图 7-38 所示。

（2）打开“新建数据图形”对话框，单击“新建项目”按钮，如图 7-39 所示。

图 7-38　选择“新建数据图形”命令

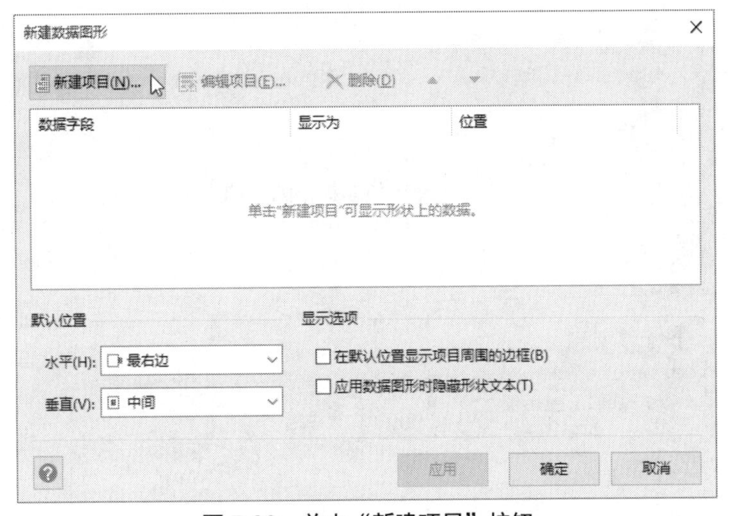

图 7-39　单击“新建项目”按钮

（3）打开“新项目”对话框，单击“数据字段”右侧的下拉按钮，从打开的下拉列表中选择要为哪个字段创建数据图形，这里选择“姓名”，如图 7-40 所示。

（4）单击“显示为”右侧的下拉按钮，从打开的下拉列表中选择要为所选字段创建哪种类型的数据图形，这里选择“文本”，如图 7-41 所示。

（5）执行步骤（4）的操作后，“新项目”对话框会显示文本类型的数据图形的相关选项，如图 7-42 所示。

（6）在“样式”下拉列表中选择一种文本数据图形的外观，如图 7-43 所示。即使这里不进行该设置，以后也可以在功能区中更改外观。

（7）在右侧的“位置”部分设置文本数据图形的放置位置。如果选中“使用默认位置”复选框，那么文本数据图形的位置由步骤（2）中位于“新建数据图形”对话框中的“默认位置”选项决定。如果不想使用默认位置选项，那么需要取消选中“使用默认位置”复选框，然后在“新项目”对话框中的“位置”部分设置所需的位置，如图 7-44 所示。

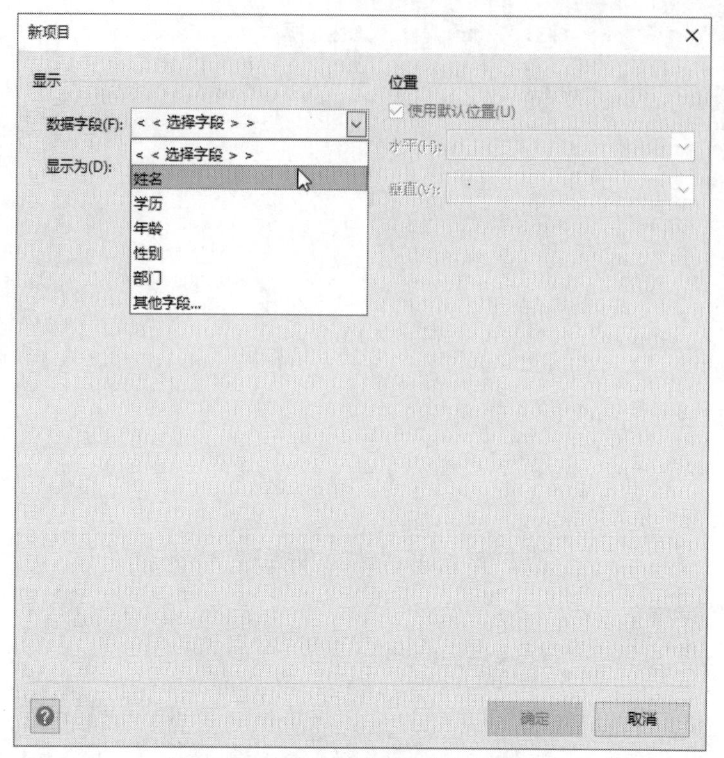

图 7-40　选择要创建数据图形的字段

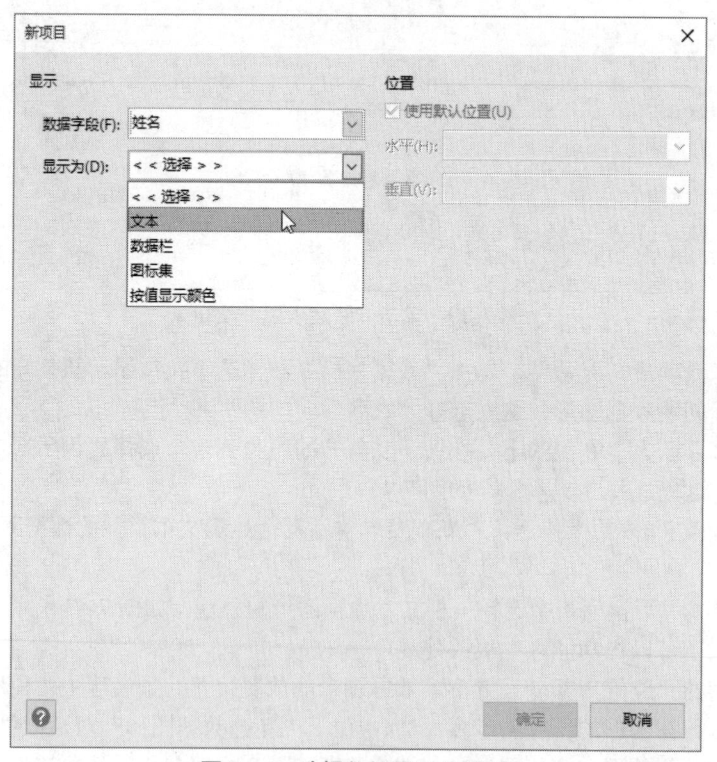

图 7-41　选择数据图形的类型

图 7-42　文本数据图形的相关选项

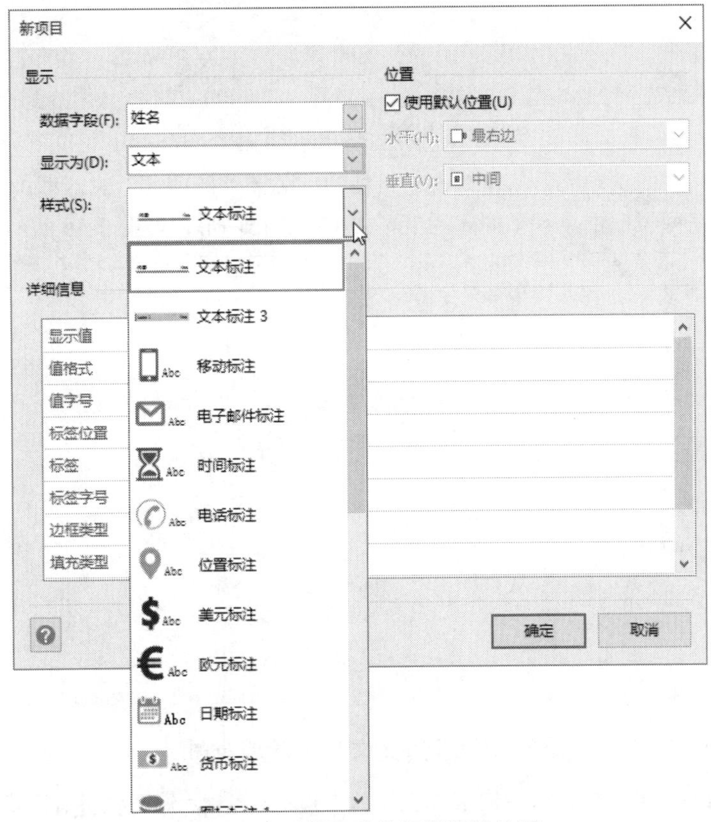

图 7-43　选择文本数据图形的外观

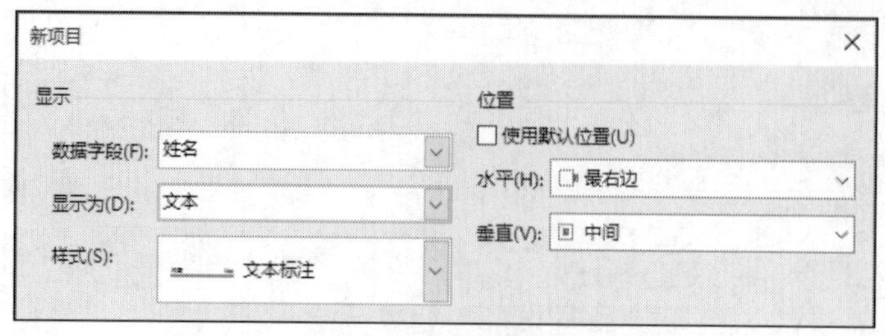

图 7-44　自定义文本数据图形的放置位置

（8）在“新项目”对话框中的“详细信息”部分对文本数据图形进行具体设置，如图 7-45 所示。带有“值”字的选项设置的是位于“定义形状数据”对话框“值”文本框中的数据，带有“标签”二字的选项设置的是位于“定义形状数据”对话框“标签”文本框中的数据。

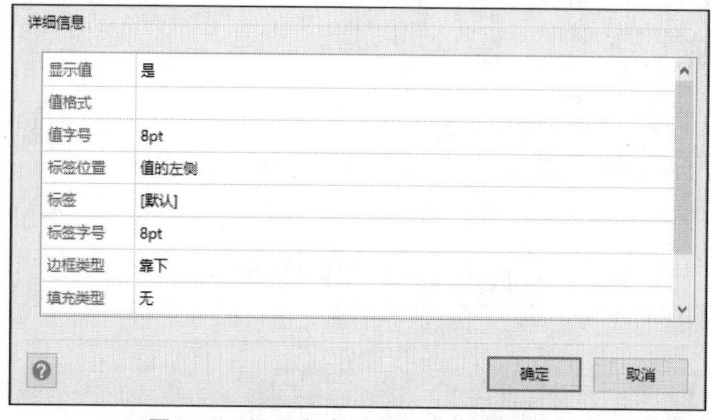

图 7-45　设置文本数据图形的相关选项

（9）设置好所需的选项后，单击“确定”按钮，关闭“新项目”对话框，返回“新建数据图形”对话框，在列表框中显示了创建的文本类型的数据图形，如图 7-46 所示。

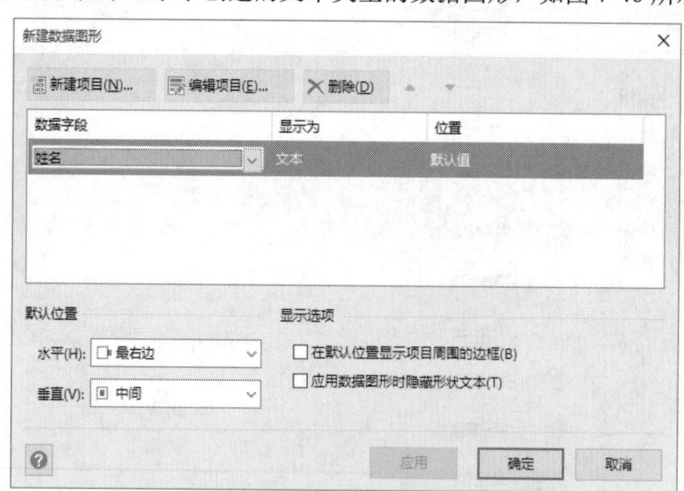

图 7-46　创建好的文本类型的数据图形

（10）可以单击“新建项目”按钮继续为其他字段创建文本类型的数据图形。实际上，也可以为同一个字段创建多个不同样式和选项的文本类型的数据图形。创建好所需的文本类型的数据图形后，单击“确定”按钮，关闭“新建数据图形”对话框。

图 7-47 为创建的文本类型的数据图形的显示效果。

图 7-47　文本类型的数据图形

2. 使用数据栏显示形状数据

数据栏以缩略图表和图形（例如进度条、温度计和速度计）的方式动态显示数据，它主要用于表示数值的多少，例如成绩、销量、任务完成的进度等。

创建数据栏类型的数据图形的前几个步骤与文本类型完全相同，区别在于需要在“新项目”对话框的“显示为”下拉列表中选择“数据栏”，如图 7-48 所示。

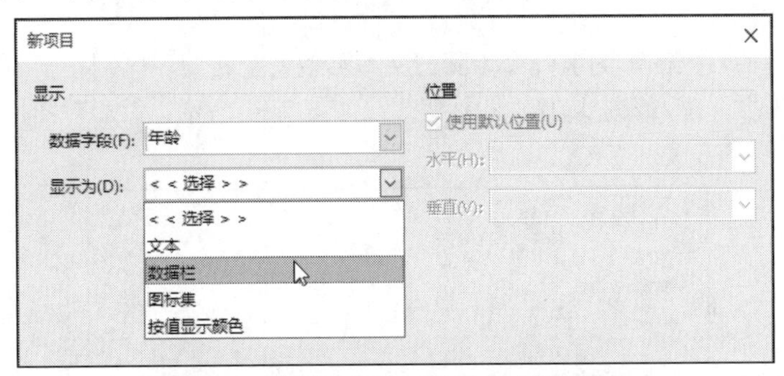

图 7-48　将“显示为”设置为“数据栏”

然后对数据栏的相关选项进行设置，如图 7-49 所示。大多数选项与文本类型的数据图形类似，只有个别选项是数据栏特有的，例如“最小值”和“最大值”选项。

图 7-49　设置数据栏的相关选项

图 7-50 为创建的数据栏类型的数据图形的显示效果。

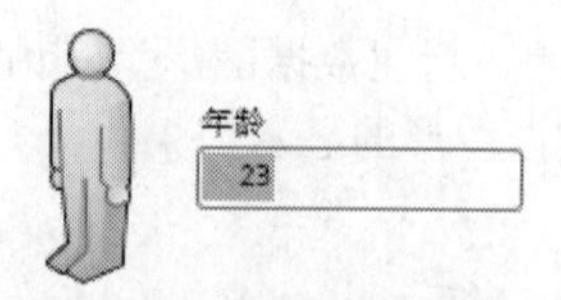

图 7-50　数据栏类型的数据图形的显示效果

3. 使用图标显示形状数据

可以使用图标来表示数据的某种状态或标示数值的范围。例如，在学生成绩统计数据中，可以使用蓝色图标表示“优秀”的成绩，使用绿色图标表示“及格”的成绩，使用红色图标表示“不及格”的成绩。

创建图标类型的数据图形的前几个步骤与文本类型完全相同，区别在于需要在“新项目”对话框的“显示为”下拉列表中选择“图标集”，如图 7-51 所示，然后对图标集的相关选项进行设置。

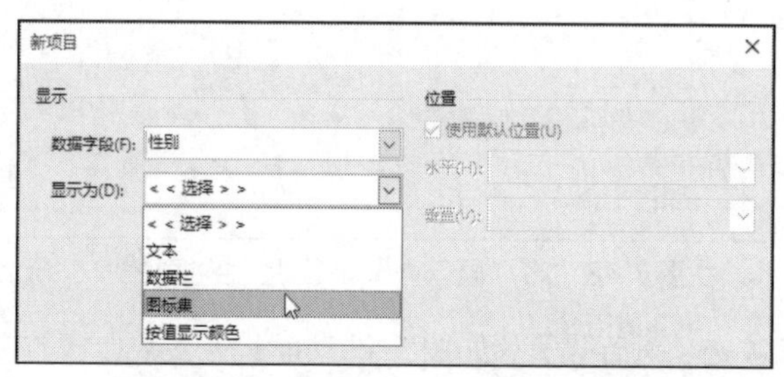

图 7-51　将“显示为”设置为“图标集”

例如，要为“性别”字段设置图标类型的数据图形，由于性别只有“男”“女”之分，因此可以选择一种只有两个图标的样式，如图 7-52 所示。

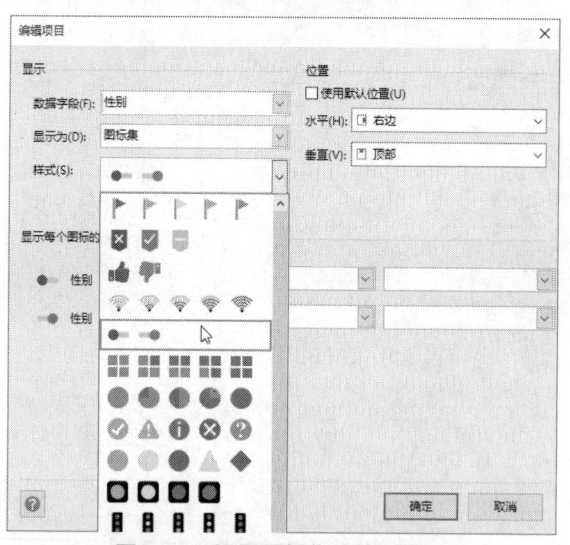

图 7-52　设置图标集的相关选项

然后为每一个图标设置运算符号（例如等于）和值，当形状上的“性别”属性的值等于这里设置的其中一个值时，将在形状上显示相应的图标，如图 7-53 所示。

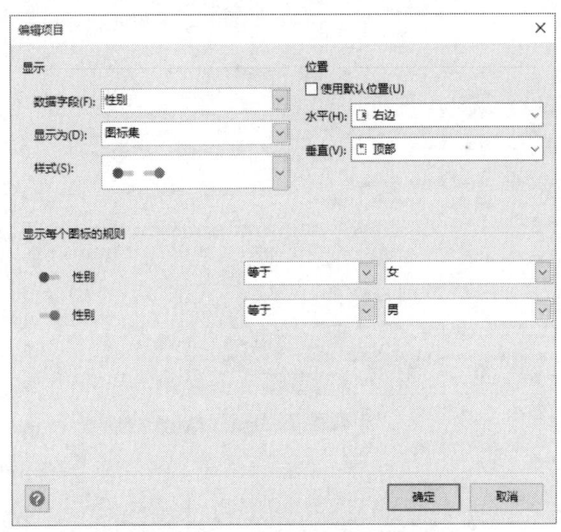

图 7-53　设置图标的显示规则

图 7-54 为创建的图标类型的数据图形的显示效果，图标位于“人”形状的右上方，左侧的“人”形状是一个男性，右侧的“人”形状是一个女性。

图 7-54　图标类型的数据图形的显示效果

4. 使用填充色显示形状数据

填充色类型的数据图形与图标有些相似，也可表示数据的特定状态或数值的范围，但它是以不同的填充色来表示，而不是外观各异的图标。

创建填充色类型的数据图形的前几个步骤与文本类型完全相同，区别在于需要在“新项目”对话框的“显示为”下拉列表中选择“按值显示颜色”，如图 7-55 所示。

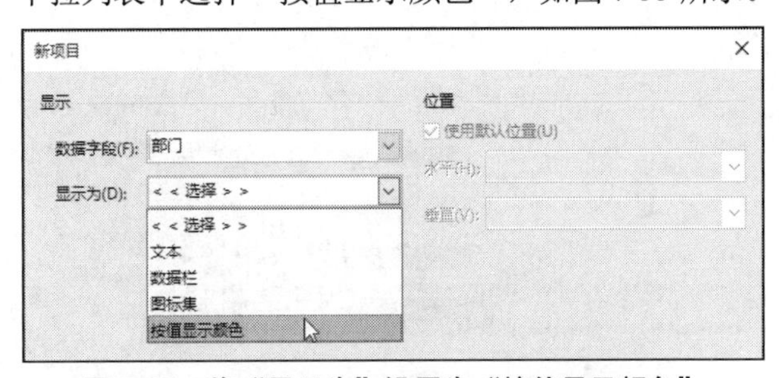

图 7-55　将“显示为”设置为“按值显示颜色”

然后对填充色的相关选项进行设置。如果当前设置的字段是一个文本，那么在“着色方法”下拉列表中只有 “每种颜色代表一个唯一值” 一个选项。例如，如果当前设置的是“部门”字段，那么每一种颜色就会代表一个特定的部门，在“颜色分配”列表框中为每一个部门选择一种颜色，如图 7-56 所示。

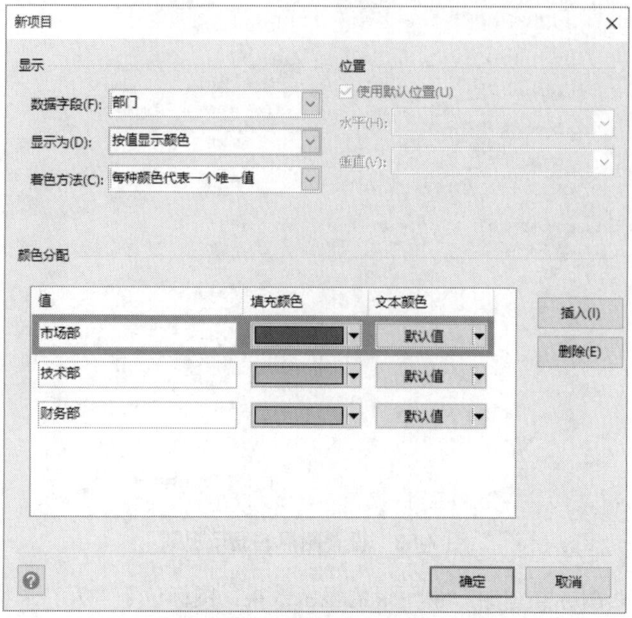

图 7-56　设置填充色的相关选项

如果当前设置的字段是一个数值，那么在“着色方法”下拉列表中就会出现“每种颜色代表一个唯一值”和“每种颜色代表一个范围值”两个选项。使用“每种颜色代表一个范围值”选项可以为字段的值指定一个范围。例如，如果当前设置的是“年龄”字段，那么将“着色方法”设置为“每种颜色代表一个范围值”，就可以为年龄划分年龄段，并为不同的年龄段设置颜色，如图 7-57 所示。

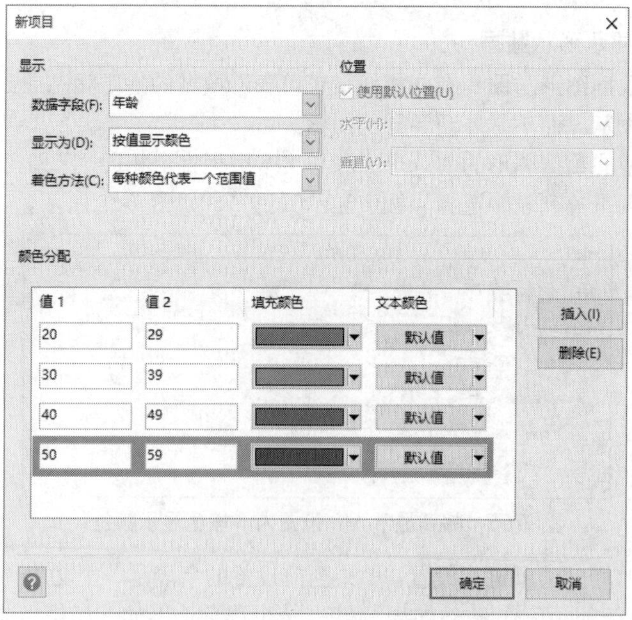

图 7-57　使用颜色表示值的范围

注意：如果想要为一个形状同时应用多种类型的数据图形，则需要在“新建数据图形”对话框打开期间，一次性完成所需的所有类型的数据图形的创建工作。

7.4.2　为形状应用数据图形

如果形状上的数据是像 7.1.1 节那样由用户手动输入的，那么在输入好数据后，Visio 不会自动为形状创建并显示数据图形，此时需要用户创建数据图形，然后将数据图形应用到形状上。如果形状上的数据是通过导入外部数据后进行链接的，那么将数据链接到形状上的同时 Visio 会自动为形状创建并显示数据图形。

无论哪种情况，用户都可以为现有形状应用 Visio 自动创建或由用户手动创建的数据图形。在绘图页上选择要显示数据图形的形状，然后在功能区“数据”选项卡的“高级的数据链接”组中单击“高级数据图形”按钮，在打开的列表中选择一种数据图形，如图 7-58 所示。

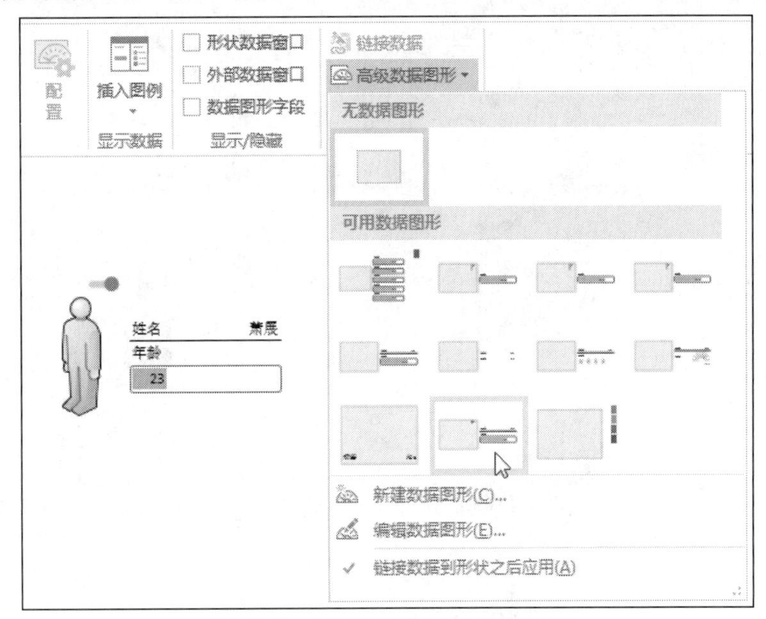

图 7-58　为形状选择一种数据图形

7.4.3　更改数据图形的样式

在为形状应用数据图形时，用户可以随时更改数据图形的样式，操作步骤如下：

（1）在功能区“数据”选项卡的“显示/隐藏”组中选中“数据图形字段”复选框，如图 7-59 所示。

（2）打开“数据图形字段”窗格，其中显示了链接到形状上的各个属性的字段标题，带有勾选标记的字段表示当前正以数据图形的方式显示在形状上。如果在当前绘图页上没有选中任何形状，那么在“数据图形字段”窗格中单击一个带有勾选标记的字段，当前绘图页上所有与该字段对应的数据图形都会被选中，如图 7-60 所示。

选中各个形状上的特定字段对应的数据图形后，可以在功能区“数据”选项卡的“数据图形”组中单击“其他”按钮，在打开的列表中选择一种数据图形的样式，如图 7-61 所示。

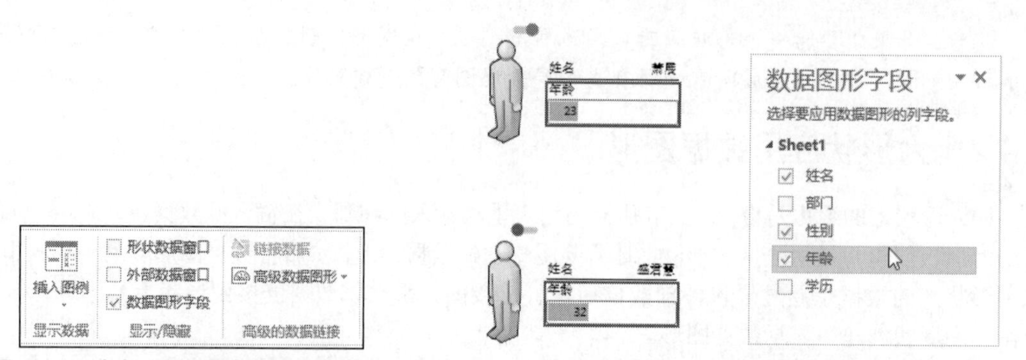

图 7-59　选中“数据图形字段”复选框　图 7-60　使用“数据图形字段”窗格快速选择对应的数据图形

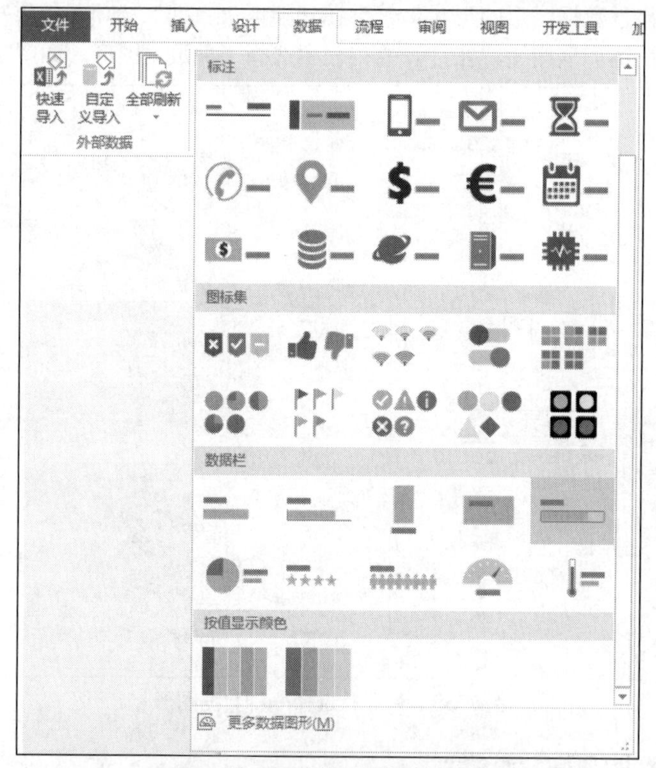

图 7-61　更改数据图形的样式

7.4.4　为数据图形添加图例

如果在形状上显示的数据图形不包含文本，那么数据图形所表示的含义就不太明确了。在这种情况下，可以为数据图形添加图例，以便增强数据图形的可读性。选择要添加图例的绘图页，然后在功能区“数据”选项卡的“显示数据”组中单击“插入图例”按钮，在弹出的菜单中选择图例的排列方式，如图 7-62 所示。

在绘图页上添加的图例会自动显示该绘图页上使用的数据栏、图标和填充色，如图 7-63 所示。

图例就像几个组合在一起的形状，每一种类型的数据图形所对应的图例都是一个独立的个体，用户可以使用鼠标拖动各个图例，以便重新排列它们的位置，也可以单独删除某个图例。图 7-64 为选中图例中的“性别”部分及删除该部分后的图例。

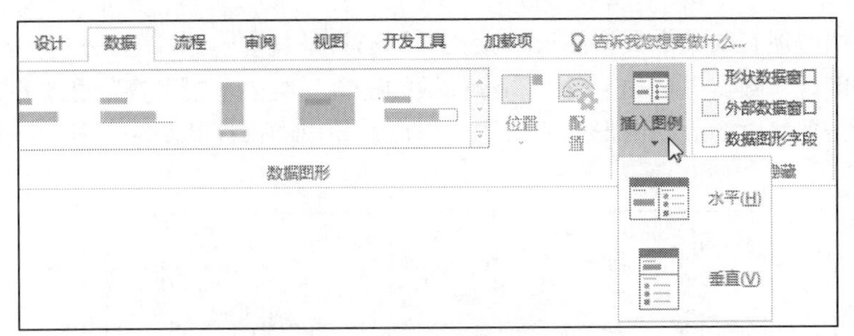

图 7-62　选择图例的排列方式

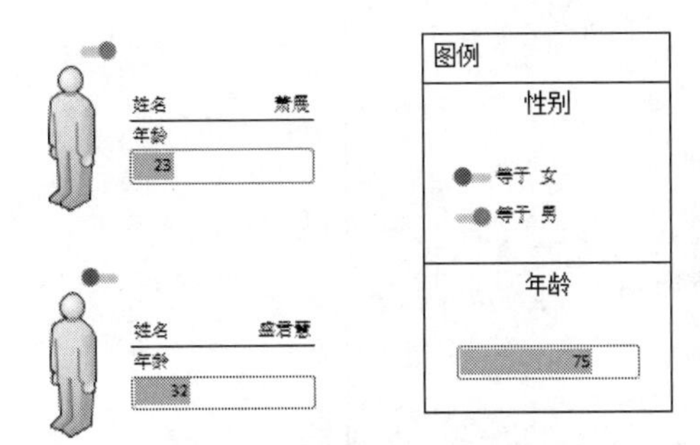

图 7-63　在绘图页上添加图例

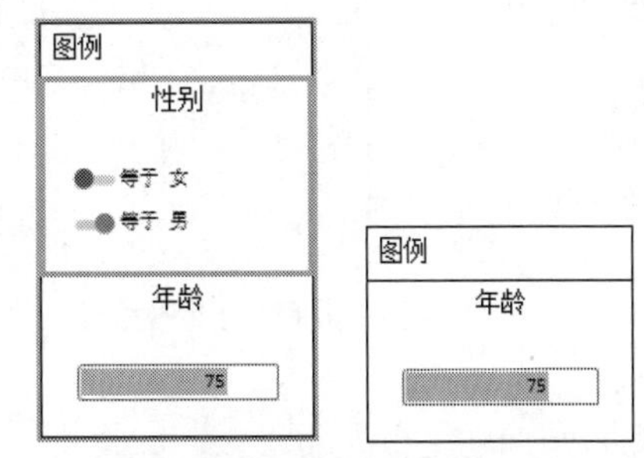

图 7-64　选中图例中的“性别”部分及删除该部分后的效果

7.4.5　修改数据图形

用户可以随时修改现有的数据图形，使它们符合新的应用需求。如果正在修改的数据图形已经应用到一些形状上，那么对该数据图形的修改结果也会自动反映到这些形状上。

如果想要修改已经应用到形状上的数据图形，则可以在绘图页上右击这些形状，然后在弹出的快捷菜单中选择“数据”|“编辑数据图形”命令，如图 7-65 所示。

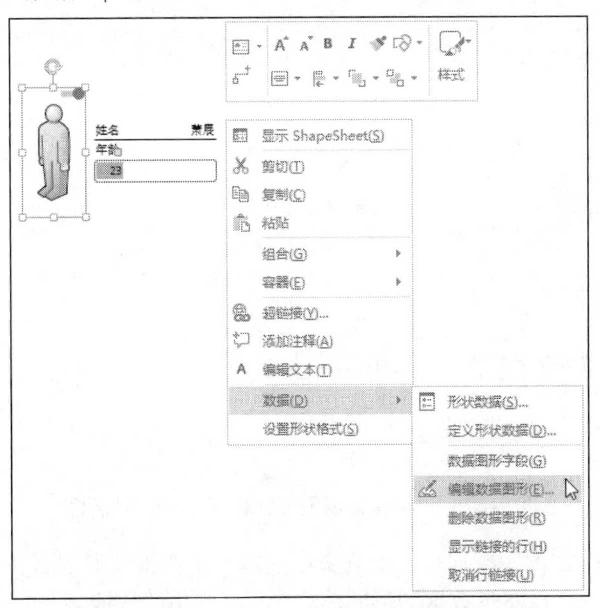

图 7-65　选择“数据”|“编辑数据图形”命令

如果想要修改现有的某个数据图形，该数据图形只是被创建好，但还没有应用到形状上，那么可以在功能区“数据”选项卡的“高级的数据链接”组中单击“高级数据图形”按钮，在打开列表中右击要修改的数据图形的缩略图，然后在弹出的快捷菜单中选择“编辑”命令，如图 7-66 所示。

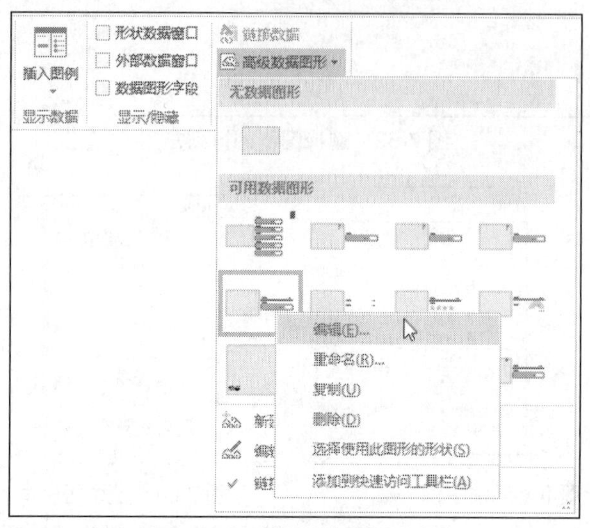

图 7-66　选择“编辑”命令

无论使用哪种方法，都会打开“编辑数据图形：数据图形”对话框，如图 7-67 所示。在列表框中选择一个数据图形，然后单击“编辑项目”按钮，即可在打开的对话框中修改所选择的数据图形。单击“删除”按钮将删除选中的数据图形。

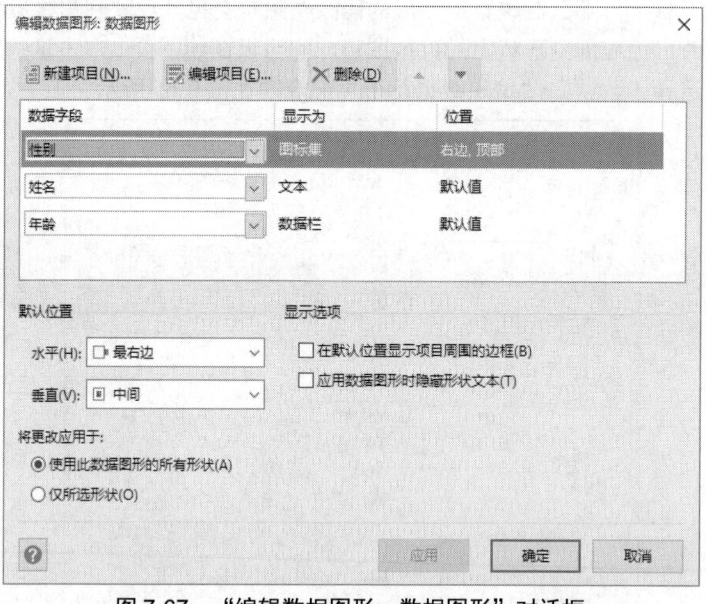

图 7-67　“编辑数据图形：数据图形”对话框

在单击“高级数据图形”按钮打开的列表中，每一个数据图形都有一个名称。如果想要修改数据图形的名称，则可以右击数据图形的缩略图，在弹出的快捷菜单中选择“重命名”命令，然后在打开的对话框中输入新的名称，如图 7-68 所示。

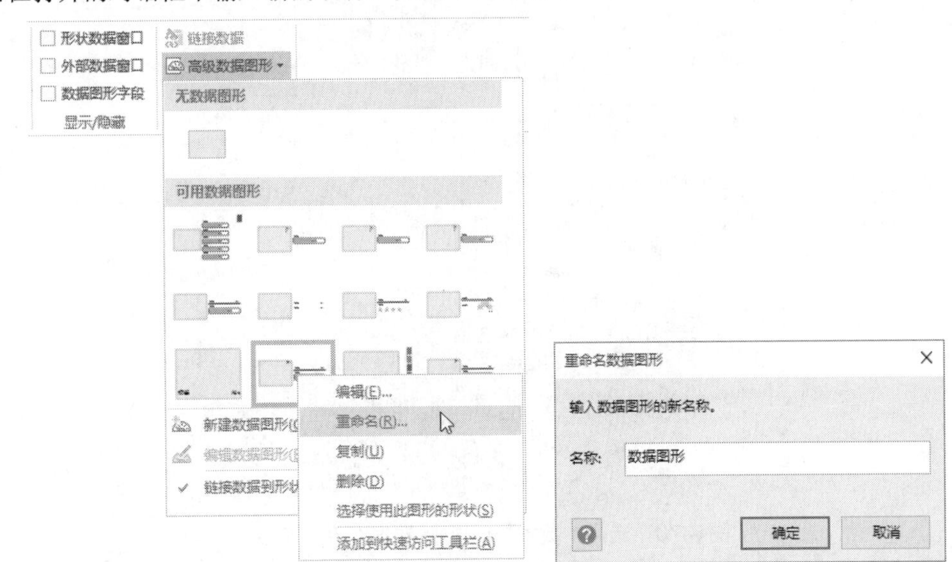

图 7-68　修改数据图形的名称

7.4.6　删除形状上的数据图形

可以使用以下两种方法删除显示在形状上的数据图形：

- 选择要删除数据图形的形状，然后在功能区“数据”选项卡的“高级的数据链接”组中单击“高级数据图形”按钮，在打开的列表中选择“无数据图形”，如图 7-69 所示。

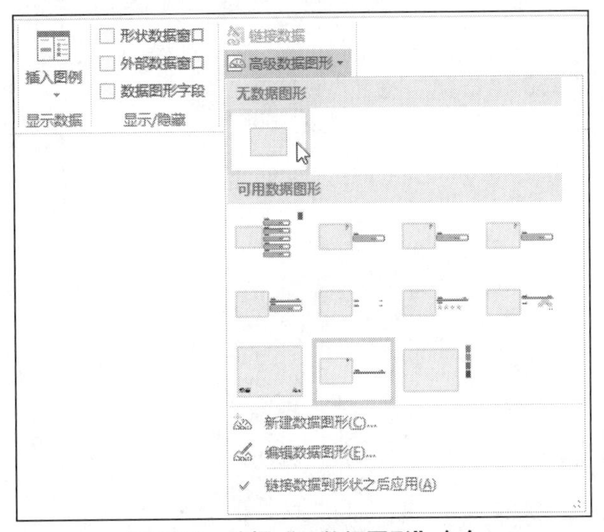

图 7-69　选择“无数据图形”命令

- 右击要删除数据图形的形状，在弹出的快捷菜单中选择“数据”|“删除数据图形”命令，如图 7-70 所示。

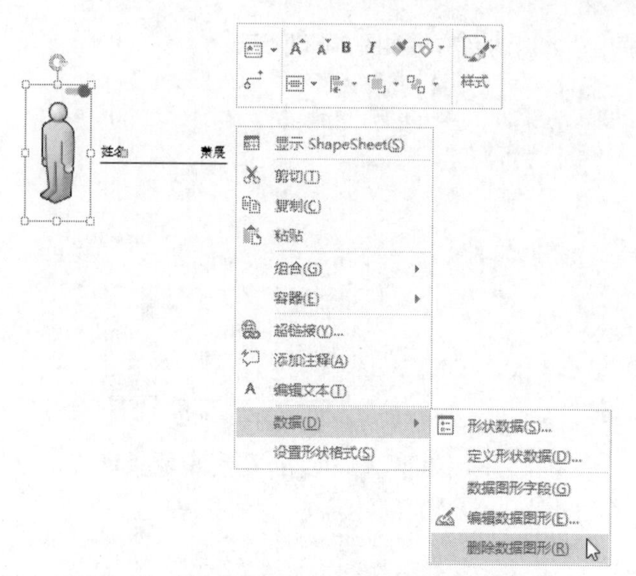

图 7-70　选择“数据”|“删除数据图形”命令

第 8 章

使用主题和样式改善绘图外观

虽然可以使用第 4 章介绍的方法通过设置形状的边框和填充效果来改变形状的外观，但是如果要让不同绘图页或绘图文件中的所有形状拥有统一的外观，使用这种方法进行操作就会显得比较烦琐，而且容易出错。在这种情况下，主题将是一个不错的选择。通过选择不同的主题，可以快速将统一的颜色和效果应用到绘图页或绘图文件中的所有形状上。切换到不同的主题就可以快速改变所有形状的外观。除了主题，用户还可以使用样式快速为形状设置一系列格式。本章主要介绍在 Visio 中使用主题和样式设置绘图格式的方法。

8.1 应用 Visio 内置主题

Visio 内置了大量的主题，用户可以使用这些主题设置绘图的外观，并通过选择不同的主题在绘图的不同外观之间快速切换。用户可以将主题应用到特定的绘图页或绘图文件中的所有绘图页，主题会应用到这些绘图页中的所有形状上。首先在 Visio 中打开要应用主题的绘图文件，然后可以执行以下两种操作。

- 将主题应用到特定的绘图页：选择要应用主题的绘图页，然后在功能区“设计”选项卡的“主题”组中单击右侧的“其他”按钮，在打开的主题列表中右击要应用的主题的缩略图，然后在弹出的快捷菜单中选择“应用于当前页”命令，如图 8-1 所示。

图 8-1　选择“应用于当前页”命令

- 将主题应用到绘图文件中的所有绘图页：选择任意一个绘图页，然后与上一种方法类似，右击要应用的主题的缩略图，在弹出的快捷菜单中选择“应用于所有页”命令。

提示： *在右击主题的缩略图后弹出的快捷菜单中，一个勾选标记会出现在“应用于所有页”或“应用于当前页”命令的开头，包含该勾选标记的命令是当前默认执行的命令。“默认”是指单击主题的缩略图即可自动执行的命令，而无须右击缩略图后选择要执行的命令。例如，如果勾选标记位于“应用于当前页”命令的开头，那么此时在主题列表中单击任意一个主题的缩略图，即可将该主题应用到当前绘图页。勾选标记出现在哪个命令的开头由用户上次选择的命令决定。*

如果想要删除所有形状上的主题，则可以在主题列表中单击“无主题”。

8.2 创建与编辑自定义主题

Visio 中的主题由颜色和效果两部分组成，主题颜色由字体颜色、形状填充色等一系列颜色组成，主题效果由有关字体、填充、阴影、线条和连接线等一系列效果组成。如果 Visio 内置的主题不能满足使用需求，那么用户可以创建新的主题。由于从 Visio 2013 开始取消了新建主题效果的功能，因此在 Visio 2013 或更高版本中用户只能创建主题颜色。

8.2.1 创建自定义主题

在开始创建新的主题颜色之前，可以将一个与即将创建的配色接近的主题颜色应用到绘图页，这样可以减少后续创建主题颜色时的设置步骤，然后就可以开始创建主题颜色了。在功能区“设计”选项卡的“变体”组中单击“其他”按钮，在打开的列表中选择“颜色”|“新建主题颜色”命令，如图 8-2 所示。

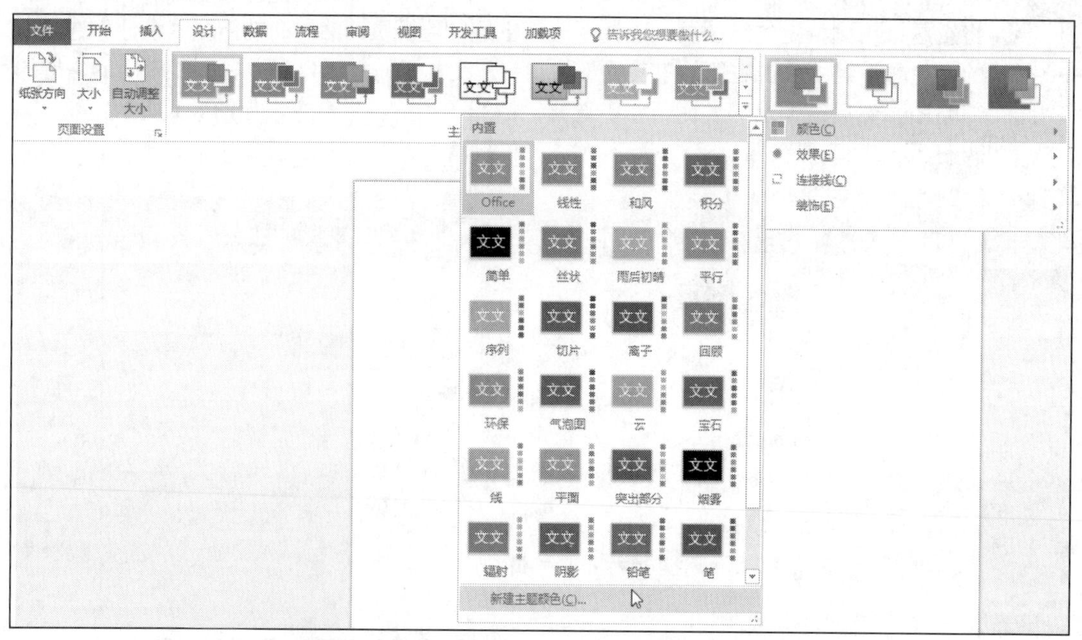

图 8-2　选择“颜色”|“新建主题颜色”命令

打开如图 8-3 所示的“新建主题颜色”对话框，在“名称”文本框中输入主题颜色的名称，然后在“主题颜色”部分对不同元素的颜色进行设置，每一个颜色设置都以一个按钮显示，每个按钮上显示了当前设置的颜色，单击按钮可在打开的颜色列表中选择要使用的颜色，如图 8-4 所示。

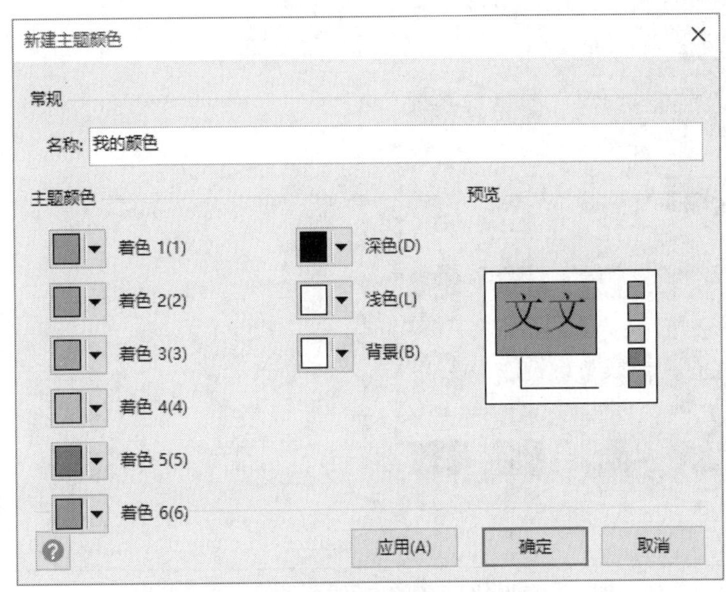

图 8-3　“新建主题颜色”对话框

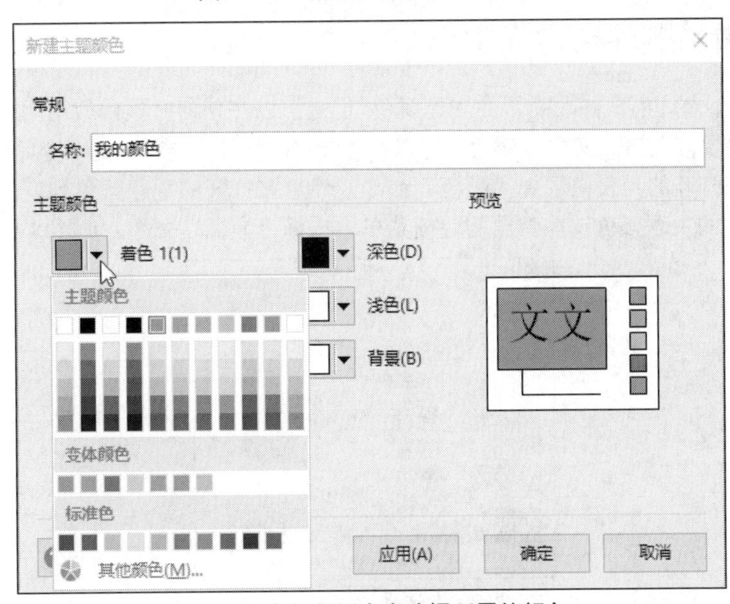

图 8-4　在颜色列表中选择所需的颜色

提示：单击所需的颜色按钮时，右侧“预览”中的对应元素会放大显示。

设置好主题颜色的名称和所需的颜色后，单击“确定”按钮，关闭“新建主题颜色”对话框。创建的主题颜色位于“颜色”列表的“自定义”类别中，如图 8-5 所示。

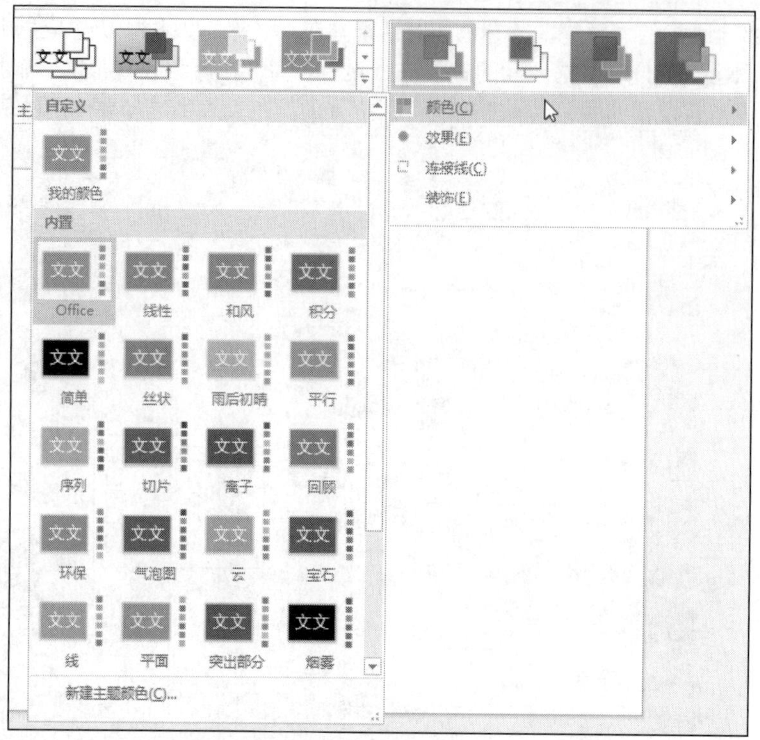

图 8-5　创建的主题颜色位于“自定义”类别中

8.2.2　编辑和删除自定义主题

虽然 Visio 不允许用户修改内置的主题颜色，但是可以在任何时候修改由用户创建的自定义主题颜色。如果要修改自定义主题颜色，可以在功能区“设计”选项卡的“变体”组中单击“其他”按钮，在打开的列表中选择“颜色”命令，然后在打开的主题颜色列表的“自定义”类别中右击要修改的主题颜色，在弹出的快捷菜单中选择“编辑”命令，如图 8-6 所示。

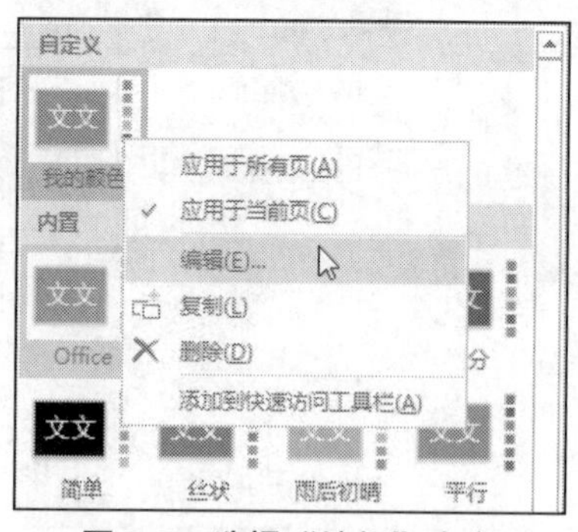

图 8-6　选择“编辑”命令

执行上述操作后，将会打开“编辑主题颜色”对话框，该对话框与创建主题颜色时打开的对话框除了标题不同外，其他完全相同，用户可以在该对话框中修改所需的颜色，完成后单击“确定”按钮。

如果要删除自定义主题颜色，则可以在如图 8-6 所示的菜单中选择“删除”命令。

8.3 复制主题

在一些情况下，可能需要对现有的主题执行复制操作，例如想要修改内置的主题或将当前使用的自定义主题应用到其他绘图文件。

8.3.1 复制内置主题

由于 Visio 禁止用户修改内置主题，如果想要修改内置主题，则可以先复制内置主题，然后对复制后的主题副本进行修改。与本章前面介绍的创建主题类似，复制主题指的也是复制主题颜色。复制内置主题的操作步骤如下：

（1）在功能区“设计”选项卡的“变体”组中单击“其他”按钮，在打开的列表中选择“颜色”命令，然后在打开的主题颜色列表中右击要复制的主题颜色的缩略图，在弹出的快捷菜单中选择“复制”命令，如图 8-7 所示。

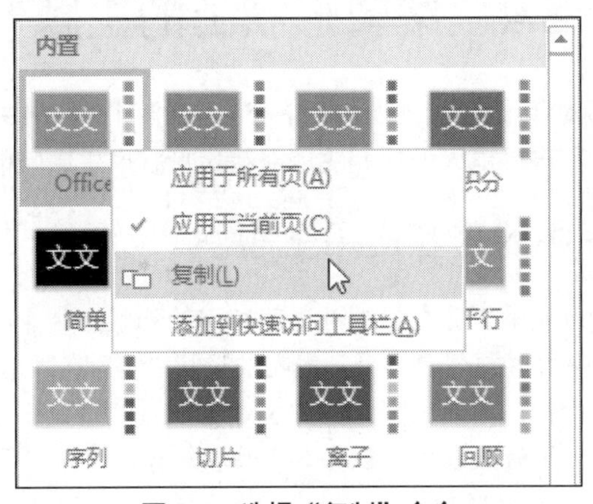

图 8-7　选择“复制”命令

（2）Visio 将为执行复制命令的内置主题颜色创建一个副本，并显示在主题颜色列表的“自定义”类别中。然后就可以像修改自定义主题那样，右击复制后的内置主题颜色的副本的缩略图，在弹出的快捷菜单中选择“编辑”命令，对内置主题颜色的副本进行修改，如图 8-8 所示。

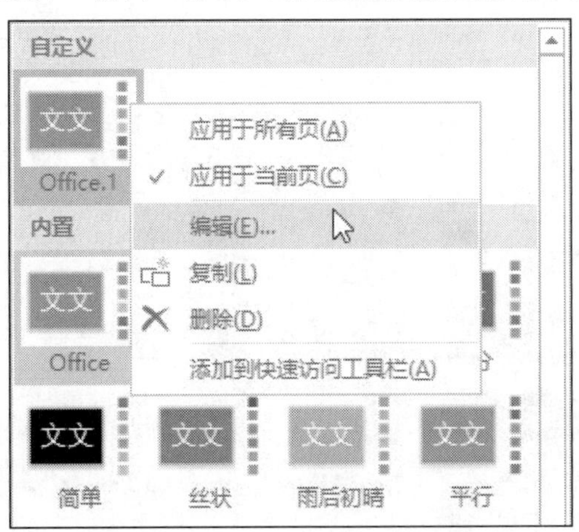

图 8-8　修改内置主题颜色的副本

8.3.2 将主题复制到其他绘图文件

使用 8.3.1 节介绍的方法只能在同一个绘图文件中复制主题。如果想要跨文件应用主题，则需要使用下面的方法，操作步骤如下：

（1）在 Visio 中打开包含要复制的自定义主题的绘图文件，选择一个已应用该主题的形状，然后按 Ctrl+C 快捷键。

（2）打开要将自定义主题复制到其中的绘图文件，然后按 Ctrl+V 快捷键，将上一步复制的形状粘贴到该绘图文件中。

（3）在主题颜色列表的“自定义”类别中将会显示在复制的形状上应用的主题，此时说明已将自定义主题复制到当前绘图文件中。

（4）选择已经复制到绘图文件中的形状，然后按 Delete 键将其删除即可。

8.4 编辑形状上的主题

虽然主题的作用范围是单一绘图页上的所有形状或绘图文件中的所有绘图页上的所有形状，但是在应用主题后，用户可以人为控制主题对特定形状产生影响的方式。

8.4.1 禁止对绘图中的形状应用主题

在应用主题时，有时可能不想让主题的效果对特定的形状产生影响，此时可以通过设置来实现。在绘图页上选择在应用主题时不想受到影响的形状，然后在功能区“开始”选项卡的“形状样式”组中单击“其他”按钮，在打开的列表中可以看到“允许主题”命令开头显示勾选标记，表示该命令当前正处于有效状态，如图 8-9 所示，选择该命令即可取消勾选状态。

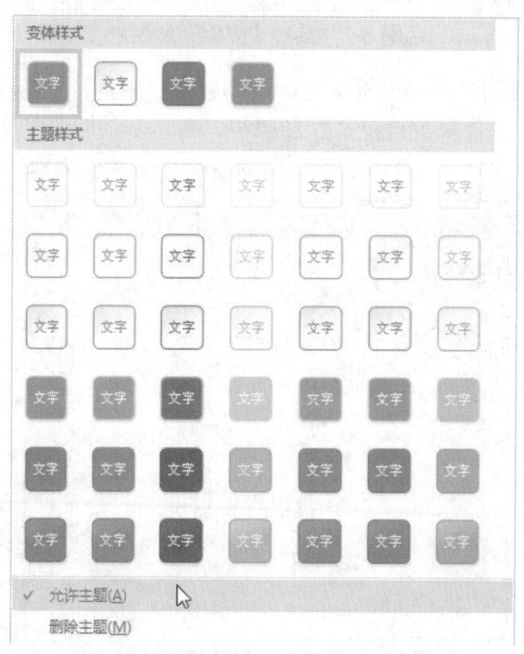

图 8-9 选择“允许主题”命令以取消勾选状态

技巧：如果想要同时禁止多个形状受到主题的影响，则可以在选择“允许主题”命令前选中多个形状。

以后应用主题时，主题效果不会再对该形状产生任何影响。

8.4.2　禁止对新建的形状应用主题

在对绘图页上的所有形状应用主题后，在“形状”窗格中打开的所有模具中的主控形状的外观都会自动显示为应用主题后的效果。将任意模具中的主控形状拖动到绘图页上，创建的形状实例的外观也是应用主题后的效果。图 8-10 是应用名为“Office”的主题后“基本形状”模具中的主控形状的外观。

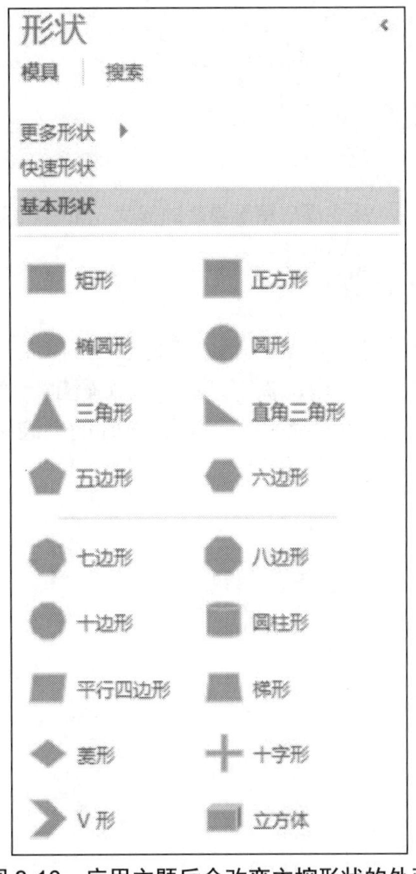

图 8-10　应用主题后会改变主控形状的外观

如果想在应用主题后新建的形状不自动继承主题的效果，那么可以在功能区“设计”选项卡的“主题”组中单击“其他”按钮，在打开的列表中可以看到“将主题应用于新建的形状”命令开头显示勾选标记，表示该命令当前正处于有效状态，如图 8-11 所示，选择该命令即可取消勾选状态。

以后使用模具中的主控形状创建形状实例时，新建的形状不会自动应用当前的主题，这意味着只要关闭“将主题应用于新建的形状”选项，无论为绘图页设置哪种主题或不断更换主题，新建的形状都不会自动应用主题。

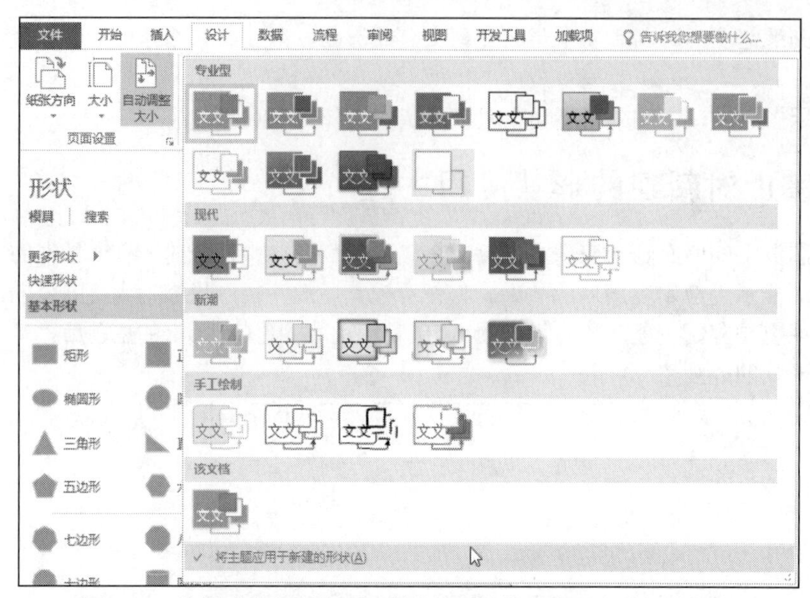

图 8-11 选择“将主题应用于新建的形状”命令以取消勾选状态

8.4.3 删除形状上的主题

在为绘图页上的所有形状应用主题后，有时可能想要去除某些形状上的主题，但是保留其他大部分形状上的主题，此时可以在绘图页上选择要将主题删除的形状，然后在功能区“开始”选项卡的“形状样式”组中单击“其他”按钮，在打开的列表中选择“删除主题”命令，即可将所选形状上的主题删除，如图 8-12 所示。

图 8-12 选择“删除主题”命令

8.5　使用样式

除了使用主题快速设置绘图页上的所有形状之外，用户还可以使用 Visio 中的“样式”功能来快速设置形状的格式，包括文本格式、线条格式和填充格式。文本格式就是在第 5 章介绍的与文本相关的字体和段落等格式，线条格式和填充格式就是形状的边框和填充效果。样式是将多种基础格式组合在一起而形成的一个独立个体，使用样式可以一次性为形状或文本设置多种格式。如果使用过 Microsoft Word 中的样式，那么就会很容易理解 Visio 中的样式。

8.5.1　创建样式

Visio 提供了几种内置样式，用户在不需要创建新样式的情况下就可以使用这些内置样式。Visio 包含以下几种内置样式。

- 无样式：该样式使用一些基本的格式，文本是水平居中对齐和垂直居中对齐，线条是黑色实线，填充是白色无阴影。
- 纯文本：该样式包含的格式与“无样式”类似，但是文本不是居中对齐，而是位于形状的左上角，即水平方向是左对齐，垂直方向是顶端对齐。
- 无：该样式只包含基本的文本格式，删除了线条格式和填充格式。
- 正常：该样式包含的格式与“无样式”相同。
- 参考线：该样式只包含文本格式和线条格式，不包含填充格式。
- 主题：该样式包含的格式与当前应用的主题相同。

除了 Visio 内置样式之外，用户可以根据实际需要创建新的样式，操作步骤如下：

（1）在功能区“开发工具”选项卡的“显示/隐藏”组中选中“绘图资源管理器”复选框，如图 8-13 所示，将在 Visio 窗口中显示“绘图资源管理器”窗格。

图 8-13　选中“绘图资源管理器”复选框

（2）在“绘图资源管理器”窗格中右击“样式”，然后在弹出的快捷菜单中选择“定义样式”命令，如图 8-14 所示。

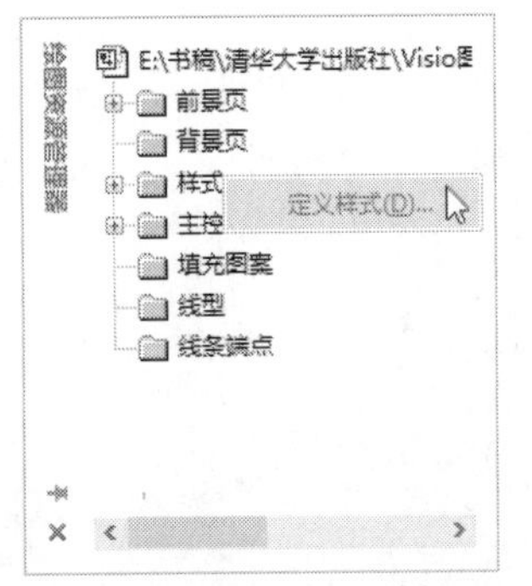

图 8-14　选择“定义样式”命令

（3）打开“定义样式”对话框，如图 8-15 所示。在“名称”文本框中输入新建样式的名称，在“基于”下拉列表中可以选择一个现有样式，该样式与将要创建的样式具有相似的格式，这样可以节省设置相同格式的时间。

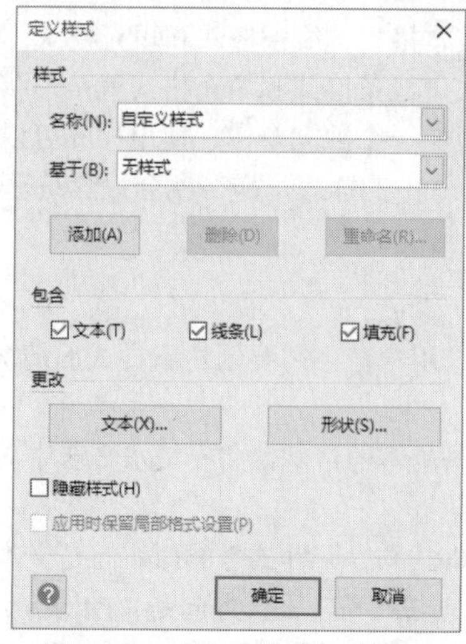

图 8-15 “定义样式”对话框

（4）完成上一步的设置后，接下来主要进行以下两项设置。

- 在“包含”部分有 3 个复选框，该部分设置用于决定哪些格式在样式中生效。例如，如果只选中“文本”复选框，那么即使在样式中设置了线条格式和填充格式，这两种格式也不会对形状产生任何影响。
- 在“更改”部分包含“文本”和“形状”两个按钮，单击“文本”按钮，打开“文本”对话框，可以使用第 5 章介绍的方法设置形状中的文本的格式；单击“形状”按钮将打开“设置形状格式”窗格，可以使用第 4 章介绍的方法设置形状的边框和填充效果。

（5）设置好所需选项后，单击“确定”按钮，关闭“定义样式”对话框。在“绘图资源管理器”窗格中展开“样式”类别，可以在其中看到新建的样式，此处为“自定义样式”，如图 8-16 所示。

如果以后想要修改创建的样式，则可以在“绘图资源管理器”窗格中右击该样式，然后在弹出的快捷菜单中选择“定义样式”命令，如图 8-17 所示。选择“删除样式”命令将删除用户创建的样式。

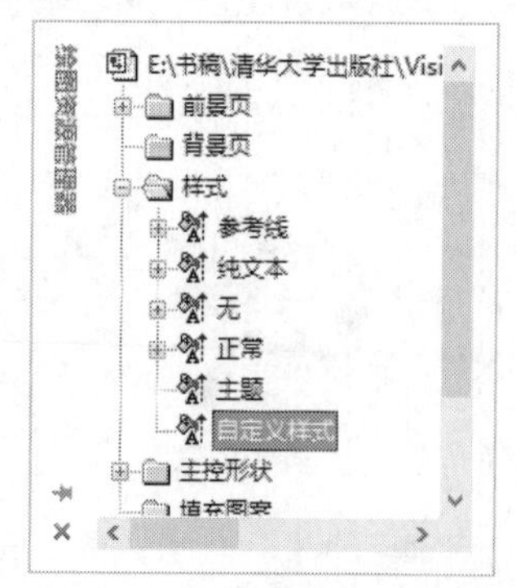

图 8-16 创建的自定义样式

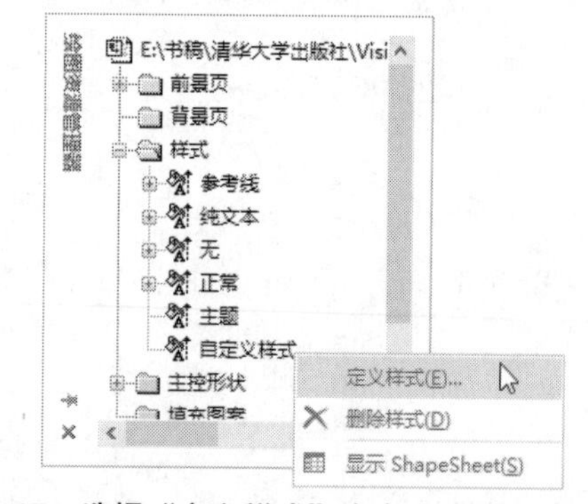

图 8-17 选择“定义样式”命令以修改自定义样式

8.5.2　使用样式设置形状的格式

无论是 Visio 内置的样式还是用户创建的样式，都可以很容易地将它们应用到形状上。由于在一个样式中可以同时定义文本、线条和填充 3 种格式，因此，在使用样式为形状设置格式时，可以使用不同的样式来组合设置这 3 种格式。

要使用样式设置形状的格式，首先需要将样式的相关命令添加到快速访问工具栏或功能区中，这里将样式的相关命令添加到了快速访问工具栏，如图 8-18 所示。

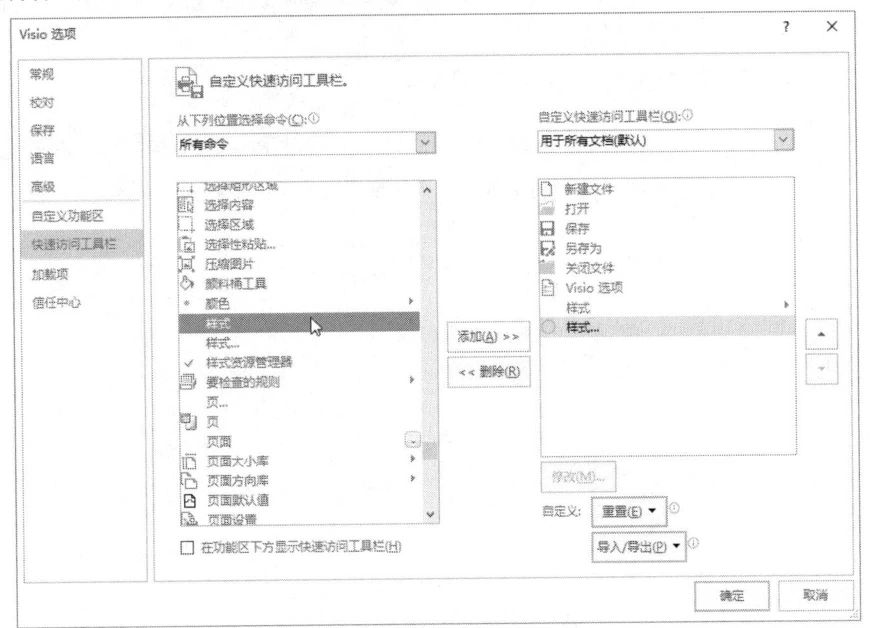

图 8-18　将样式的相关命令添加到快速访问工具栏

如图 8-19 所示，最右侧有两个命令，其中一个命令用于从下拉列表中选择样式；另一个命令用于打开“样式”对话框。

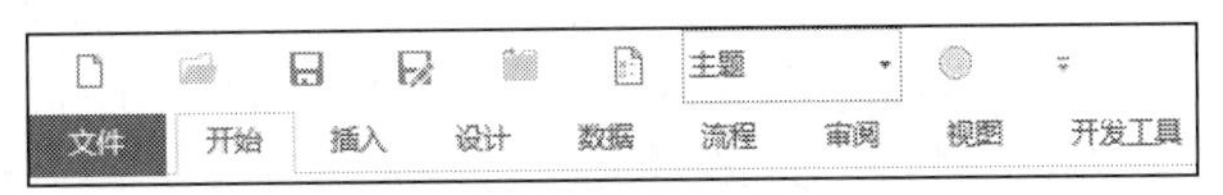

图 8-19　样式的相关命令

在绘图页上选择要设置样式的一个或多个形状，然后打开“样式”下拉列表，从中选择要为形状设置的样式，用户创建的样式也会位于其中，如图 8-20 所示。用户从列表中选择的样式会同时设置形状中的文本格式、线条格式和填充格式。

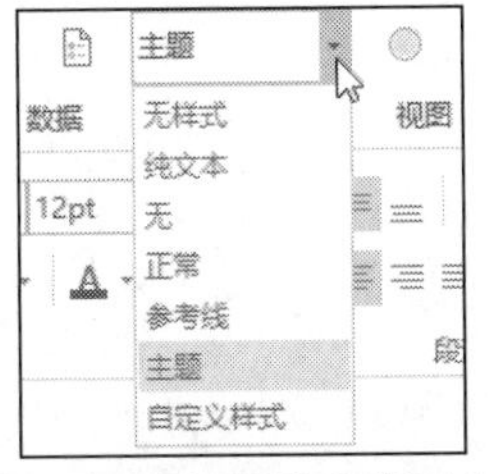

图 8-20　选择 Visio 内置样式或用户创建的样式

如果想要分别使用不同的样式来设置同一个形状中的文本格式、线条格式和填充格式，那么就要选择另一个“样式”命令，打开“样式”对话框，如图 8-21 所示，用户可以分别从 3 个下拉列表中选择要为形状中的文本、线条和填充设置的样式。

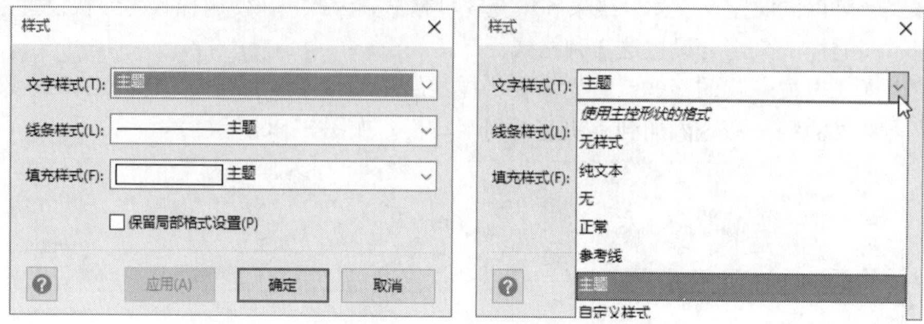

图 8-21　为不同文本、线条和填充选择不同的样式

第 9 章

链接和嵌入外部对象

虽然 Visio 提供了强大的图形和图表的创建和编辑功能，但有时所需的数据和图表已由其他程序创建好了，此时可以直接将这些程序中的内容以链接或嵌入（Object Linking and Embedding，OLE）的方式添加到 Visio 绘图中。通过对象链接和嵌入技术，用户可以在一个应用程序中控制另一个应用程序，就像正在另一个应用程序中操作一样。在 Visio 中使用该技术可以很容易地与其他程序创建的数据交互。本章主要介绍在 Visio 中链接和嵌入其他程序文件的方法，并介绍在 Visio 中创建和编辑 Excel 图表，以及与 AutoCAD 进行整合的方法。

9.1 在 Visio 中链接和嵌入其他程序文件

链接和嵌入对象这项技术分为链接对象和嵌入对象两部分，它们之间的主要区别是数据的存储位置不同，以及将对象放置到目标文件后的数据更新方式。本节将介绍在 Visio 中链接和嵌入外部对象（即由其他程序创建的文件和数据）的方法及相关操作，所有操作都以在 Visio 中嵌入 Excel 工作簿为例，在 Visio 中嵌入其他程序文件的方法与此类似。为了便于描述，将链接或嵌入到 Visio 中的其他程序文件称为“源文件”。

9.1.1 在 Visio 中链接其他程序文件

将其他程序文件以链接的方式添加到 Visio 绘图文件时，Visio 绘图文件中的链接对象只存储源文件的位置信息，而非源文件中的实际内容，因此，使用链接对象不会显著增加 Visio 绘图文件的大小。对源文件进行修改时，Visio 绘图文件中的链接对象会进行相应的更新。

这里以 Excel 工作簿为例，在 Visio 绘图文件中链接 Excel 工作簿的操作步骤如下：

（1）在 Visio 中打开要链接其他程序文件的绘图文件，然后在功能区“插入”选项卡的“文本”组中单击“对象”按钮，如图 9-1 所示。

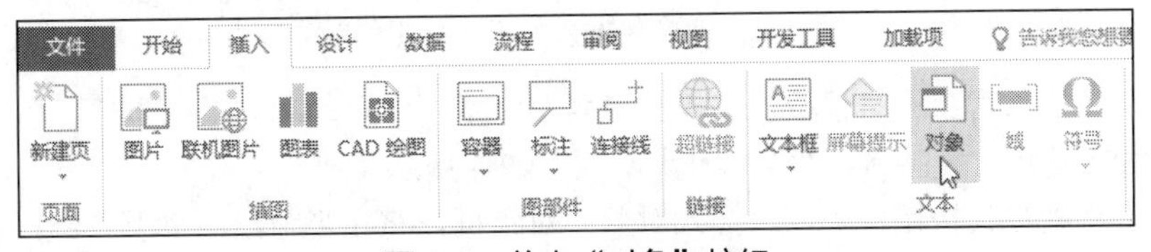

图 9-1 单击“对象”按钮

（2）打开“插入对象”对话框，选中“根据文件创建”单选按钮，然后单击“浏览”按钮，如图 9-2 所示。

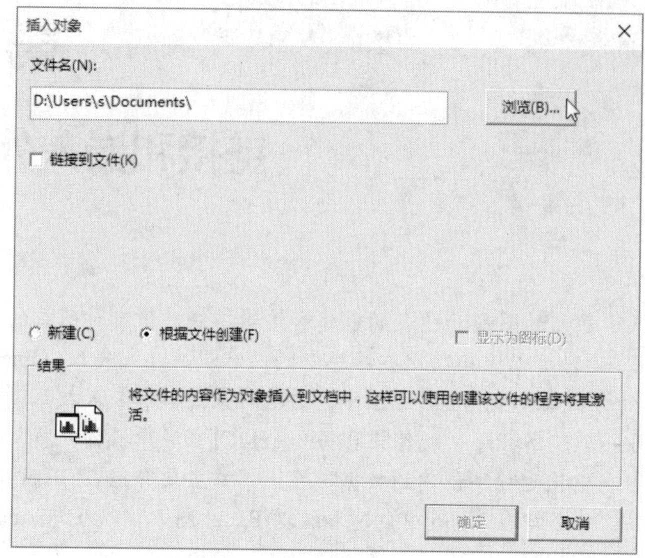

图 9-2　单击“浏览”按钮

（3）打开“浏览”对话框，找到并双击要插入到 Visio 绘图文件中的 Excel 工作簿，如图 9-3 所示。

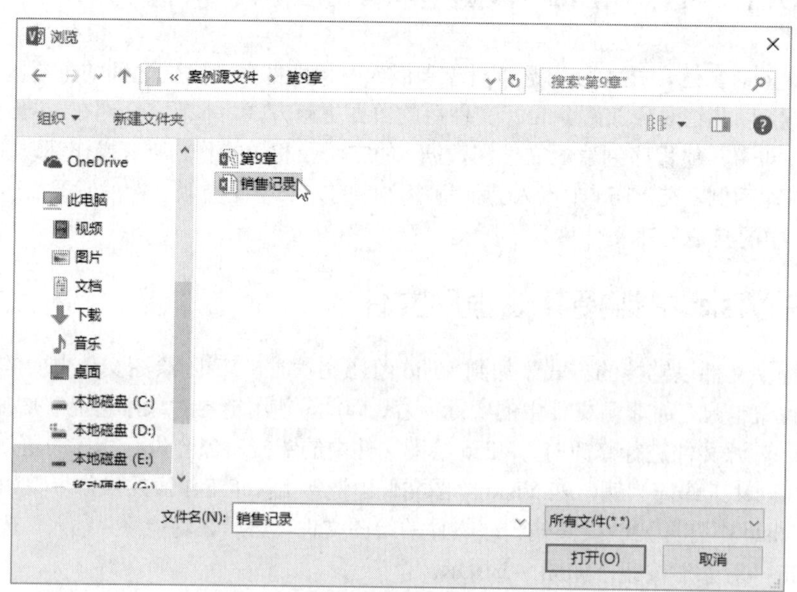

图 9-3　双击要插入的 Excel 工作簿

（4）返回“插入对象”对话框，在“文件名”文本框中自动填入上一步选择的 Excel 工作簿的完整路径，选中“链接到文件”复选框，如图 9-4 所示。

（5）单击“确定”按钮，关闭“插入对象”对话框，将在当前绘图页上以链接的方式插入指定的 Excel 工作簿，如图 9-5 所示。

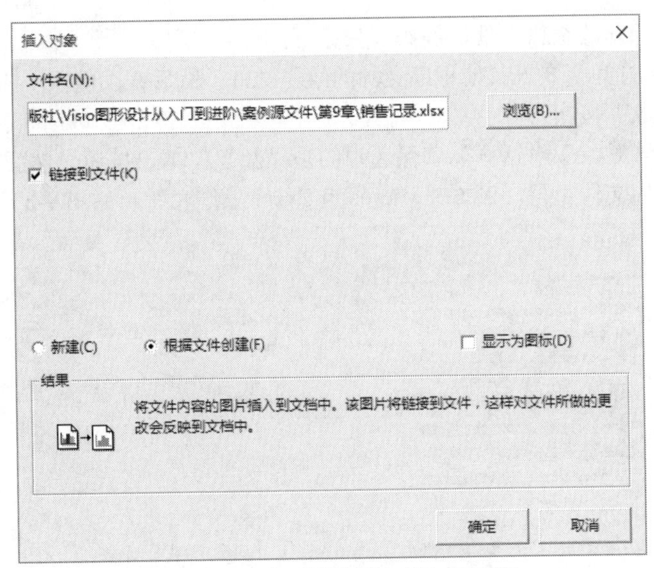

图 9-4　选中“链接到文件”复选框

月份	电视	冰箱	空调
1月	139	136	204
2月	145	202	276
3月	111	236	100
4月	252	237	165
5月	196	179	277
6月	125	187	282

图 9-5　在绘图页上以链接的方式插入 Excel 工作簿

9.1.2　在 Visio 中嵌入其他程序文件中的所有内容

将其他程序文件以嵌入的方式添加到 Visio 绘图文件时，其中的嵌入对象将成为 Visio 绘图文件的一部分，而不再是源文件的一部分，因此，使用嵌入对象可能会显著增加 Visio 绘图文件的大小。嵌入对象相当于源文件的一个独立副本，修改源文件时，Visio 绘图文件中的嵌入对象不会进行更新。

在 Visio 绘图文件中嵌入对象的操作过程与链接对象类似，唯一的区别是在“插入对象”对话框中不要选中“链接到文件”复选框，这样即可在 Visio 绘图文件中以嵌入的方式插入其他程序文件。

除了在 Visio 中嵌入已由其他程序创建好并保存在计算机磁盘中的文件之外，还可以嵌入由其他程序创建的未保存的空白文件，操作步骤如下：

（1）在 Visio 中打开要嵌入其他程序文件的绘图文件，然后在功能区“插入”选项卡的“文本”组中单击“对象”按钮。

（2）打开“插入对象”对话框，确保选中的是“新建”单选按钮，然后在“对象类型”列表框中选择要创建的文件类型，例如“Microsoft Excel 工作表”，如图 9-6 所示。

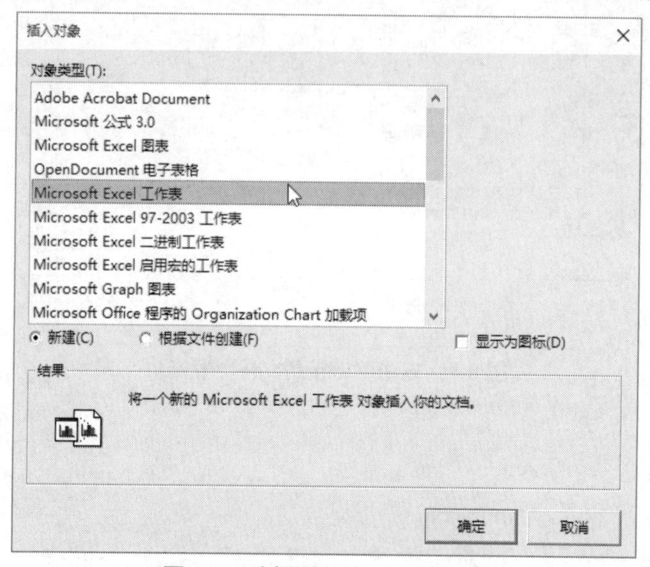

图 9-6　选择要创建的文件类型

（3）单击“确定”按钮，将在当前绘图页上嵌入一个新建的 Excel 工作簿，其中包含一张空白的工作表，如图 9-7 所示。

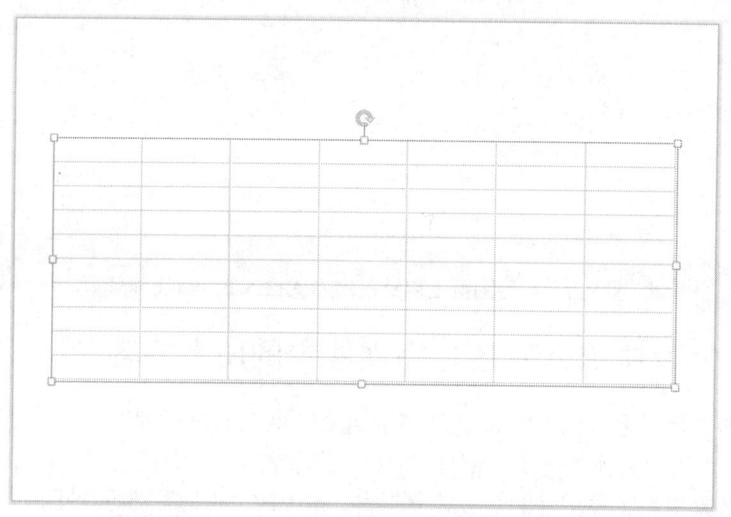

图 9-7　在 Visio 中嵌入新建的空白文件

9.1.3　在 Visio 中链接或嵌入其他程序文件中的部分内容

有时可能并不想在 Visio 中链接或嵌入其他程序创建的完整文件，而只想插入文件中的部分内容。这里以 Excel 工作簿为例，在 Visio 绘图文件中链接或嵌入 Excel 工作簿中的部分数据的操作步骤如下：

（1）在 Excel 中打开包含所需数据的 Excel 工作簿，切换到数据所在的工作表，选择要插入 Visio 中的数据区域，然后按 Ctrl+C 快捷键，将选中数据复制到剪贴板，如图 9-8 所示。

图 9-8　复制 Excel 中的部分数据

（2）在 Visio 中打开要链接或嵌入 Excel 数据的绘图文件，选择要插入数据的绘图页，然后右击绘图页中的空白处，在弹出的快捷菜单中选择“选择性粘贴”命令，如图 9-9 所示。

（3）打开“选择性粘贴”对话框，如图 9-10 所示。在“作为”列表框中选择将数据以哪种格式粘贴到 Visio 中，此处选择“Microsoft Excel 工作表”。左侧的“粘贴”和“粘贴链接”两个选项决定以链接或嵌入的方式将数据插入 Visio 中，用户可以根据需要进行选择。

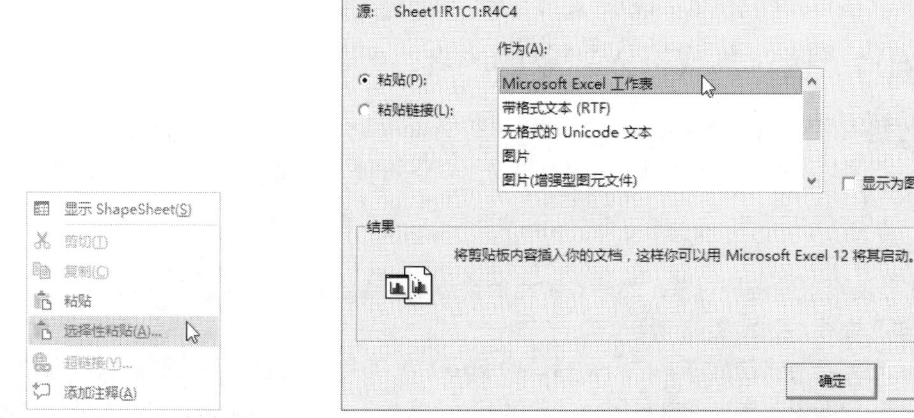

图 9-9　选择“选择性粘贴”命令

图 9-10　“选择性粘贴”对话框

（4）单击“确定”按钮，将复制的 Excel 数据以用户选择的链接或嵌入的方式插入当前绘图页上，如图 9-11 所示。

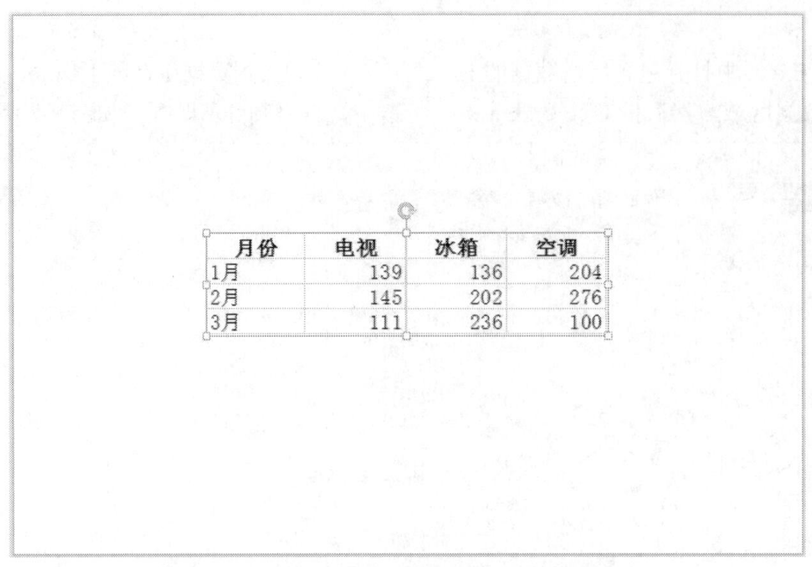

月份	电视	冰箱	空调
1月	139	136	204
2月	145	202	276
3月	111	236	100

图 9-11　将复制的 Excel 数据插入到绘图页上

9.1.4　移动和调整链接对象或嵌入对象的大小

在将其他程序文件插入到 Visio 绘图页上之后，可以像操作 Visio 中的形状那样对链接对象或嵌入对象进行一些基本操作。例如，使用鼠标拖动链接对象或嵌入对象将移动它们。单击链接对象或嵌入对象即可将其选中。选中后可以使用鼠标拖动对象上的选择手柄来调整对象的大小，拖动对象上方的旋转手柄可以调整对象的角度。

如果在调整大小时不想改变对象的显示比例，则需要拖动对象 4 个角上的选择手柄。如果拖动的是位于对象 4 个边缘中点位置上的选择手柄，则在调整对象大小时会改变对象的纵横比，使对象变形。

9.1.5　编辑链接对象或嵌入对象的内容

在将其他程序文件以链接或嵌入的方式插入到 Visio 中之后，可以在任何时候编辑这些对象中的内容。这里以 Excel 数据为例，用户可以使用以下两种方法编辑在 Visio 中链接的 Excel 数据：

- 双击绘图页上的链接对象。
- 右击绘图页上的链接对象，然后在弹出的快捷菜单中选择“链接了 Worksheet 对象”|“编辑”命令，如图 9-12 所示。

使用以上任意一种方法后，将在自动启动的 Excel 程序中打开链接对象的源文件，此时可以在 Excel 程序中编辑数据，完成后保存并关闭 Excel 文件，编辑后的结果会自动反映到 Visio 中的链接对象上。

在对链接对象的源文件进行修改后，会在打开或保存包含该链接对象的 Visio 绘图文件时，对链接对象进行自动更新，从而反映内容的最新变化。

用户也可以使用类似的方法编辑 Visio 中的嵌入对象，这里仍以 Excel 数据为例：

- 双击绘图文件中的嵌入对象。

图 9-12　选择“链接了 Worksheet 对象”|“编辑”命令以编辑链接对象

- 右击绘图文件中的嵌入对象，在弹出的快捷菜单中选择“Worksheet 对象”|“编辑”命令，如图 9-13 所示。如果选择“打开”命令，则会在独立的 Excel 窗口中打开嵌入对象。

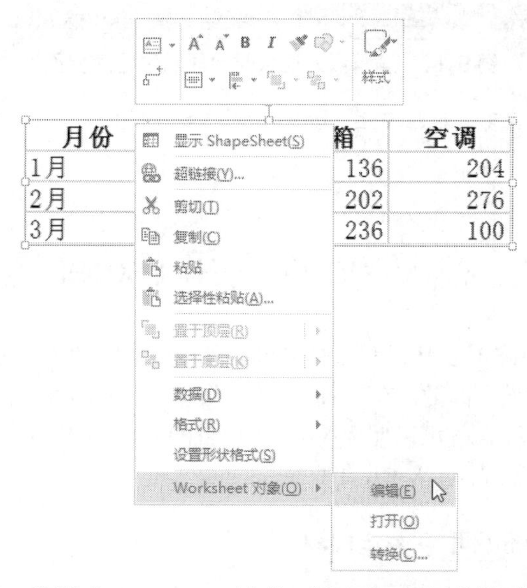

图 9-13　选择“Worksheet 对象”|“编辑”命令以编辑嵌入对象

使用任意一种方法后，将进入嵌入对象的编辑状态，此时仍然在 Visio 窗口中，但是界面环境将变为嵌入对象所使用的源程序界面，由于这里是以 Excel 数据为例，因此 Visio 窗口中会显示 Excel 程序的功能区界面，如图 9-14 所示。

编辑完成后，单击嵌入对象以外的区域，即可退出编辑状态，Visio 窗口会恢复为 Visio 程序的功能区界面。

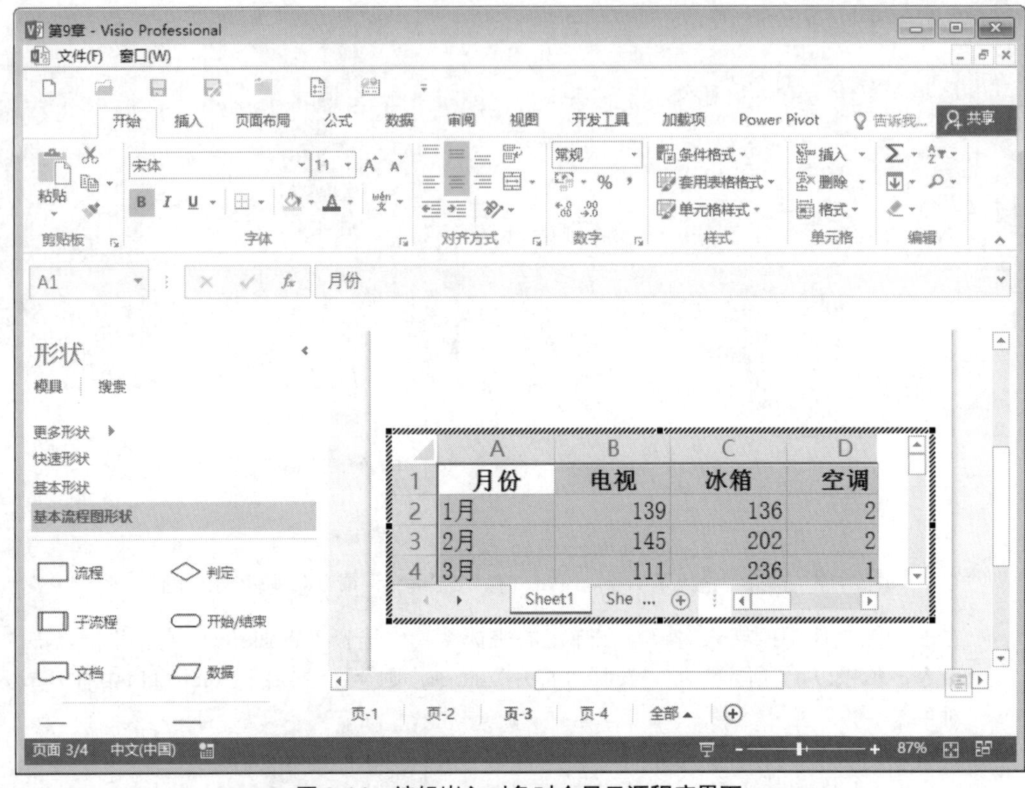

图 9-14 编辑嵌入对象时会显示源程序界面

注意：在 Visio 中链接或嵌入对象后，最好保存 Visio 绘图文件，以免在编辑对象时出现对象损坏或无法编辑的问题。

9.2 在 Visio 中使用 Excel 图表

使用过 Excel 的用户都知道，Excel 自身提供了多种类型的图表，可用于不同的数据展示需求，使数据可视化变得简洁、高效。在 Visio 中也内置了 Excel 图表功能，如果要在绘图中创建能够与数据联动的图表，那么就可以使用 Visio 中内置的 Excel 图表功能。从技术上来说，Visio 中的 Excel 图表属于在 Visio 中嵌入 Excel 对象。

9.2.1 在 Visio 中创建 Excel 图表

由于 Excel 图表是 Visio 内置的功能，因此很容易在 Visio 中添加 Excel 图表。但是绘制图表所使用的数据是 Visio 默认提供的，因此在创建图表后，需要使用自己的数据替换 Visio 默认数据，从而使图表显示出正确的内容。创建 Excel 图表的操作步骤如下：

（1）在 Visio 中打开要在其中创建图表的绘图文件，然后选择要放置图表的绘图页。

（2）在功能区“插入”选项卡的“插图”组中单击“图表”按钮，如图 9-15 所示。

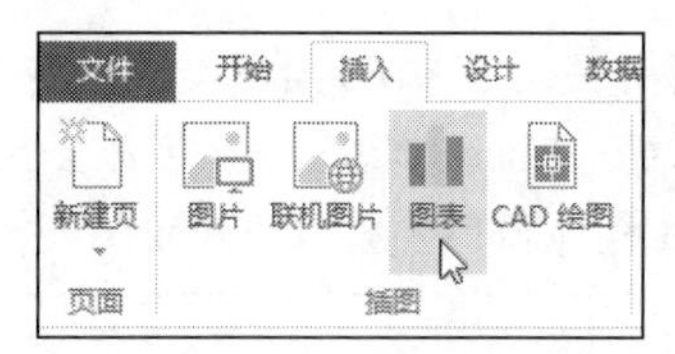

图 9-15　单击"图表"按钮

（3）将在当前绘图页上自动插入一个 Excel 图表的嵌入对象，绘制图表所使用的数据是 Visio 默认提供的，如图 9-16 所示。

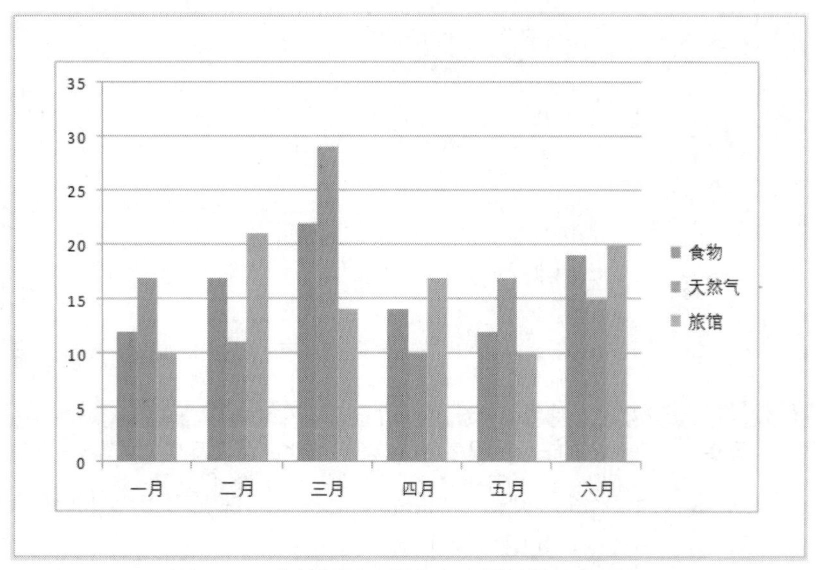

图 9-16　在绘图页上插入包含默认数据的图表

（4）右击绘图页上的 Excel 图表，在弹出的快捷菜单中选择"Chart 对象"|"打开"命令，如图 9-17 所示。

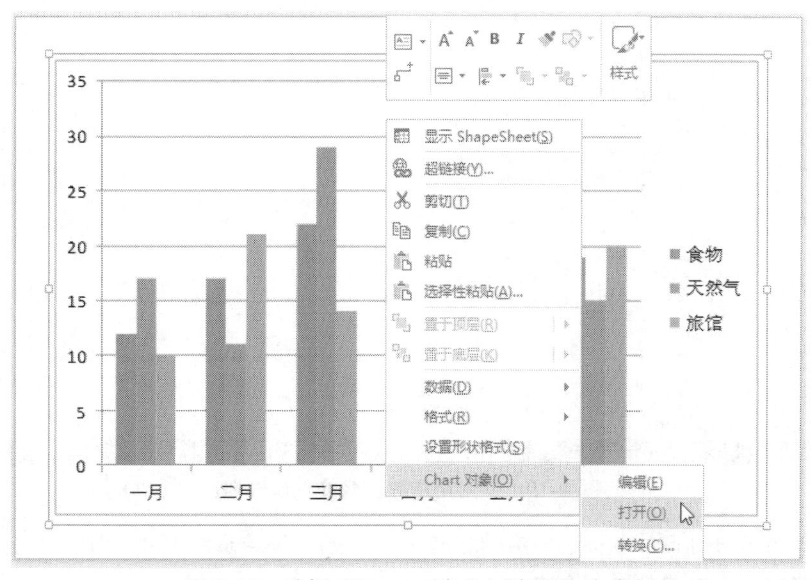

图 9-17　选择"Chart 对象"|"打开"命令

注意：如果在创建图表后保存并关闭了 Visio 绘图文件，那么在下次打开该绘图文件时，在右击图表后弹出的快捷菜单中，原来的“Chart 对象”命令可能会显示为“Worksheet 对象”命令。

（5）在启动后的独立的 Excel 程序窗口中打开 Excel 图表及其关联数据，如图 9-18 所示。

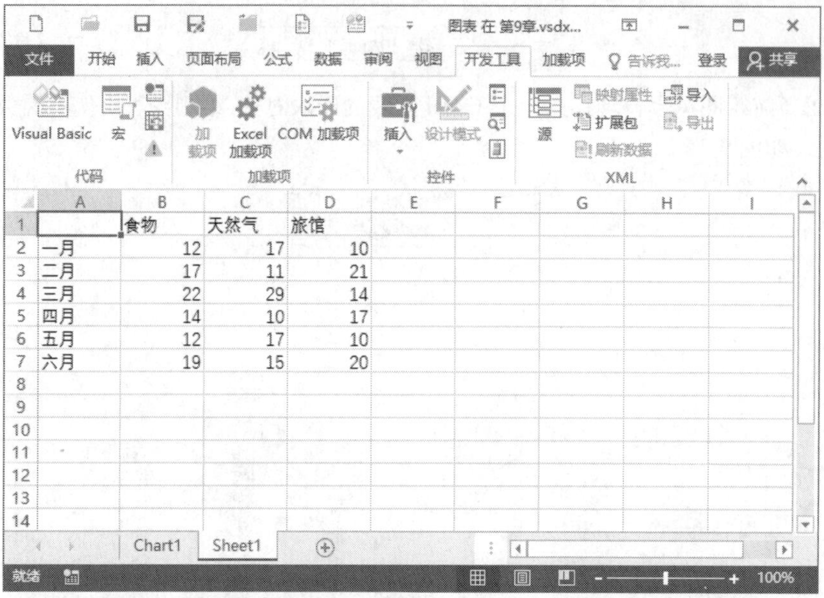

	A	B	C	D
1		食物	天然气	旅馆
2	一月	12	17	10
3	二月	17	11	21
4	三月	22	29	14
5	四月	14	10	17
6	五月	12	17	10
7	六月	19	15	20

图 9-18　在独立的 Excel 程序窗口中打开 Excel 图表及其关联数据

（6）切换到包含数据的工作表（默认为 Sheet1 工作表），选择默认数据并按 Delete 键将其删除，然后输入用户自己的数据，如图 9-19 所示。

	A	B	C	D
1	月份	电视	冰箱	空调
2	1月	139	136	204
3	2月	145	202	276
4	3月	111	236	100
5	4月	252	237	165
6	5月	196	179	277
7	6月	125	187	282

图 9-19　使用用户数据替换默认数据

提示：如果用户自己的数据已经存储在其他 Excel 工作簿或文件中，则可以将这些数据复制并粘贴到当前正在编辑的工作表中。

（7）单击 Excel 程序窗口右上角的“关闭”按钮，关闭 Excel 程序窗口，在 Visio 绘图页上将会显示使用用户数据绘制的图表，如图 9-20 所示。

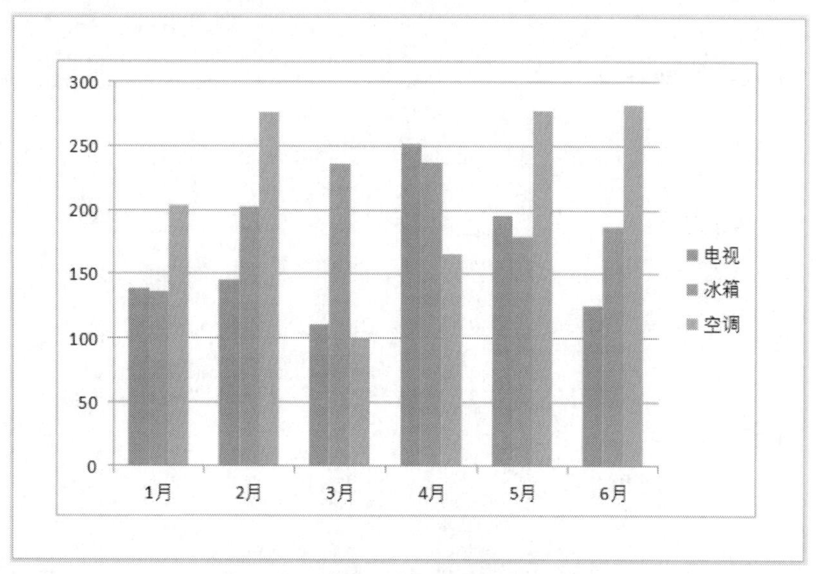

图 9-20　使用用户的数据绘制的图表

注意：关闭 Excel 前必须切换到图表所在的工作表（默认为 Chart 工作表），否则关闭后在 Visio 绘图页上显示的是 Sheet1 工作表中的数据，而不是图表。

9.2.2　更改图表类型

图表的类型决定了图表的布局和数据展示方式，不同类型的图表适合展示具有不同含义的数据。在 Visio 中创建图表时，图表的类型默认为簇状柱形图，该类型图表的外观就像在 9.2.1 节中看到的那样。

如果想要使用其他类型的图表来展示数据，那么用户可以更改 Excel 图表的类型，操作步骤如下：

（1）双击 Visio 绘图页上的 Excel 图表进入编辑状态，右击图表，在弹出的快捷菜单中选择“更改图表类型”命令，如图 9-21 所示。

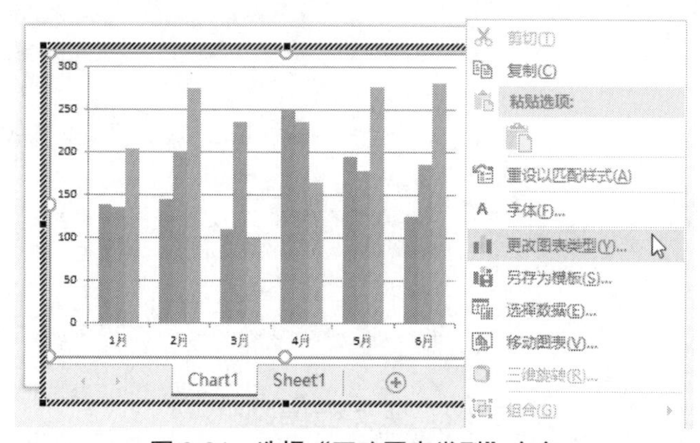

图 9-21　选择“更改图表类型”命令

（2）选择“更改图表类型”对话框的“所有图表”选项卡，左侧列出了所有的图表类型，选择一种类型，然后在右侧选择一种图表子类型，如图 9-22 所示。

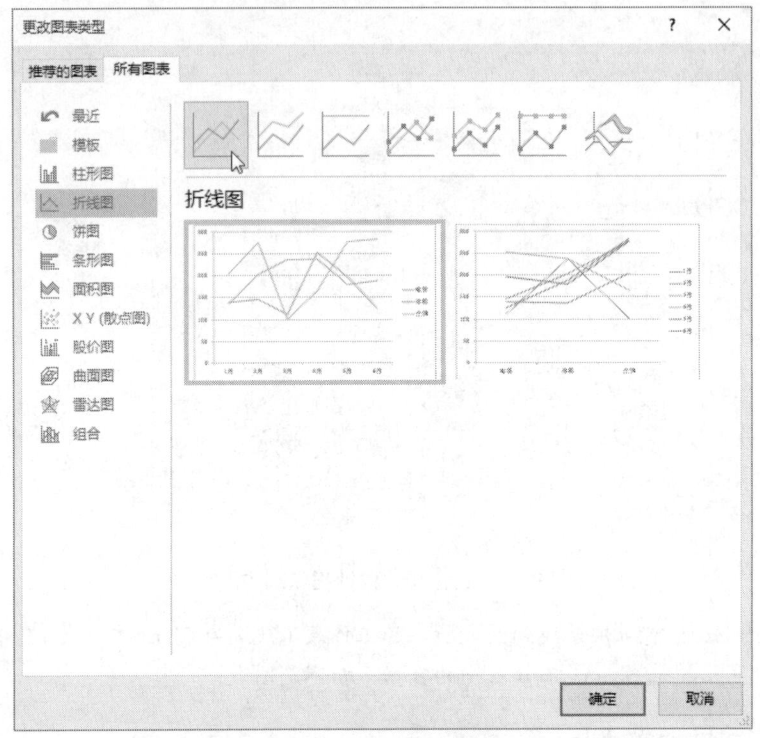

图 9-22　选择图表类型

（3）单击“确定”按钮，关闭“更改图表类型”对话框，然后单击 Excel 图表以外的区域，退出编辑状态，完成图表类型的更改。图 9-23 是将簇状柱形图更改为折线图后的效果。

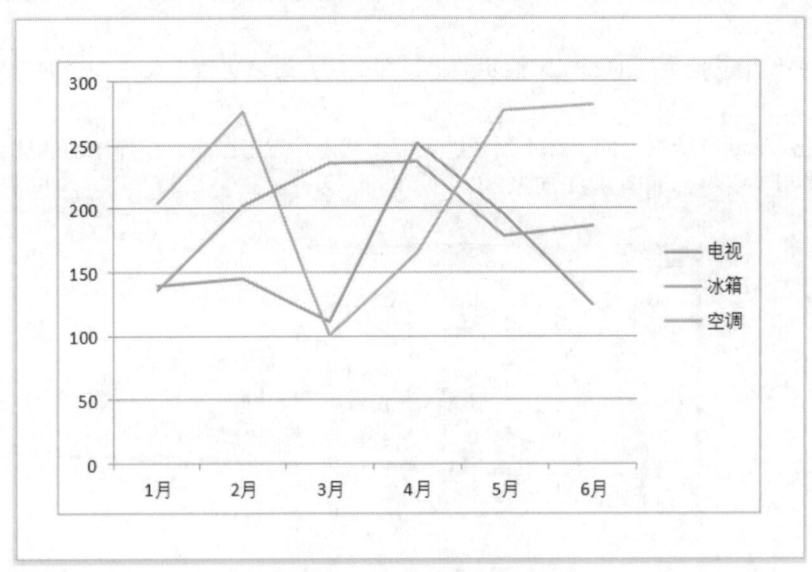

图 9-23　更改类型后的图表

9.2.3　设置图表布局和外观

在最初创建的图表中通常会包含以下图表元素：图表标题、数据系列、横坐标、纵坐标、图例等。这些元素的种类和位置构成了图表布局，这些元素的格式决定了图表的整体外观。

用户可以根据需要在图表中添加所需的元素，或者从图表上移除不需要的元素，还可以设置图表元素的边框和填充效果。对于包含文本的图表元素，则可以设置这些图表元素中的文本的格式。

要设置图表的布局，首先在 Visio 绘图页上双击图表或右击图表后使用快捷菜单中的命令进入图表的编辑状态，然后使用以下两种方法设置图表的布局。

1. 使用预置的图表布局

选择图表，然后在功能区“图表工具|设计”选项卡的“图表布局”组中单击“快速布局”按钮，在打开的列表中选择一种预置的图表布局，每一种布局以缩略图的形式显示，如图 9-24 所示。

2. 自定义图表布局

设置图表布局的更灵活方式是由用户决定在图表上添加哪些元素。选择图表，然后在功能区“图表工具|设计”选项卡的“图表布局”组中单击“添加图表元素”按钮，在弹出的菜单中显示了所有可以设置的图表元素的名称，如图 9-25 所示。进入想要设置的图表元素的子菜单，然后选择所需选项。例如，选择“图例”|“顶部”选项，可将图例由图表底部的默认位置移动到图表顶部，如图 9-26 所示。

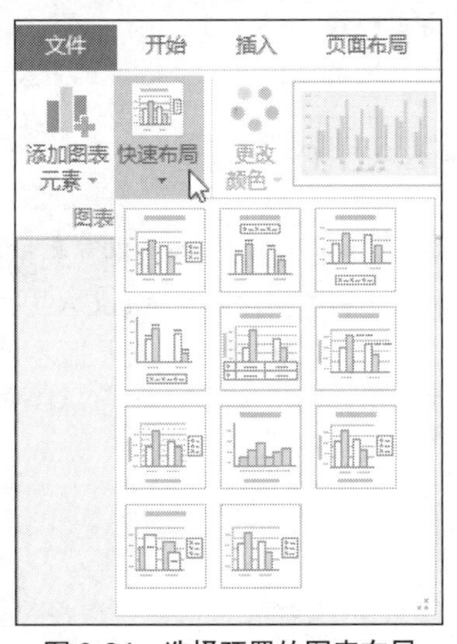

图 9-24　选择预置的图表布局

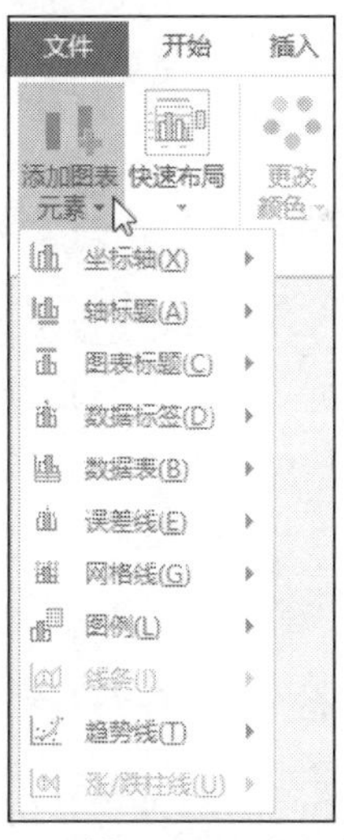

图 9-25　选择要设置的图表元素

除了设置图表布局之外，还可以从图表元素的颜色和外形等方面来改变图表的外观。在图表上选择一个图表元素，然后可以在功能区“图表工具|格式”选项卡的“形状样式”组中为选中的图表元素设置边框和填充效果，还可以在“艺术字样式”组中为图表元素中的文本设置格式，如图 9-27 所示。

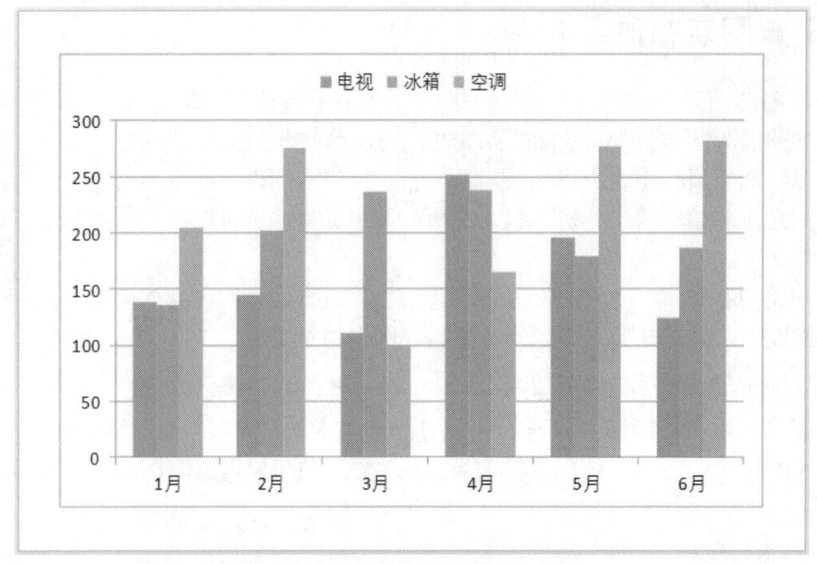

图 9-26　将图例移动到图表顶部

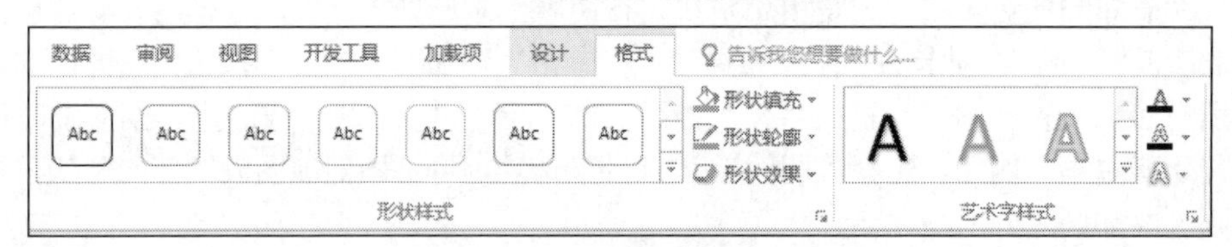

图 9-27　设置图表元素的格式

9.3　整合 Visio 和 AutoCAD

Visio 支持 AutoCAD 绘图格式，用户可以在 Visio 中打开 AutoCAD 绘图，也可以在 Visio 绘图文件中插入 AutoCAD 绘图，还可以将在 Visio 中创建的绘图转换为 AutoCAD 格式。如果使用的是 Visio 标准版或专业版，那么可以在 Visio 中导入 AutoCAD 2007 或更早版本创建的.dwg 和.dxf 文件。如果导入 AutoCAD 绘图文件时出现错误，那么通常是由于 AutoCAD 文件格式不受 Visio 程序支持。

9.3.1　在 Visio 中打开 AutoCAD 绘图

如果 AutoCAD 文件是由 Visio 支持的 AutoCAD 版本所创建的，那么就可以在 Visio 程序中打开这个 AutoCAD 文件，操作步骤如下：

（1）启动 Visio 程序，然后选择“文件”|“打开”命令，再选择“浏览”命令，如图 9-28 所示。

（2）打开“打开”对话框，导航到包含 AutoCAD 文件的文件夹，然后将文件类型设置为“AutoCAD 绘图”，如图 9-29 所示。

（3）在“打开”对话框中双击要打开的 AutoCAD 文件，将在 Visio 中自动创建一个绘图文件，并将打开的 AutoCAD 图形放置到一个空白绘图页上，如图 9-30 所示。

图 9-28　选择“浏览”命令

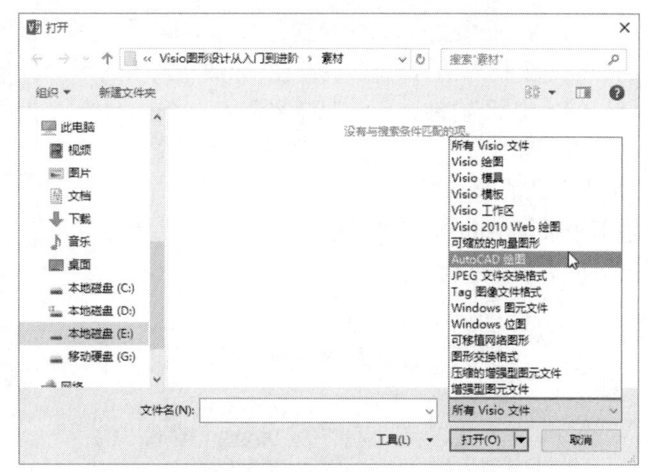

图 9-29　将文件类型设置为“AutoCAD 绘图”

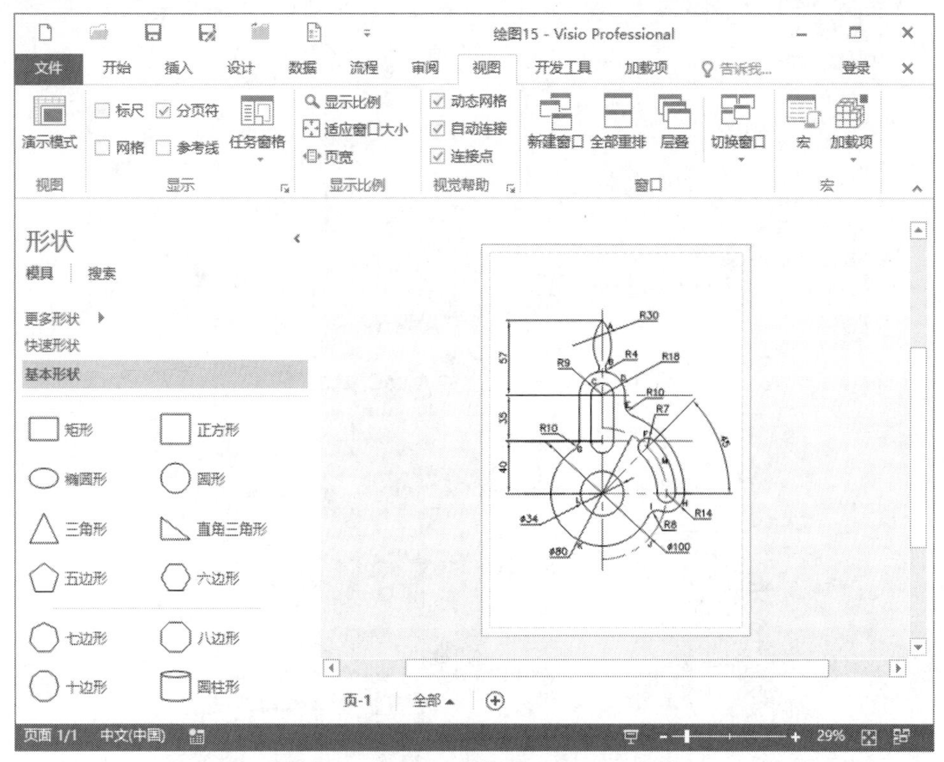

图 9-30　在 Visio 中打开 AutoCAD 文件

9.3.2　在 Visio 绘图中插入 AutoCAD 绘图

除了在 Visio 中打开 AutoCAD 文件之外，用户还可以在 Visio 绘图文件中插入 AutoCAD 绘图，操作步骤如下：

（1）在 Visio 中打开要插入 AutoCAD 绘图的绘图文件，并选择特定的绘图页，然后在功能区“插入”选项卡的“插图”组中单击“CAD 绘图”按钮，如图 9-31 所示。

（2）打开“插入 AutoCAD 绘图”对话框，找到并双击要插入的 AutoCAD 绘图，如图 9-32 所示。

（3）将所选择的 AutoCAD 绘图插入到当前绘图页上，并自动打开“CAD 绘图属性”对话框的“常规”选项卡，如图 9-33 所示。用户可以在该选项卡中设置 AutoCAD 绘图的缩放比例，以便与绘图页的大小相匹配。

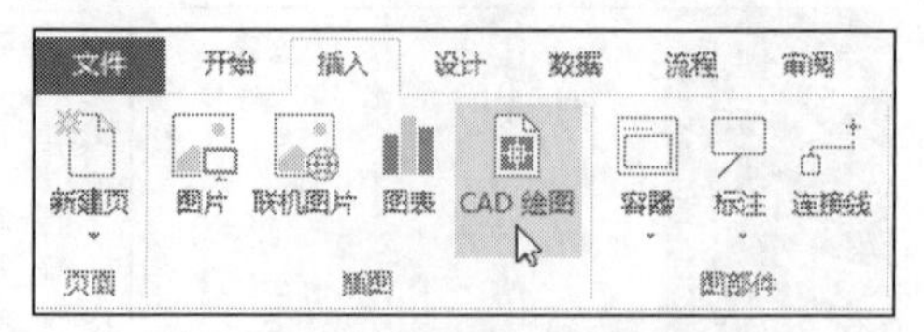

图 9-31　单击“CAD 绘图”按钮

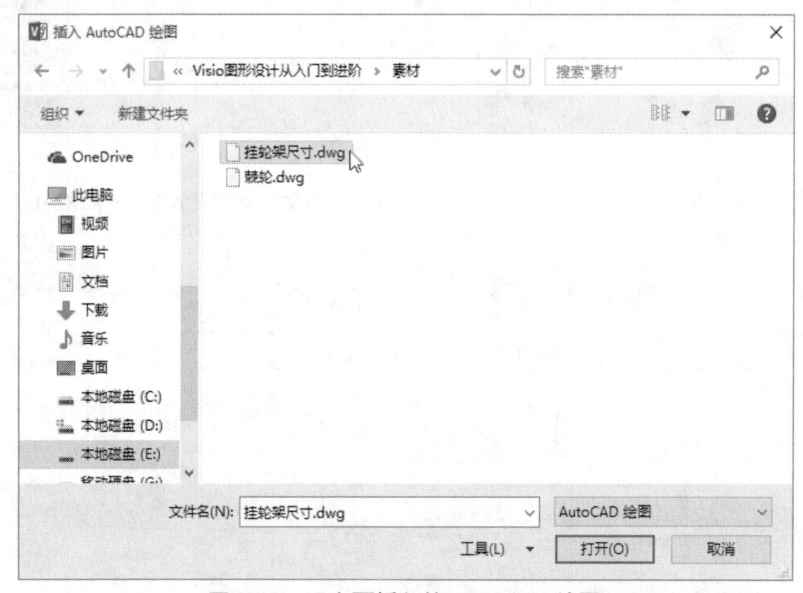

图 9-32　双击要插入的 AutoCAD 绘图

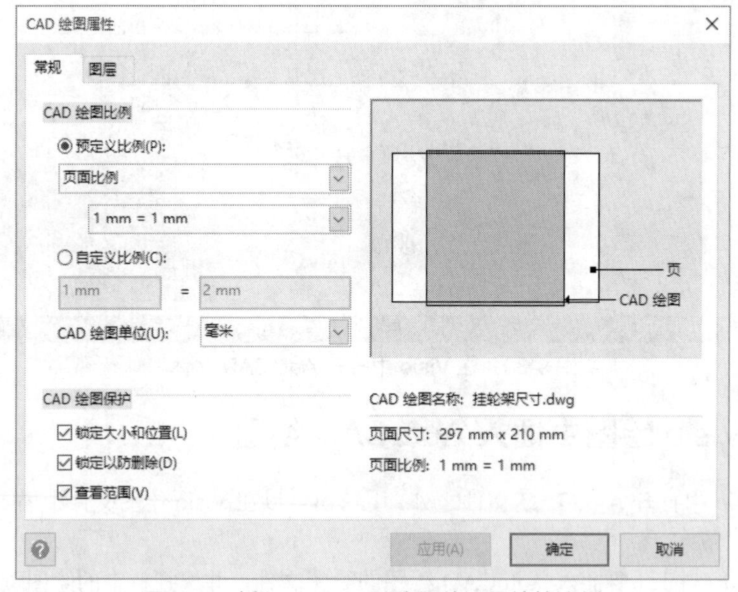

图 9-33　插入 AutoCAD 绘图并设置缩放比例

9.3.3　在 Visio 中编辑 AutoCAD 绘图

无论是在 Visio 中打开 AutoCAD 文件，还是在现有的 Visio 绘图中插入 AutoCAD 绘图，实际上都是将 AutoCAD 绘图导入 Visio 中。导入后的 AutoCAD 绘图默认处于保护状态，用户无法移动或删除 AutoCAD 绘图。图 9-34 是在试图删除导入后的 AutoCAD 绘图时显示的提示信息。

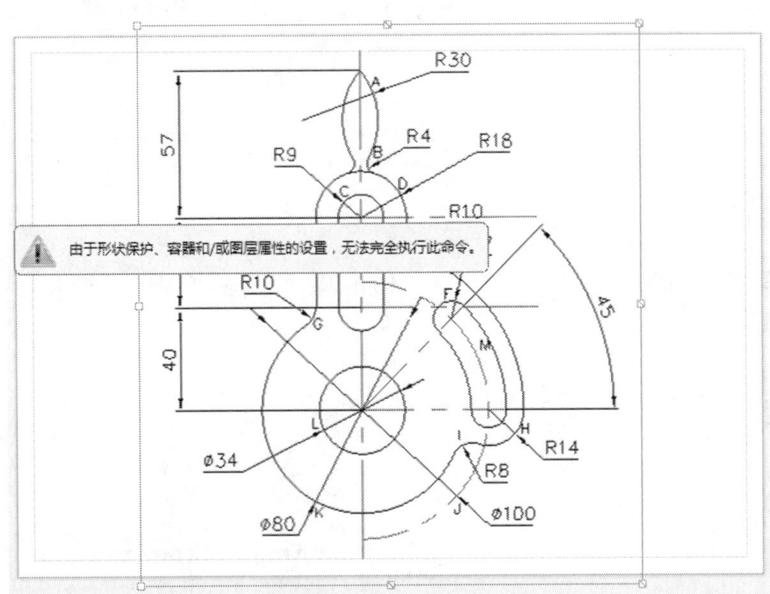

图 9-34　无法删除导入后的 AutoCAD 绘图

与删除类似，用户也不能移动和旋转 AutoCAD 绘图或调整其大小。如果想要执行这些操作，需要解除保护状态，有以下两种方法：

- 在绘图页上右击 AutoCAD 绘图，然后在弹出的快捷菜单中选择"CAD 绘图对象" | "属性"命令，如图 9-35 所示。打开"CAD 绘图属性"对话框，在"常规"选项卡中取消选中"锁定大小和位置"和"锁定以防删除"两个复选框，如图 9-36 所示，最后单击"确定"按钮。
- 在绘图页上选择 AutoCAD 绘图，然后在功能区"开发工具"选项卡的"形状设计"组中单击"保护"按钮，如图 9-37 所示。打开"保护"对话框，取消选中与大小、位置和删除相关的复选框，例如"宽度""高度""X 位置""Y 位置"和"阻止删除"复选框，如图 9-38 所示，最后单击"确定"按钮。

如果想在 Visio 中编辑 AutoCAD 绘图中的内容，那么需要执行转换操作。转换后就可以像编辑 Visio 中的形状那样来编辑 AutoCAD 绘图，不过转换后原始 AutoCAD 绘图中的某些细节、精度或高级特性可能会丢失。

将 AutoCAD 绘图转换为可在 Visio 中编辑的形状的操作步骤如下：

（1）右击 Visio 绘图页上的 AutoCAD 绘图，在弹出的快捷菜单中选择"CAD 绘图对象" | "转换"命令。

（2）打开"转换 CAD 对象"对话框，在列表框中选择要转换的图层，如图 9-39 所示。

（3）单击"高级"按钮，打开如图 9-40 所示的对话框，对转换的细节进行设置。

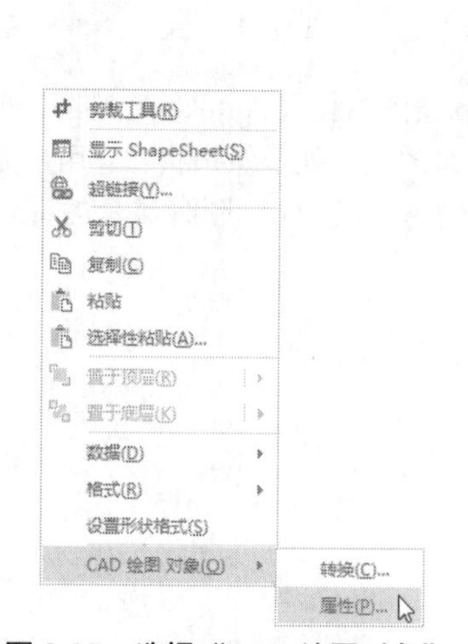

图 9-35　选择“CAD 绘图对象”|“属性”命令

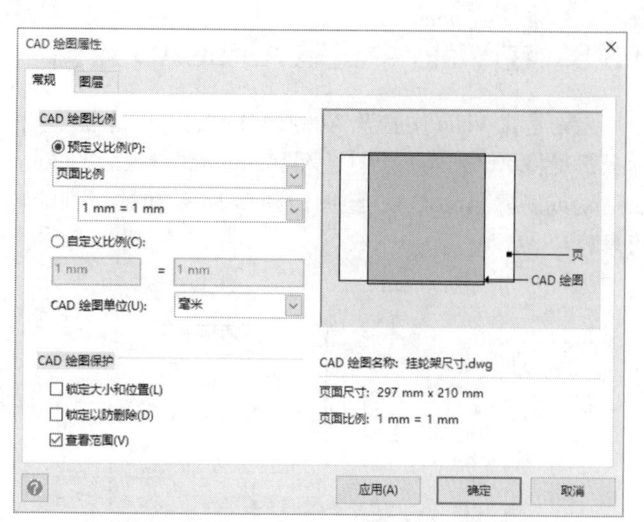

图 9-36　取消 AutoCAD 绘图的保护状态

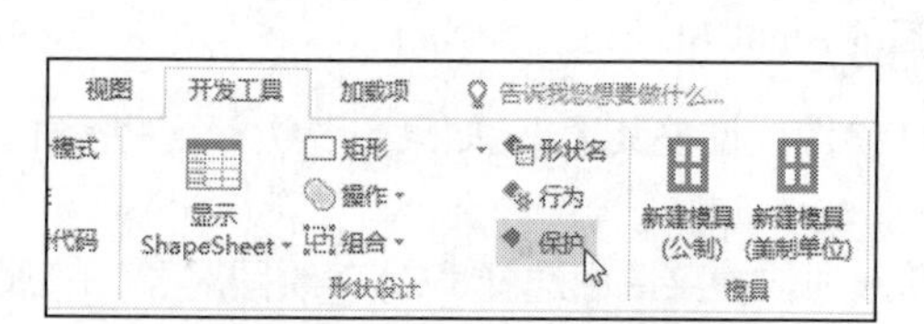

图 9-37　单击“保护”按钮

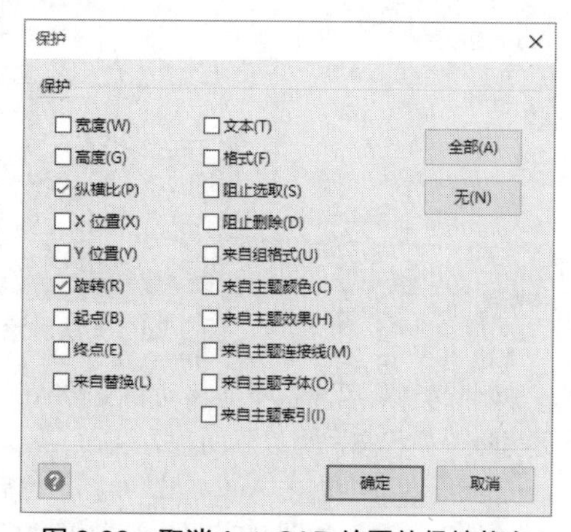

图 9-38　取消 AutoCAD 绘图的保护状态

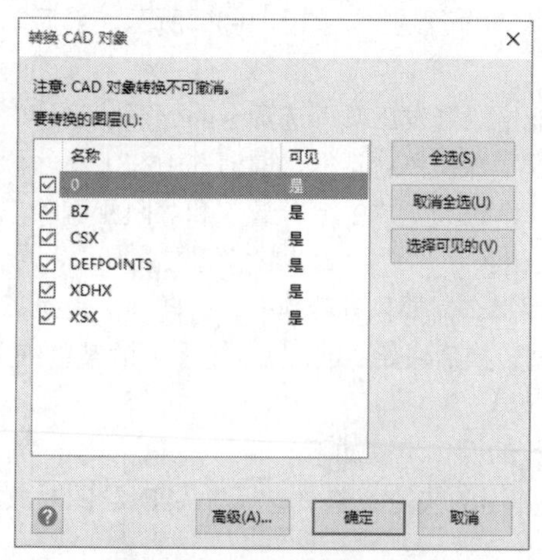

图 9-39　选择要转换的图层

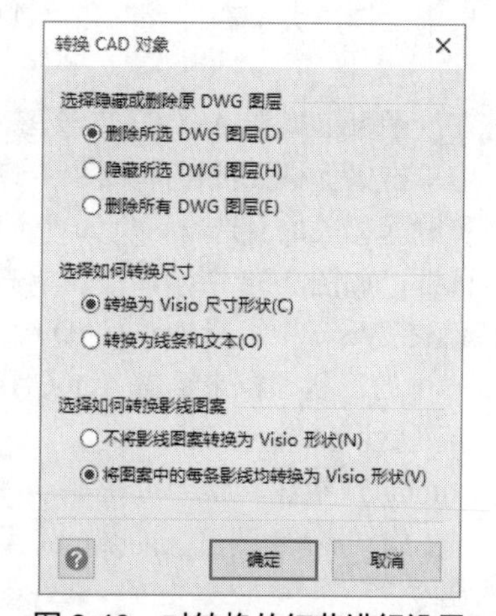

图 9-40　对转换的细节进行设置

（4）单击两次“确定”按钮，Visio 将 AutoCAD 绘图转换为可编辑的形状，现在绘图中的各个形状都可以像在 Visio 中绘制的其他形状一样被选中，并进行 Visio 支持的各种操作，如图 9-41 所示。

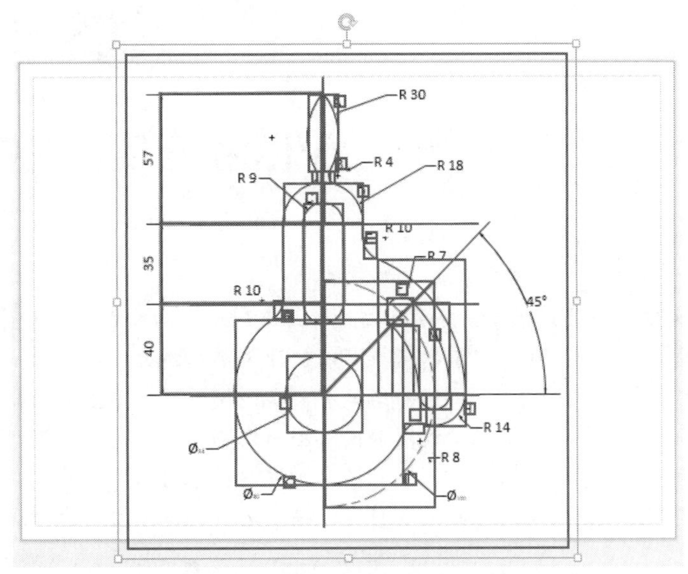

图 9-41　将 AutoCAD 绘图转换为可编辑的形状

9.3.4　将 Visio 绘图转换为 AutoCAD 格式

用户不但可以在 Visio 中打开或插入 AutoCAD 文件，还可以将已经制作好的 Visio 绘图转换为 AutoCAD 格式，操作步骤如下：

（1）在 Visio 中打开要转换为 AutoCAD 格式的绘图文件，由于 Visio 每次只转换当前绘图页上的内容，如果绘图文件中包含多个绘图页，那么需要选择要转换的绘图页。

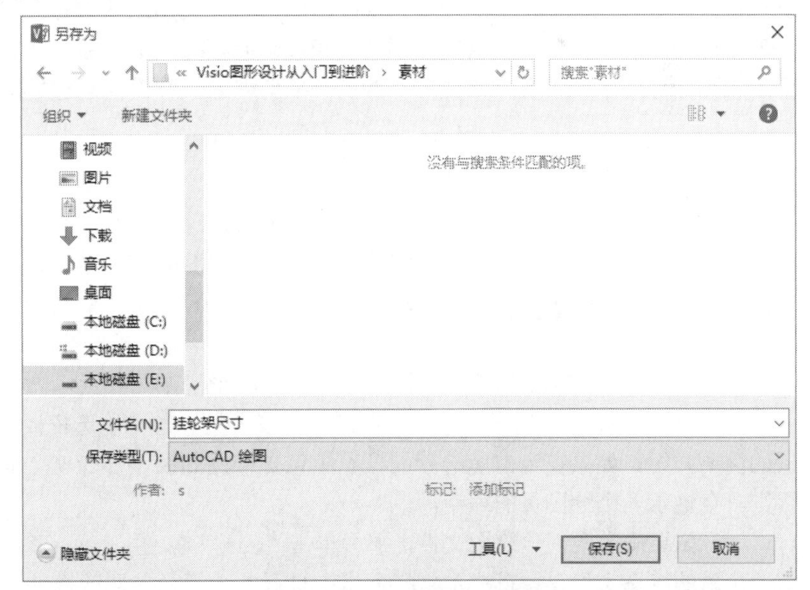

图 9-42　“另存为”对话框

（2）选择“文件”|“另存为”命令，然后选择“浏览”命令，打开“另存为”对话框，如图 9-42 所示。在“保存类型”下拉列表中选择一种 AutoCAD 文件格式，然后在“文件名”文本框中输入文件的名称，并导航到要存储文件的位置，最后单击“保存”按钮完成转换。

第 10 章

Visio 在实际中的应用

Visio 内置了大量的图表模板，这些模板按照行业或应用方向分成了几大类，便于用户快速找到所需的模板。使用 Visio 内置的模板可以快速创建出适合不同行业、各类应用需求的专业图表。由于篇幅所限，无法详细介绍所有类型的图表，本章主要介绍常用图表的创建方法，包括框图、流程图、组织结构图和网络图。本书前几章介绍的形状的大多数操作技术同样适用于本章介绍的图表，因此本章不会对这些技术进行重复介绍。在创建一些特殊的图表时，这些图表中的特定形状有其特有的操作方式，本章主要介绍这些形状的特定操作。

10.1 创建框图

在 Visio 内置的“常规”模板类型中包括“基本框图”“框图”和“具有透视效果的框图”3 种模板，这些模板提供了一些基本且常用的形状，使用这些形状可以创建一些简单、实用的图表，这些图表可以演示数据的整体结构和各个元素之间的关系，例如概念、流程、设计、业务组成部分等。本节主要介绍使用“常规”类型中的 3 种模板创建框图的方法。

10.1.1 创建基本框图

很多图表都是由一些简单的形状组成，例如矩形、箭头和一些简单的装饰图案，“基本框图”模板包含用于创建这些形状的模具。创建基本框图的操作步骤如下：

（1）在 Visio 程序中选择“文件” | “新建”命令，在进入的界面中单击“类别”，然后单击“常规”类型的缩略图，如图 10-1 所示。

（2）进入如图 10-2 所示的界面，单击“基本框图”模板。

（3）显示如图 10-3 所示的界面，右侧顶部较大的标题是所选模板的名称，下方的文字是模板的简要介绍。如果在当前所选择的模板中包含样例图表，那么就会显示在左侧的预览图中，否则只会显示一个绘图页的缩略图。

（4）如果确定要创建绘图文件，那么单击“创建”按钮，Visio 将基于“基本框图”模板创建一个新的绘图文件，并在“形状”窗格中打开与该模板关联的模具，如图 10-4 所示。

“基本框图”模板默认包含以下 4 个模具。

- 基本形状：包含常见的几何形状，例如矩形、正方形、椭圆形、圆形、三角形、不同边数的多边形。还有一些特殊的形状，例如五角星、框架、环形、徽章，以及各类圆角矩形等。

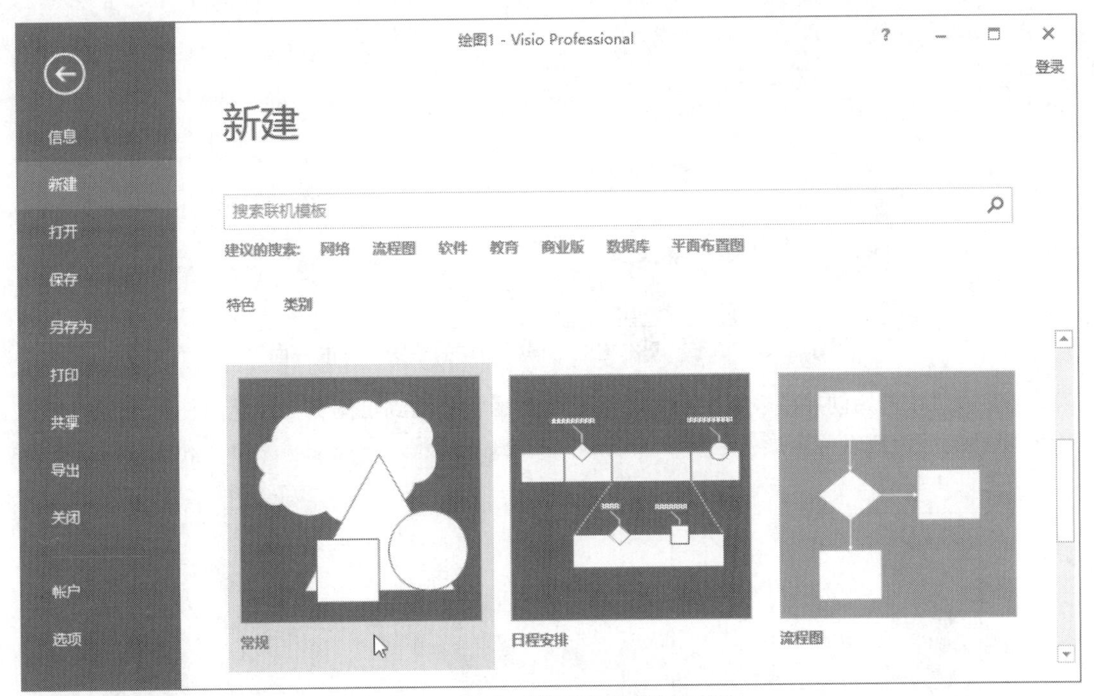

图 10-1　单击“常规”类型的缩略图

图 10-2　单击“基本框图”模板

- 箭头形状：包括常见的箭头和一些特殊箭头。
- 图案形状：包括一些简单的图案，例如笑脸、闪电、太阳、云朵等。
- 图表和数字图形：包括一些图形化的运算符号，例如加号、减号、乘号、除号等。

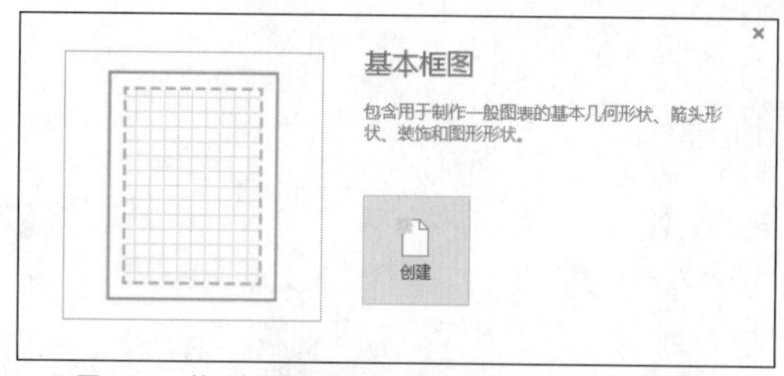

图 10-3　基于“基本框图”模板创建的绘图文件的界面

现在就可以开始创建图表了，将各个模具中的形状拖动到绘图页上，然后使用箭头形状或 Visio 默认的连接线将各个形状连接在一起，如图 10-5 所示。在绘图页上插入和连接形状的方法请参考第 4 章。

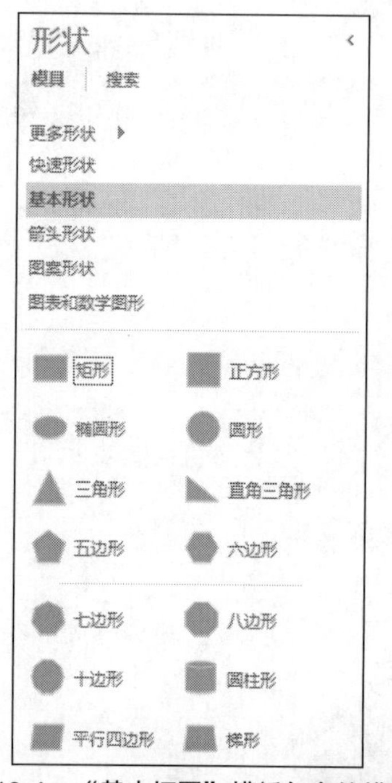

图 10-4　“基本框图”模板包含的模具

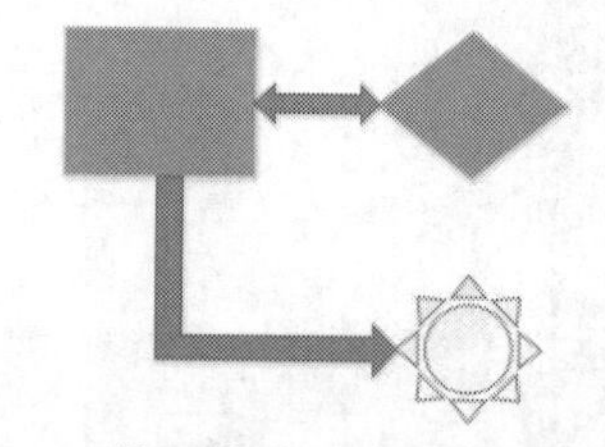

图 10-5　使用箭头形状来连接其他形状

10.1.2　创建树状图和扇状图

“常规”类型中的“框图”模板除了提供与“基本框图”模板类似的一些形状之外，还提供了用于创建树状图和扇状图的形状。与 10.1.1 节介绍的方法类似，首先使用“常规”类型中的“框图”模板创建一个绘图文件，如图 10-6 所示。

使用“框图”模板创建绘图文件后，会自动在“形状”窗格中打开“方块”和“具有凸起效果的块”两个模具。为了创建树状图，用户可以使用“方块”模具中的“树枝”类形状将其他形状以树状的形式连接在一起，如图 10-7 所示。

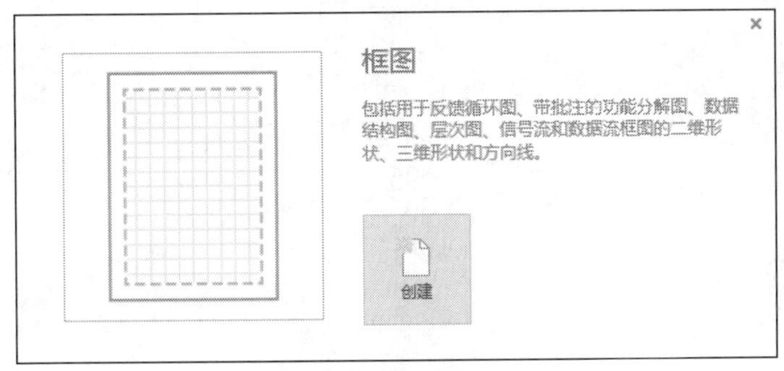

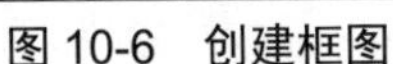
图 10-6　创建框图

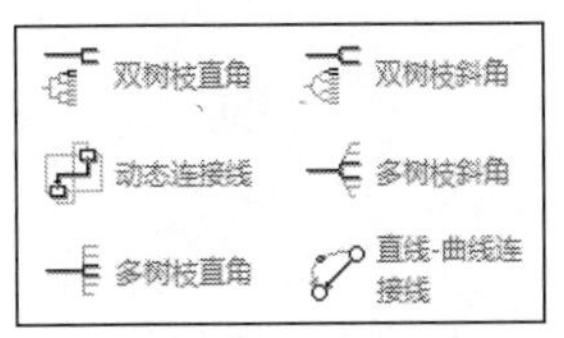

图 10-7　用于创建树状图的连接线

例如，将“方块”模具中的“双树枝直角”形状拖动到绘图页上，然后将 3 个矩形放置到树状连接线的两端，创建具有两个分支的树状图，如图 10-8 所示。

如果想要创建具有多个分支的树状图，则需要使用“方块”模具中的“多树枝直角”或“多树枝斜角”形状。例如，将“多树枝直角”形状拖动到绘图页上，默认只有两个分支，如图 10-9 所示。

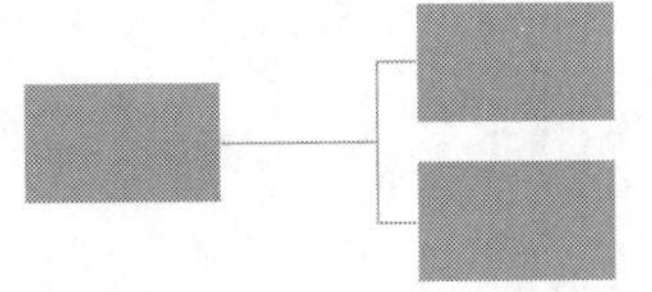

图 10-8　创建具有两个分支的树状图

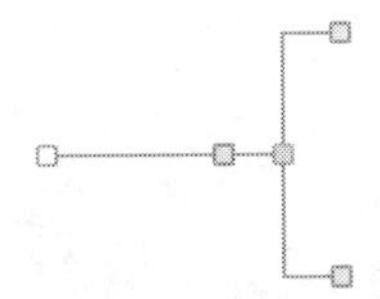

图 10-9　“多树枝直角”形状的最初外观

当选中“多树枝直角”形状时，其上会显示 5 个手柄：3 个黄色手柄、一个灰色手柄和一个白色手柄。它们的作用如下。

- 3 个黄色手柄：其中一个黄色手柄位于树干上，拖动该手柄可以添加新的分支。图 10-10 为新添加两个分支后的效果。另外两个黄色手柄位于两个分支的端点，拖动这两个手柄可以调整分支的位置和长度。图 10-11 为调整一个分支的位置和长度后的效果。

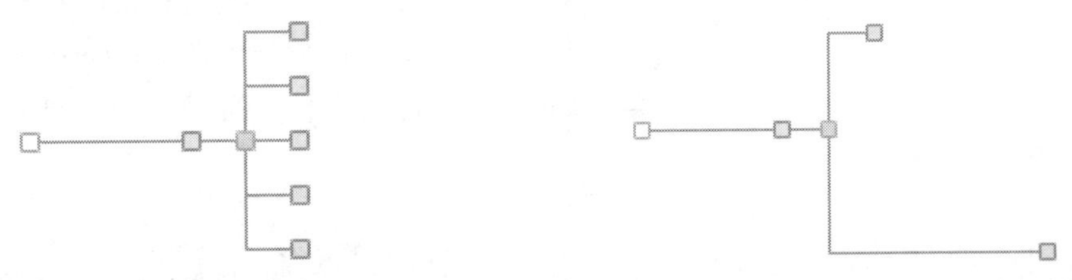

图 10-10　新添加两个分支后的效果　　　图 10-11　调整分支的位置和长度

- 一个灰色手柄：该手柄默认位于两个分支的中点，即树干的底端。拖动该手柄可以调整树干的长度和角度。
- 一个白色手柄：该手柄位于树干的顶端，拖动该手柄可以调整树干的长度和角度。

技巧：如果想让新增的分支与原有分支保持相同的长度，则可以借助网格来进行对齐。

图 10-12 是一个使用“多树枝直角”形状创建的具有 5 个分支的树状图。

创建扇状图比树状图更简单，因为不需要理解“树枝”类形状的工作方式。使用“方块”模具中的“同心圆”和“扇环”类型的形状即可创建扇状图，如图 10-13 所示。

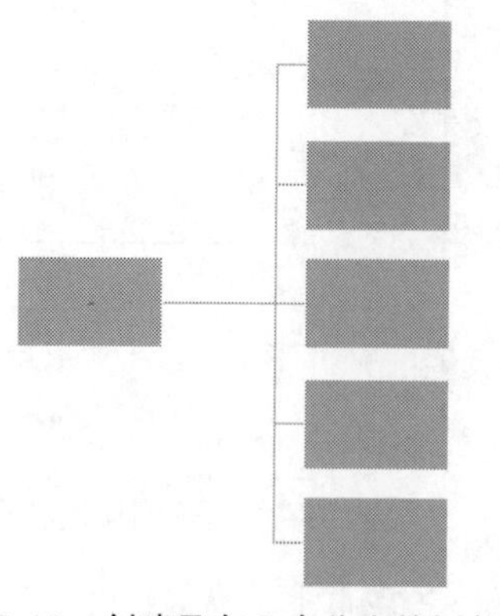

图 10-12　创建具有 5 个分支的树状图

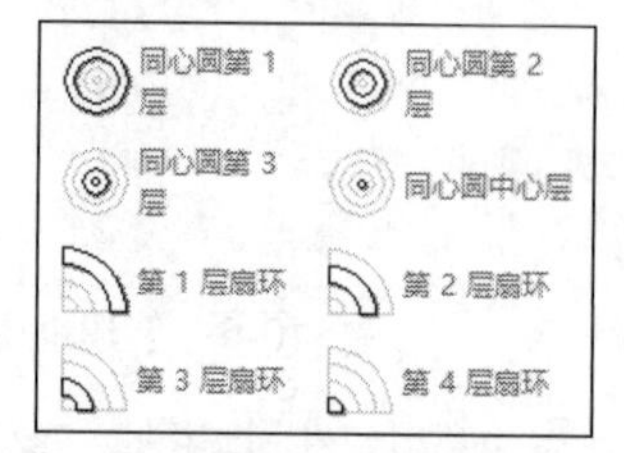

图 10-13　用于创建扇状图的形状

例如，依次将“同心圆第 1 层”“同心圆第 2 层”“同心圆第 3 层”“同心圆中心层”这 4 个形状拖动到绘图页上，并将它们以同一个圆心摆放到一起，将得到如图 10-14 所示的同心圆。

如果将“第 1 层扇环”“第 2 层扇环”“第 3 层扇环”“第 4 层扇环”这 4 个形状拖动到绘图页上，将创建如图 10-15 所示的扇区。

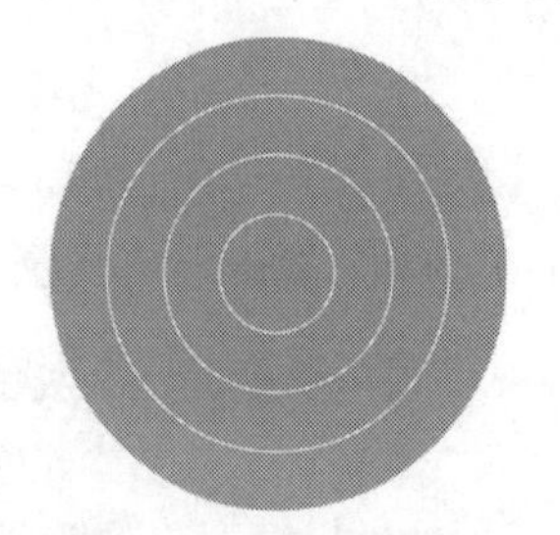

图 10-14　创建的同心圆

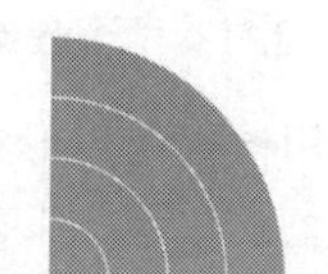

图 10-15　创建的扇区

10.1.3　创建三维框图

使用“常规”类型中的“具有透视效果的框图”模板可以创建三维立体效果的图表。与 10.1.1 节介绍的方法类似，首先使用“常规”类型中的“具有透视效果的框图”模板创建一个绘图文件，如图 10-16 所示。

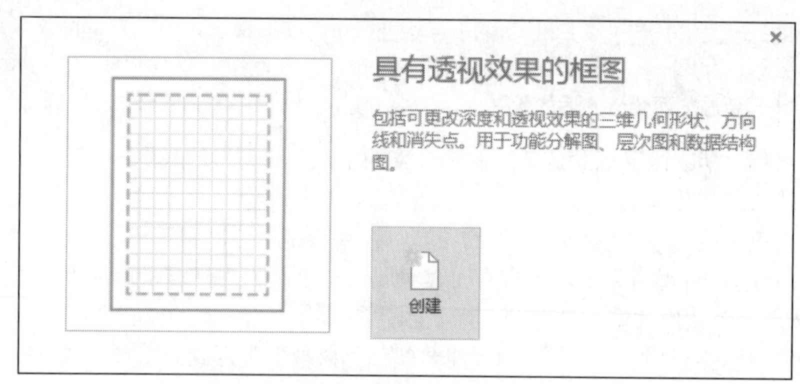

图 10-16　创建三维框图

使用“具有透视效果的框图”模板创建绘图文件后，会自动在“形状”窗格中打开“具有透视效果的块”模具，并在绘图页上会显示一个“消失点”（V.P.），它由水平和垂直的虚线相交并延伸到绘图页的外部，如图 10-17 所示。消失点用于定位绘图页上的所有三维形状的透视方向。单击水瓶虚线和垂直虚线的交叉点，会显示一个小方块，它就是消失点，如图 10-18 所示。

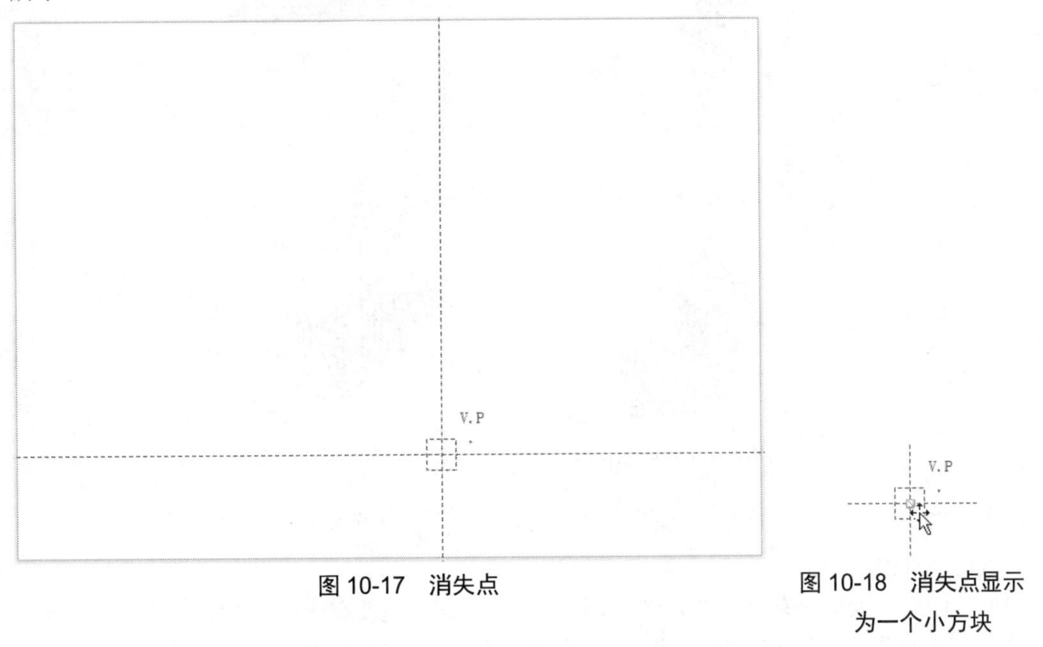

图 10-17　消失点

图 10-18　消失点显示为一个小方块

将“具有透视效果的块”模具中的一个或多个形状拖动到绘图页上，这些形状会自动将它们的透视线的方向指向消失点，如图 10-19 所示。

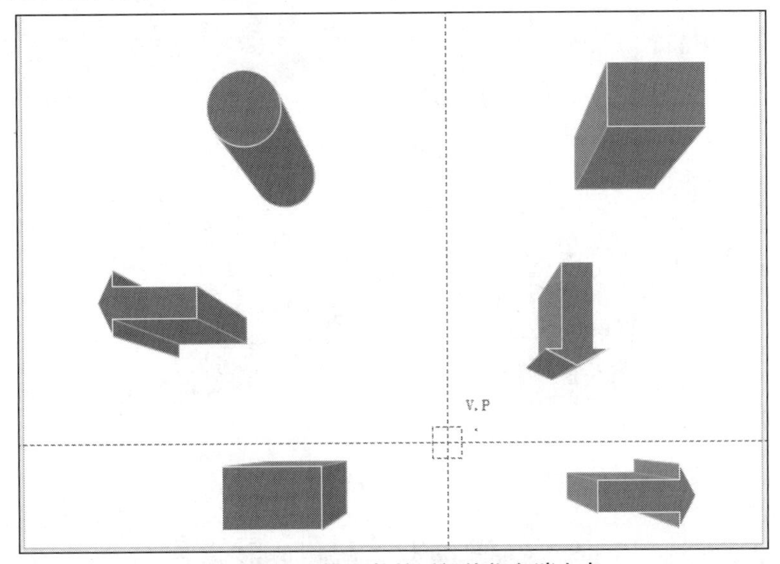

图 10-19　三维形状的透视线指向消失点

用户可以改变消失点的位置，只需使用鼠标将消失点拖动到另一个位置即可，绘图页上的所有形状的透视线的方向会随着消失点同步改变，以便始终指向消失点。如图 10-20 所示，将消失点移动到了绘图页的左上角，所有形状的透视线的方向全都指向了移动位置后的消失点。

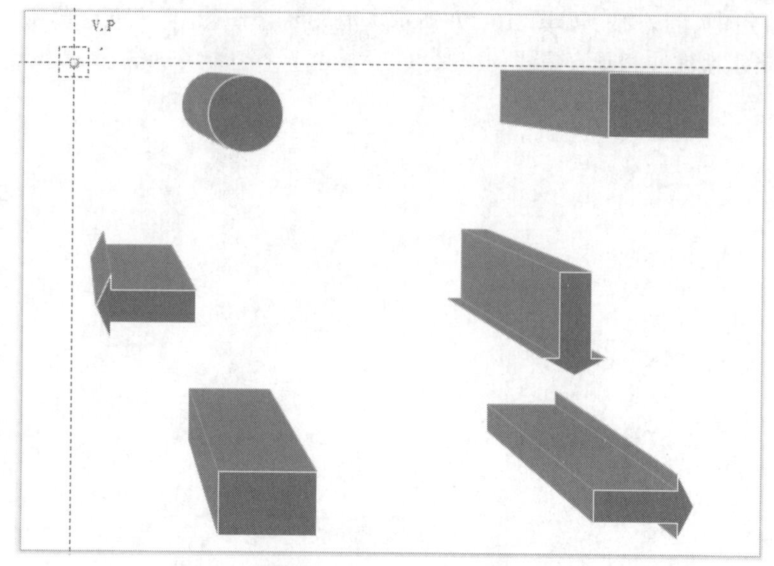

图 10-20　移动消失点

除了上面介绍的内容之外，用户还可以对消失点和三维形状执行以下几个常用的操作。

1. 添加和删除消失点

虽然绘图页上默认只有一个消失点，但是用户可以根据需要在绘图页上添加多个消失点。将“具有透视效果的块”模具中的“消失点”形状拖动到绘图页上，即可添加一个新的消失点，如图 10-21 所示。

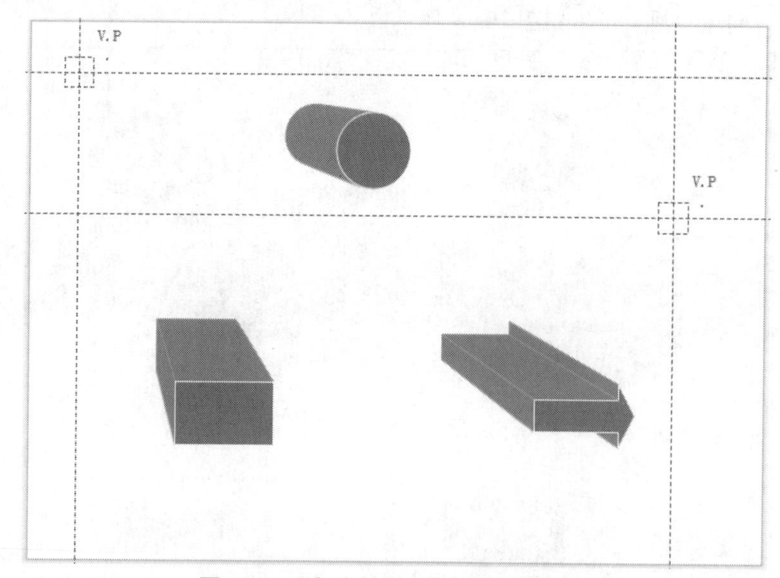

图 10-21　在绘图页上添加新的消失点

当绘图页上包含不止一个消失点时，用户可以决定让形状的透视线对齐到哪个消失点。单击要调整透视线方向的形状，该形状的透视线指向的消失点会显示为一个黄色方块，它是控制形状方向的控制手柄。如图 10-22 所示，左上角的消失点是形状当前指向的消失点。

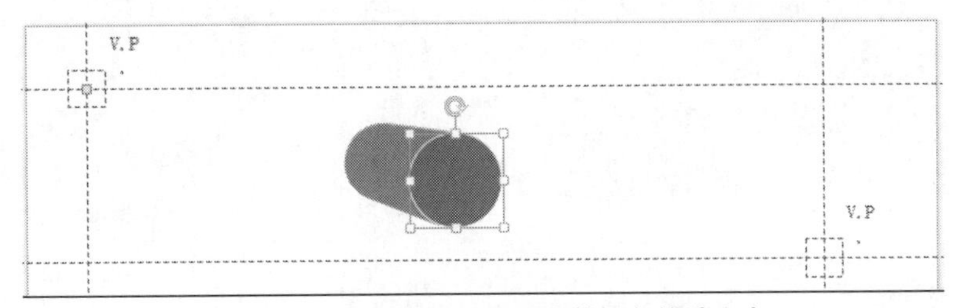

图 10-22　选中形状时显示当前指向的消失点

使用鼠标将黄色手柄拖动到新消失点的中心，形状的透视线会自动指向新的消失点，如图 10-23 所示。

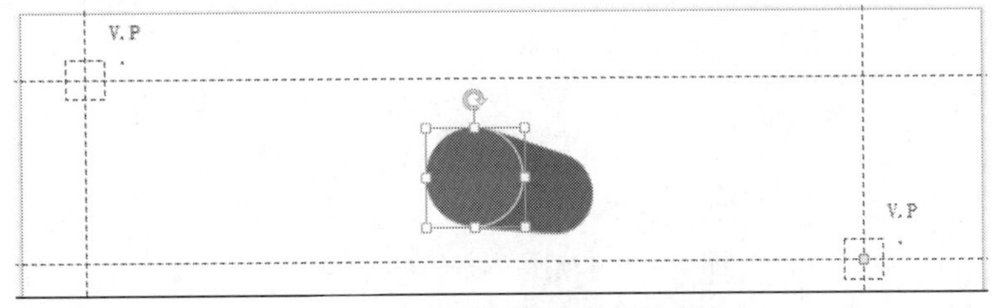

图 10-23　改变形状指向的消失点

如果想要删除绘图页上的消失点，则可以右击消失点，在弹出的快捷菜单中选择“允许删除”命令，如图 10-24 所示，然后按 Delete 键，即可将该消失点删除。

图 10-24　选择“允许删除”命令

2. 更改透视深度

用户可以更改形状的透视深度，只需右击形状，在弹出的快捷菜单中选择“设置深度”命令，如图 10-25 所示。打开“形状数据”对话框，在“深度”下拉列表中选择一个深度，然后单击“确定”按钮，如图 10-26 所示。

3. 隐藏三维形状的透视效果

可以在不删除消失点的情况下，隐藏三维形状的透视效果，即让三维形状以平面形状的外观显示。选择消失点和三维形状所在的绘图页，然后在功能区“开始”选项卡的“编辑”组中单击“图层”按钮，在弹出的菜单中选择“层属性”命令，打开“图层属性”对话框，取消选中“三维深度”中的“可见”复选框，如图 10-27 所示最后单击“确定”按钮，结果如图 10-28 所示。

图 10-25　选择“设置深度”命令

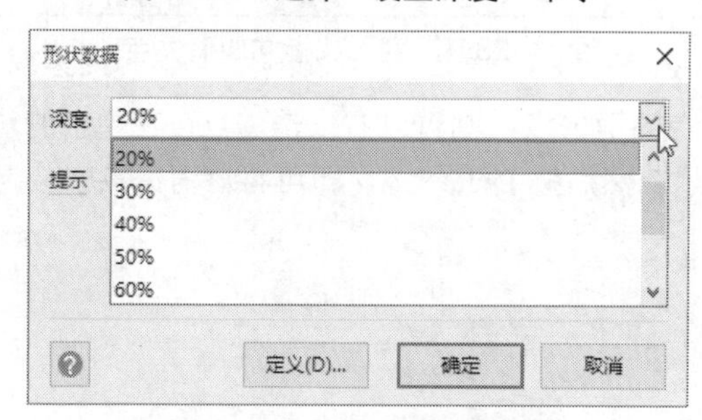

图 10-26　更改形状的深度

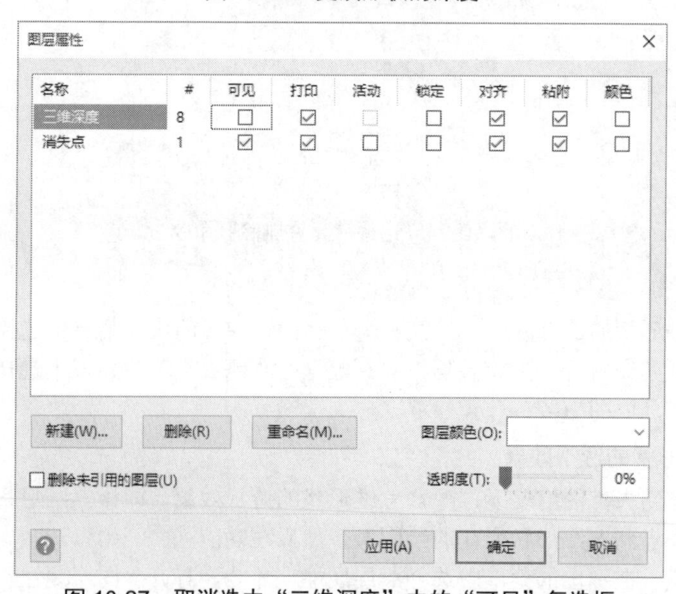

图 10-27　取消选中“三维深度”中的“可见”复选框

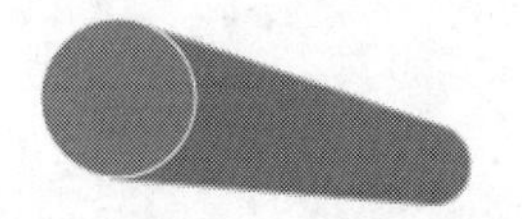

图 10-28　取消选中“三维深度”中的“可见”复选框后的效果

图 10-29 为隐藏三维形状的透视效果。

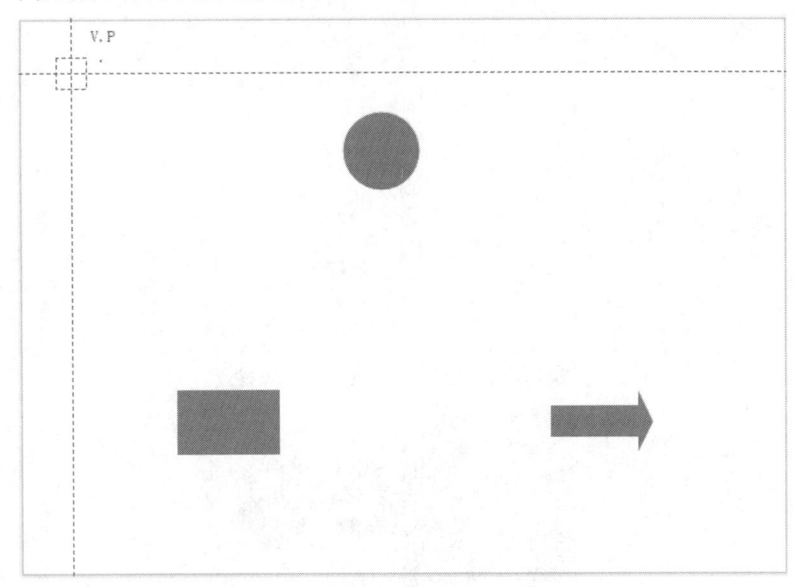

图 10-29　隐藏三维形状的透视效果

10.1.4　让形状相互融入

如图 10-30 所示，虽然将两个形状紧挨在一起，但是由于它们都有自己的边框线，因此两个之间的边界线很明显，很难将它们看作一个整体。

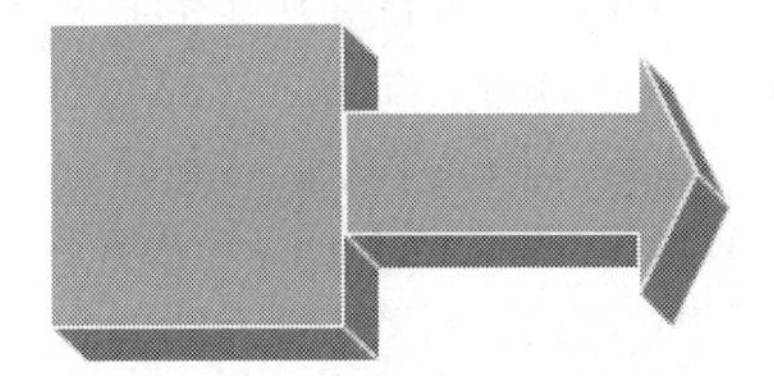

图 10-30　各自包含边界的两个形状

为了让两个形状在视觉上融为一体，可以右击箭头形状，在弹出的快捷菜单中选择“箭尾开放”命令，如图 10-31 所示，即可隐藏两个形状连接处的边框线，使它们看起来像一个整体，如图 10-32 所示。

注意：执行上述操作时，需要让设置“开放”操作的形状位于另一个形状的上面，可以通过设置形状的层叠位置来改变形状的上下位置关系。

“框图”模板自带的“方块”和“具有凸起效果的块”两个模具中的很多形状都具有隐藏边界的特性，例如“一维单向箭头”“二维单向箭头”“开放/闭合条”“左箭头”“右箭头”“上箭头”“下箭头”“水平条”“垂直条”和“肘形”。

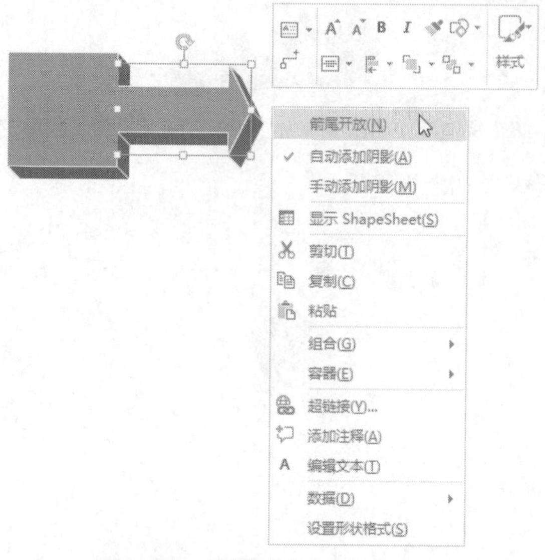

图 10-31　选择“箭尾开放”命令

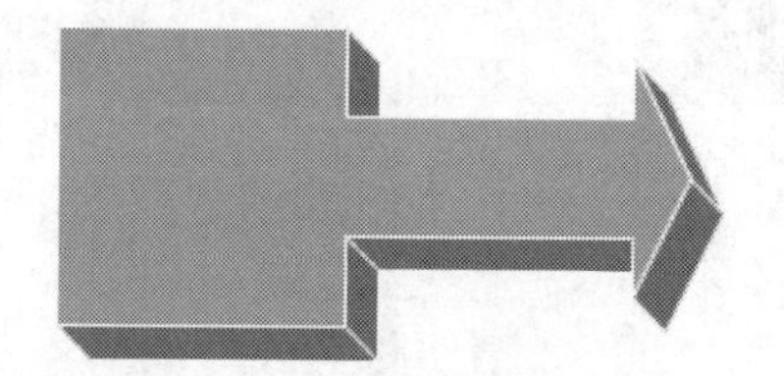

图 10-32　让形状相互融入

10.2　创建流程图

人类的各种工作都是按照特定的顺序进行的，例如生产一种产品要分多道工序才能完成，这些工序合在一起就构成了产品的生产流程。Visio 内置的“流程图”模板类型提供了 9 种模板，既包括用于创建常规流程图的“基本流程图”模板，也包括用于创建一些专业化较强的图表的模板，例如“BPMN 图”“IDEFO 图”和“SDL 图”模板。使用 Visio 内置的流程图模板可以让流程图的创建过程变得更加简单和高效。本节主要介绍使用“基本流程图”模板创建常规流程图的方法。

10.2.1　了解流程图形状的含义

在流程图中，不同形状具有不同的含义，每一个形状表示流程中的一个特定步骤。人们对流程图中的各类形状进行了被广泛认可的定义，但是这些都是人为规定，实际上人们可将任何形状理解为不同的含义，只要特定范围内的用户都认可这种定义即可。

下面是流程图中常用的一些形状及其含义，可以在“基本流程图形状”模具中找到这些形状。

（1）“开始/结束”形状：如图 10-33 所示，表示流程中的第一步和最后一步。

（2）“流程”形状：如图 10-34 所示，表示流程中的一个步骤。

图 10-33　“开始/结束”形状　　图 10-34　“流程”形状

（3）“子流程”形状：如图 10-35 所示，表示一组步骤。将这些步骤组合起来创建一个在其他位置定义的子流程，例如“其他位置”可以是同一个绘图文件的另一个绘图页。

（4）“判定”形状：如图 10-36 所示，该形状表示进入下一个步骤前需要进行条件判断，根据判断结果执行不同的步骤，通常只有“是”和“否”两种判断结果。

图 10-35　“子流程”形状　　图 10-36　“判定”形状

（5）“数据”形状：如图 10-37 所示，表示信息从外部进入流程或信息离开流程。该形状还可以表示材料，有时将其称为“输入/输出”形状。

（6）“文档”形状：如图 10-38 所示，表示一个生成文档的步骤。

图 10-37　“数据”形状　　图 10-38　“文档”形状

（7）“页面内引用”形状：如图 10-39 所示，表示流程中的下一步或上一步在绘图上的其他位置，通常在大型的流程图中才会使用该形状。

（8）“跨页引用”形状：如图 10-40 所示，与“页面内引用”形状的功能类似，只不过该形状用于引用另一个页面上的内容。将该形状添加到绘图页上时会打开一个对话框，可以在两个页面之间创建一组超链接，也可以创建子流程形状与显示该子流程内各个步骤的单独流程绘图页之间的一组超链接。

图 10-39　“页面内引用”形状　　图 10-40　“跨页引用”形状

10.2.2　创建基本流程图

创建基本流程图的方法与第 4 章介绍的在绘图页上添加形状并使用连接线将形状连接在一起的方法并无本质区别。就像 10.2.1 节介绍的那些形状。创建基本流程图的操作步骤如下：

（1）在 Visio 程序中选择“文件”|“新建”命令，在进入的界面中单击“类别”，然后单击“流程图”类型的缩略图，如图 10-41 所示。

（2）进入如图 10-42 所示的界面，单击“基本流程图”模板。

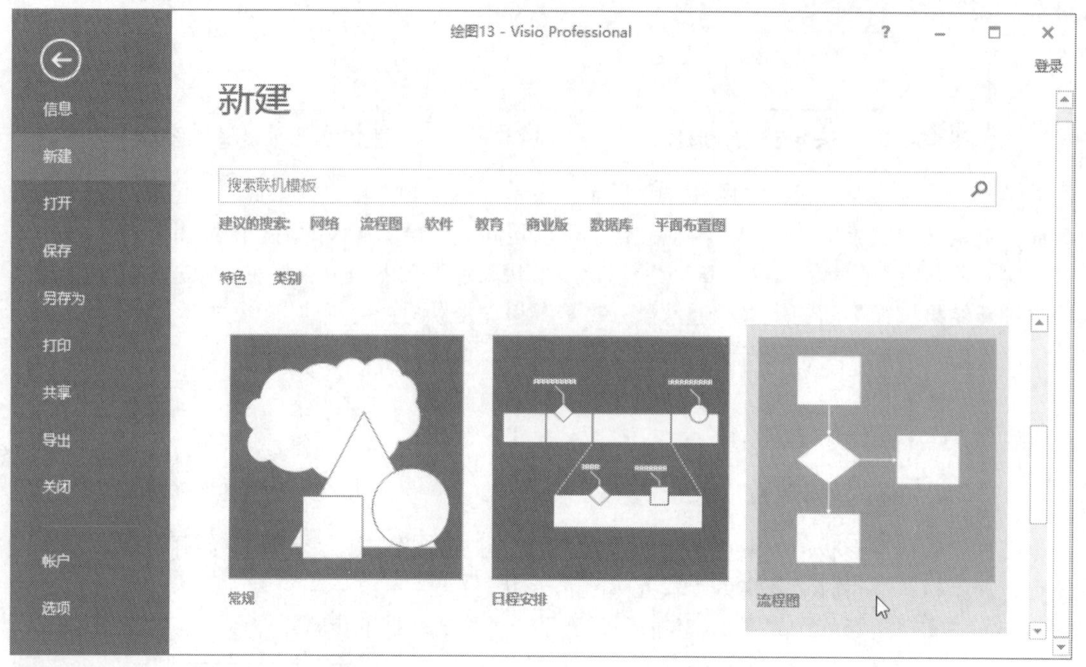

图 10-41 单击“流程图”类型的缩略图

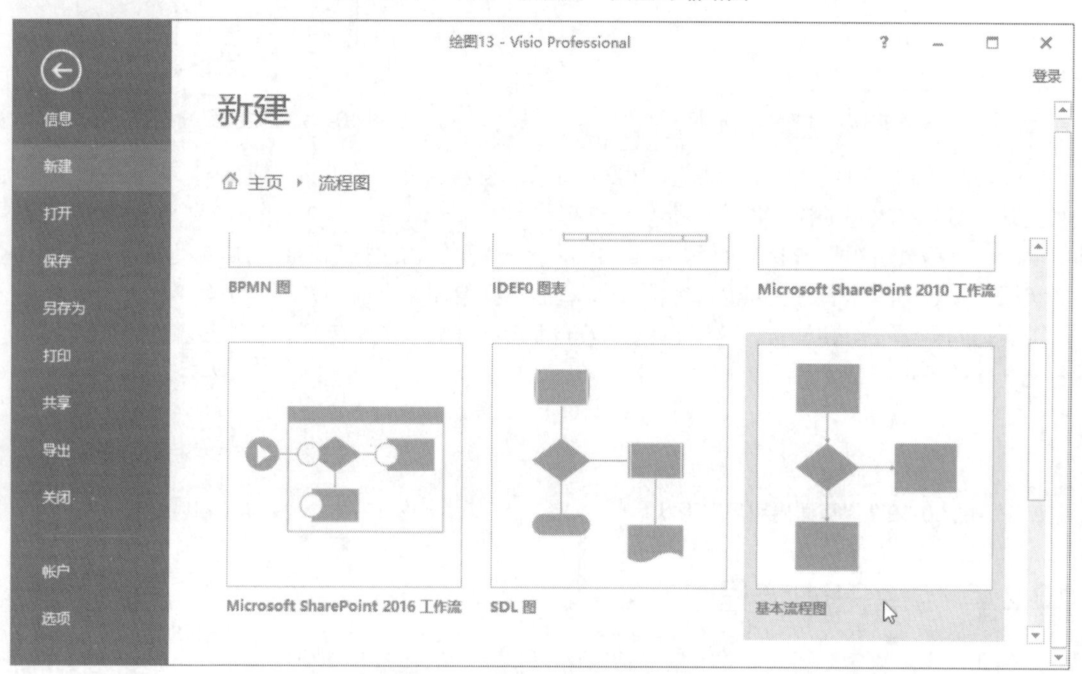

图 10-42 单击“基本流程图”模板

（3）显示如图 10-43 所示的界面，其中有 4 个选项，用户可以选择创建空白的绘图文件，也可以选择创建包含样例图表的绘图文件。

（4）从 4 个选项中选择一个，然后单击“创建”按钮，Visio 将基于“基本流程图”模板创建一个新的绘图文件，并自动在“形状”窗格中打开“基本流程图形状”和“跨职能流程图形状”两个模具，如图 10-44 所示。

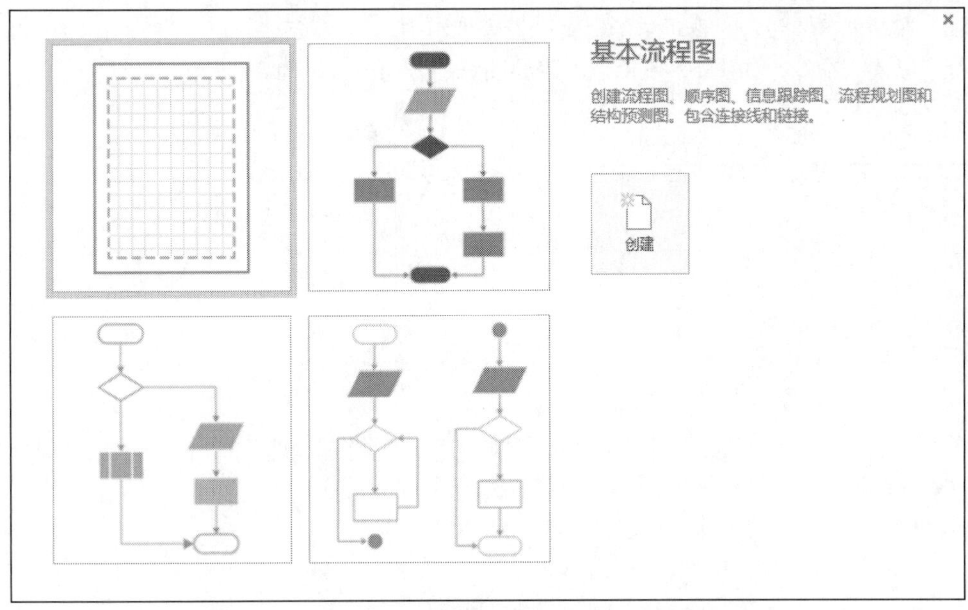

图 10-43　基于“基本流程图”模板创建绘图文件的界面

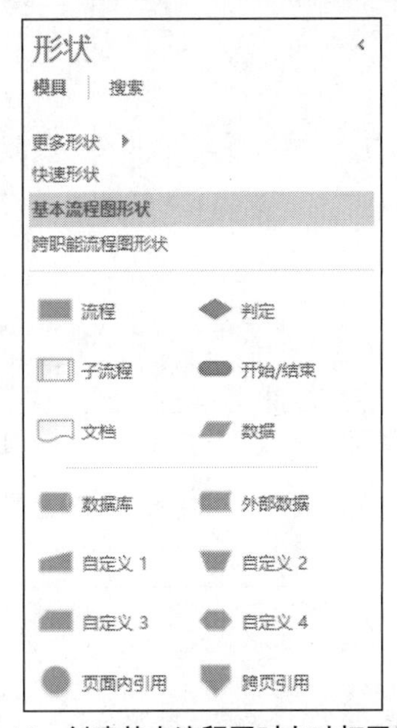

图 10-44　创建基本流程图时自动打开的模具

接下来就可以开始创建所需的流程图了，使用的技术与第 4 章介绍的添加与连接形状的技术并无本质区别，最主要的不同可能就是流程图中的各个形状有其特定的含义。

10.2.3　案例实战：制作会员注册流程图

本例以会员注册流程为例，来介绍制作一般流程图的方法。本例中的会员制作流程图如图 10-45 所示。制作会员注册流程图的操作步骤如下：

（1）使用 10.2.2 节中的方法，基于“基本流程图”模板创建一个空白的绘图文件。

（2）在功能区“设计”选项卡的“页面设置”组中单击“纸张方向”按钮，在弹出的菜单中选择“纵向”命令，如图 10-46 所示，将绘图页的方向改为纵向。

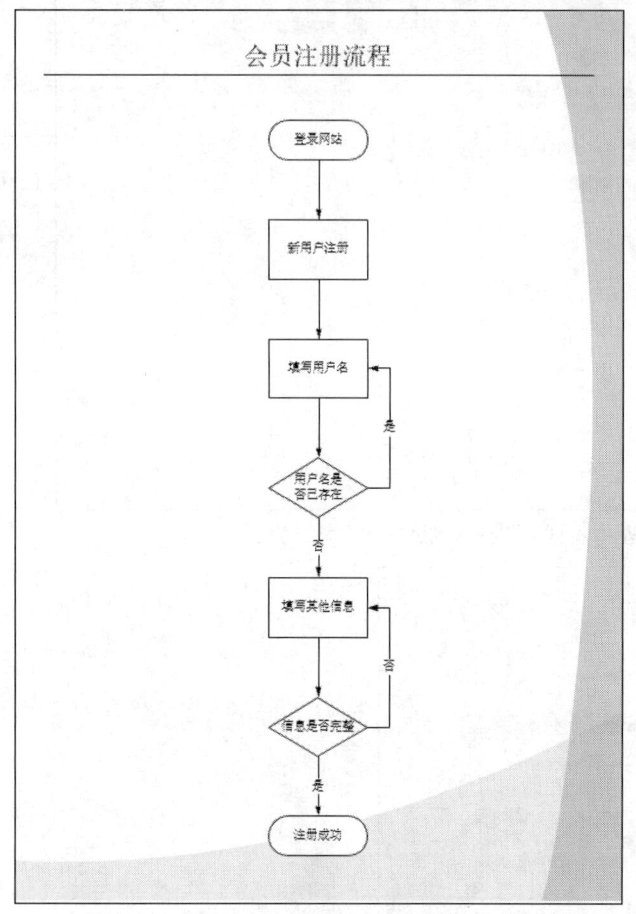

图 10-45　会员注册流程图

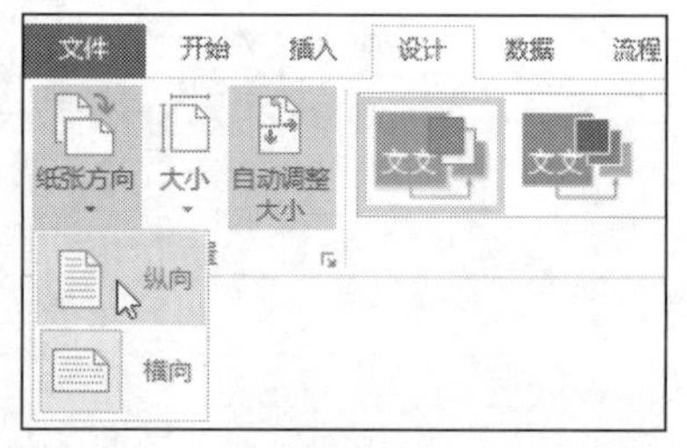

图 10-46　将绘图页的方向改为纵向

（3）在“设计”选项卡的“主题”组中，将绘图页的主题更改为“无主题”，如图 10-47 所示。

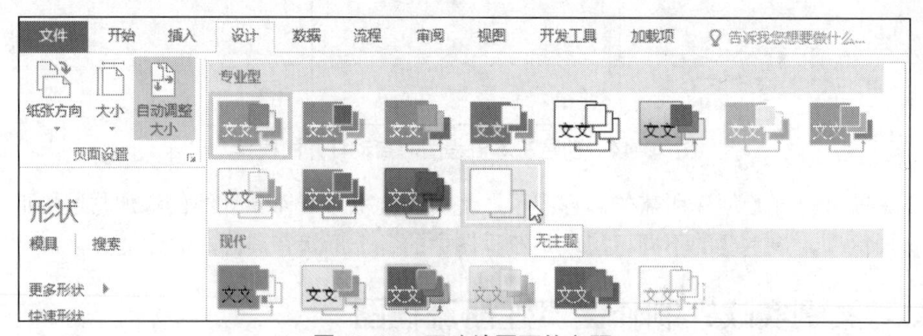

图 10-47　更改绘图页的主题

（4）将“基本流程图形状”模具中的“开始/结束”形状拖动到绘图页上，然后在形状中输入文字“登录网站”，如图 10-48 所示。

（5）将鼠标指针移动到已创建的第一个形状上，会自动显示蓝色的自动连接箭头，将鼠标指针移动到下方的肩头上，在自动显示的浮动工具栏上单击“流程”形状，如图 10-49 所示。

图 10-48　添加“开始/结束”形状并输入文字　　　图 10-49　单击浮动工具栏上的“流程”形状

（6）在第一个形状的下方添加“流程”形状并自动在两个形状之间添加连接线，在“流程”形状中输入文字“新用户注册”，如图 10-50 所示。

（7）在“新用户注册”形状的下方添加一个“流程”形状，然后在其中输入文字“填写用户名”，如图 10-51 所示。

图 10-50　添加“流程”形状并输入文字　　　图 10-51　添加第二个“流程”形状并输入文字

（8）在“填写用户名”形状的下方添加一个“判定”形状，然后在其中输入文字“用户名是否已存在”，如图 10-52 所示。

（9）将鼠标指针移动到上一步添加的“判定”形状上，当显示自动连接箭头时，将右侧的箭头拖动到上方的形状右侧的连接点上，在它们之间添加一条连接线，如图 10-53 所示。

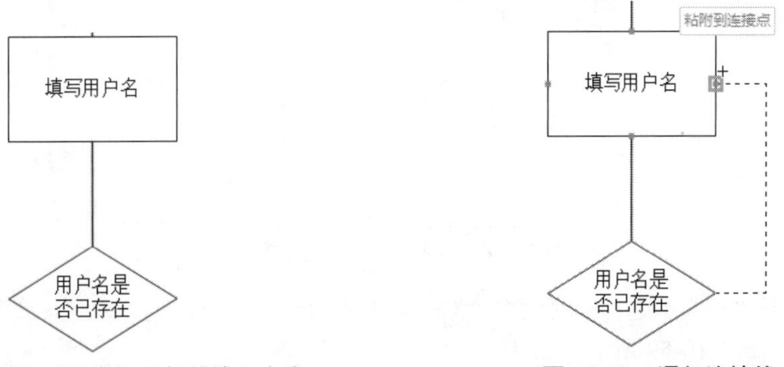

图 10-52　添加“判定”形状并输入文字　　　图 10-53　添加连接线

（10）选择上一步添加的连接线，然后输入文字“是”，如图 10-54 所示。

（11）在“用户名是否已存在”形状的下方添加一个“流程”形状，然后在其中输入文字“填写其他信息”，并为该形状与其上方形状之间的连接线输入文字“否”，如图 10-55 所示。

图 10-54　为连接线添加文字　　　　图 10-55　添加形状并输入文字

（12）在“填写其他信息”形状的下方添加一个“判定”形状，然后在其中输入“信息是否完整”，并在该形状的右侧与上一个形状的右侧之间添加一条连接线，为连接线输入文字“否”，如图 10-56 所示。

（13）在“信息是否完整”形状的下方添加一个“开始/结束”形状，然后在其中输入文字“注册成功”，并为该形状与上一个形状之间的连接线输入文字“是”，如图 10-57 所示。

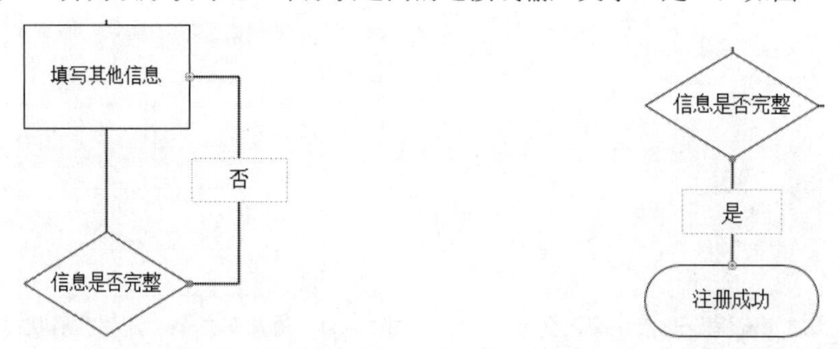

图 10-56　添加形状、输入文字并完成连接　　　　图 10-57　添加“开始/结束”形状并输入文字

（14）为了表示流程中各个步骤之间的顺序关系，应该将所有连接线的一端改为箭头。在功能区“开始”选项卡的“编辑”组中单击“选择”按钮，然后在弹出的菜单中选择“按类型选择”命令，如图 10-58 所示。

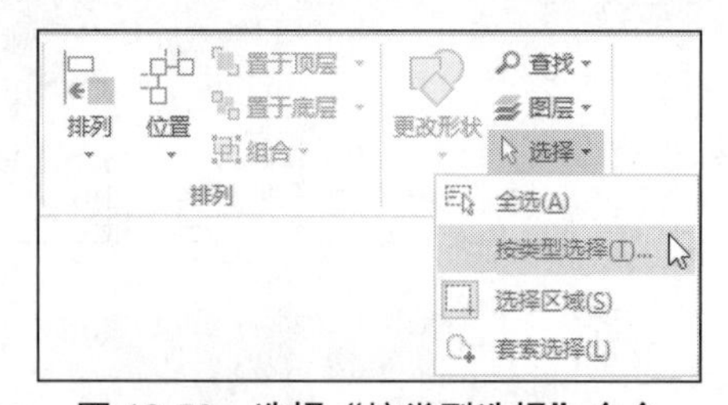

图 10-58　选择“按类型选择”命令

（15）打开“按类型选择”对话框，选中“形状角色”单选按钮，然后只选中右侧的“连接线”复选框，如图 10-59 所示。

（16）单击“确定”按钮，关闭“按类型选择”对话框，此时自动选中了绘图页上的所有连接线，如图 10-60 所示。

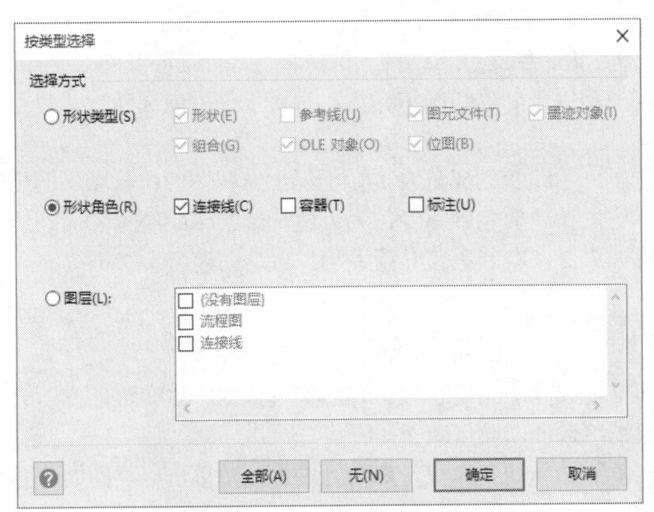

图 10-59　选中“连接线”复选框

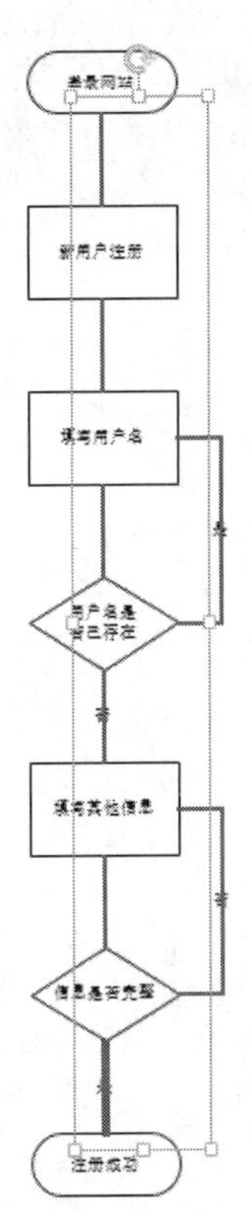

图 10-60　选中绘图页上的所有连接线

（17）在功能区“开始”选项卡的“形状样式”组中单击“箭头”按钮，然后在打开的列表中选择如图 10-61 所示的箭头，将所有连接线改为一端带有箭头的线条外观。

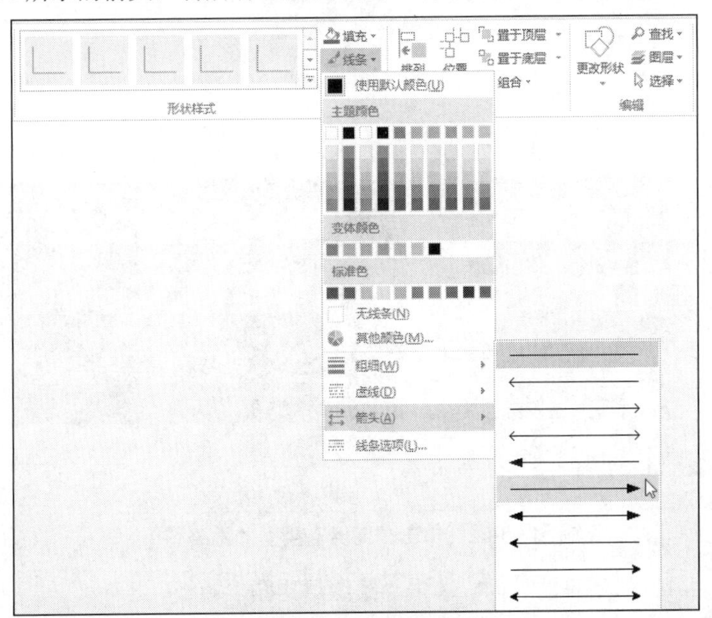

图 10-61　选择箭头样式

（18）为绘图页添加合适的背景、边框和标题，并将标题设置为“会员注册流程”，最后可以适当调整所有文本的字体大小。

10.3　创建组织结构图

组织结构图是一种用于显示企业内部的组织结构、部门构成、人员组成的层次关系图。在 Visio 内置的“商务”模板类型中提供了用于创建组织结构图的“组织结构图”和“组织结构图向导”两个模板。这两种模板为用户提供了创建组织结构图的两种方式，既可以使用 Visio 标准技术通过添加形状并完成形状之间的连接来创建组织结构图，也可以使用向导从外部数据源导入数据并自动创建组织结构图。

虽然在 10.1.2 节中可以使用“框图”模板创建外观类似于组织结构图的树状图，但是组织结构图更强大，这是因为“组织结构图”模板包含了专门为创建和维护组织结构图而设计的工具，让组织结构图的创建更加方便、快捷。本节主要介绍手动和自动创建组织结构图的方法。

10.3.1　手动创建组织结构图

如果组织结构图的内容比较简单，或者手头没有创建好的相关数据，那么可以使用“组织结构图”模板以手动的方式创建组织结构图，操作步骤如下：

（1）在 Visio 程序中选择“文件”|“新建”命令，在进入的界面中单击“类别”，然后单击“商务”类型的缩略图，如图 10-62 所示。

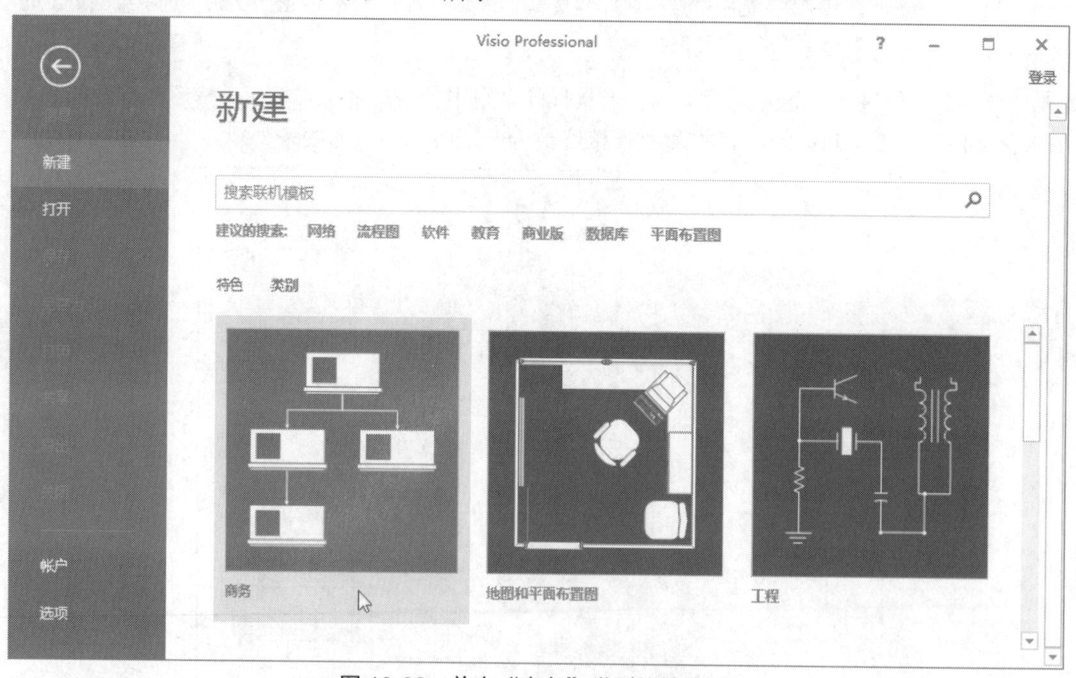

图 10-62　单击“商务”类型的缩略图

（2）进入如图 10-63 所示的界面，单击“组织结构图”模板。

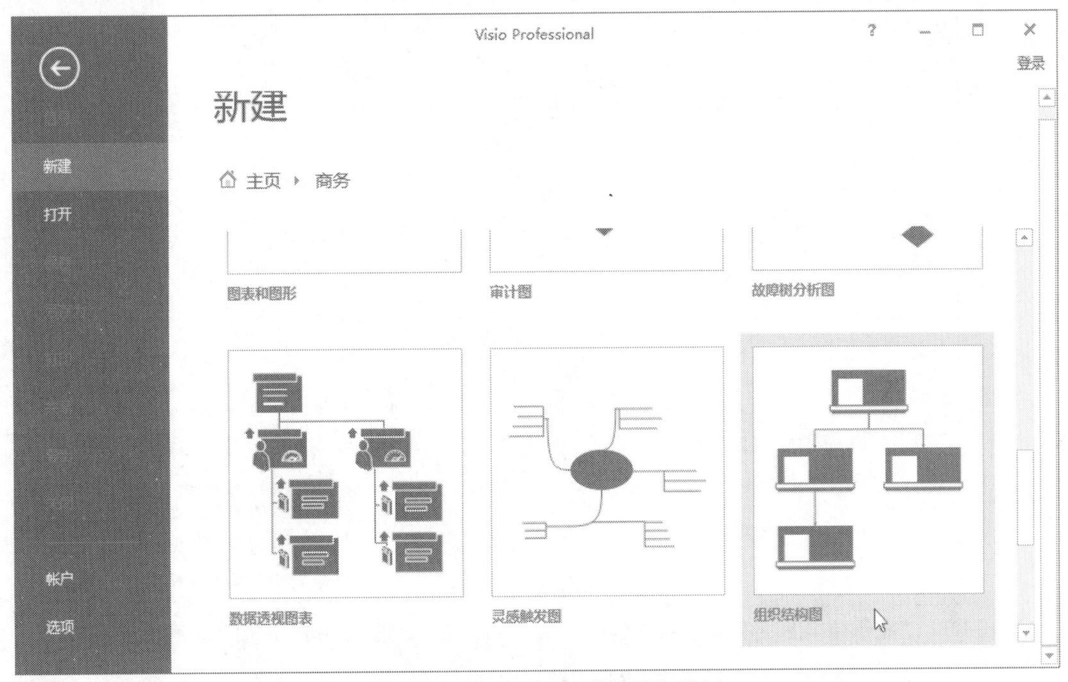

图 10-63　单击“组织结构图”模板

（3）显示如图 10-64 所示的界面，由于只有一个选项，因此直接单击“创建”按钮。

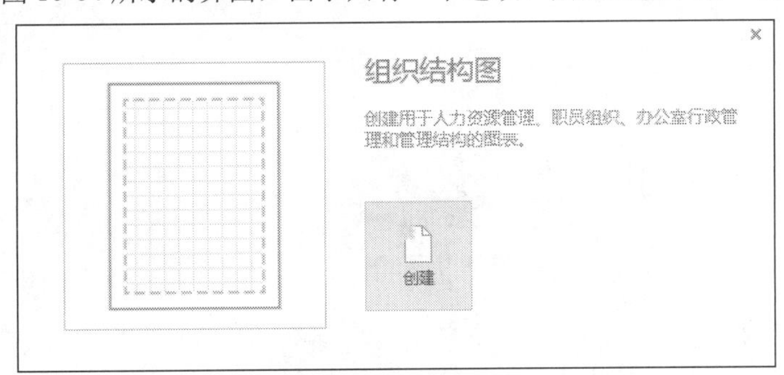

图 10-64　基于“组织结构图”模板创建绘图文件的界面

Visio 将基于“组织结构图”模板创建一个新的绘图文件，并在“形状”窗格中打开与该模板关联的模具，如图 10-65 所示。

现在就可以开始创建组织结构图了。无论创建哪种类型的组织结构图，都遵循以下基本流程：

（1）将组织结构图中的顶层形状拖动到绘图页上，例如表示“经理”的形状，如图 10-66 所示。

（2）选择顶层形状，然后输入姓名和职务，如图 10-67 所示。

提示：形状默认包含 5 项数据：部门、电话、姓名、职务、电子邮件，但是在形状上默认只显示“姓名”和“职务”两项。

（3）将表示第一个下属人员的形状拖动到前面创建的形状上，Visio 会自动在该形状与顶层形状之间添加连接线，如图 10-68 所示。

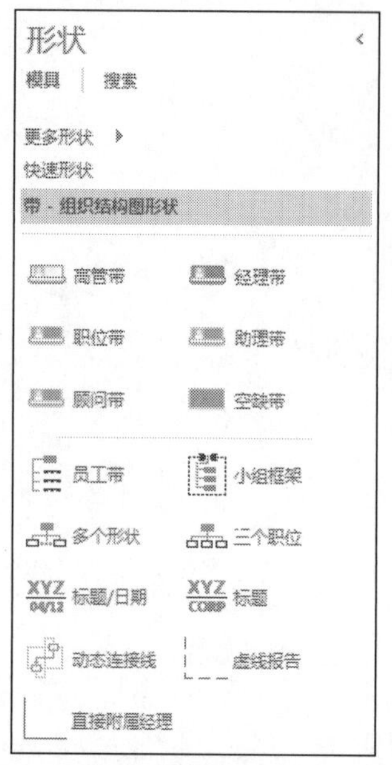

图 10-65　“组织结构图”模板包含的模具

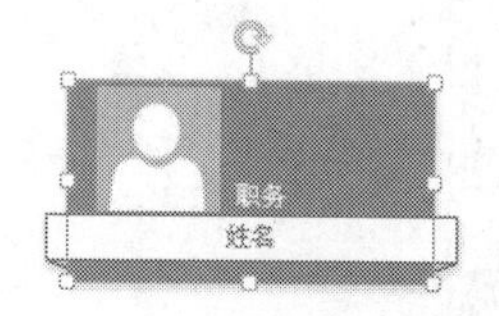

图 10-66　添加顶层形状

（4）使用类似于步骤（3）的方法，继续添加其他所需形状，然后为这些形状输入姓名和职务，如图 10-69 所示。

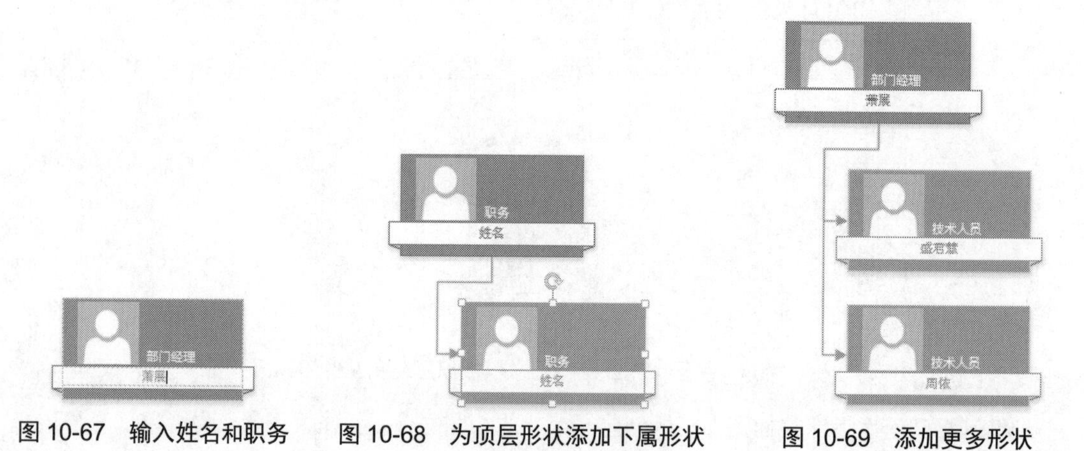

图 10-67　输入姓名和职务　　图 10-68　为顶层形状添加下属形状　　图 10-69　添加更多形状

（5）使用功能区“组织结构图”选项卡中的命令设置组织结构图的布局和外观格式，如图 10-70 所示。

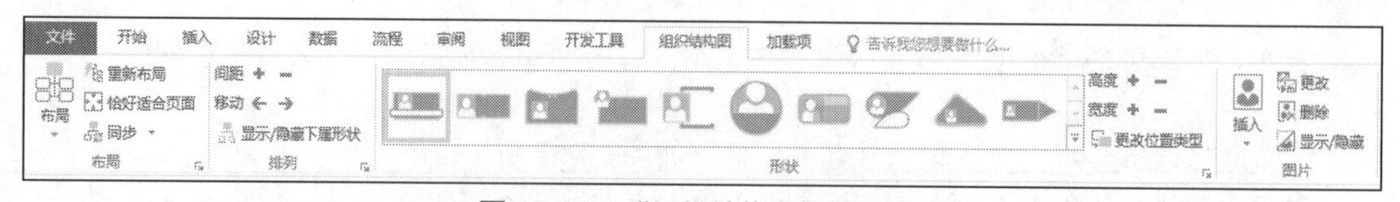

图 10-70　“组织结构图”选项卡

接下来将详细介绍设置和调整组织结构图的方法。

10.3.2　设置组织结构图的整体布局

创建组织结构图后，Visio 会在功能区中新增一个名为“组织结构图”的选项卡，该选项卡中的命令专门用于组织结构图。可以在该选项卡的“布局”组中单击“布局”按钮，在打开的列表中选择组织结构图中所有形状的布局方式，如图 10-71 所示。

“排列”组中的命令用于调整组织结构图中各个形状之间的距离，以及调整形状在组织结构图中的位置。选择一个上级形状，然后在“排列”组中单击“显示/隐藏下属形状”按钮，将隐藏该形状的所有下属形状，并在该形状的右下角显示一个标记，如图 10-72 所示。再次单击该按钮将重新显示下属形状。

如果需要更改已经在绘图页上创建好的组织结构图中的形状的类型，那么需要选择该形状，然后在“组织结构图”选项卡的“形状”组中单击“更改位置类型”按钮，在打开的对话框中选择目标类型，如图 10-73 所示，最后单击“确定”按钮。

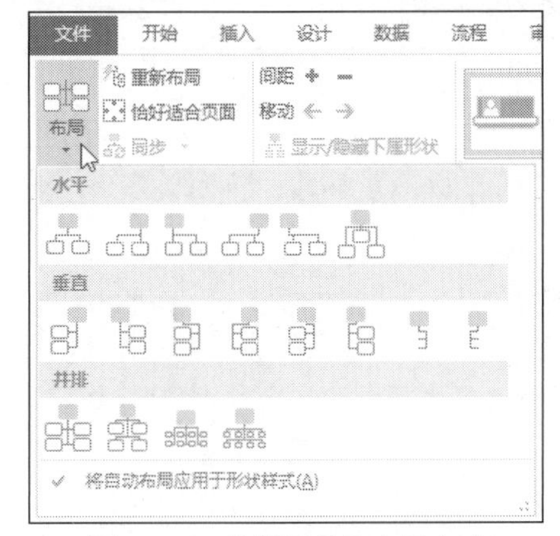

图 10-71　选择形状的布局方式

图 10-72　隐藏下属形状后的上级形状

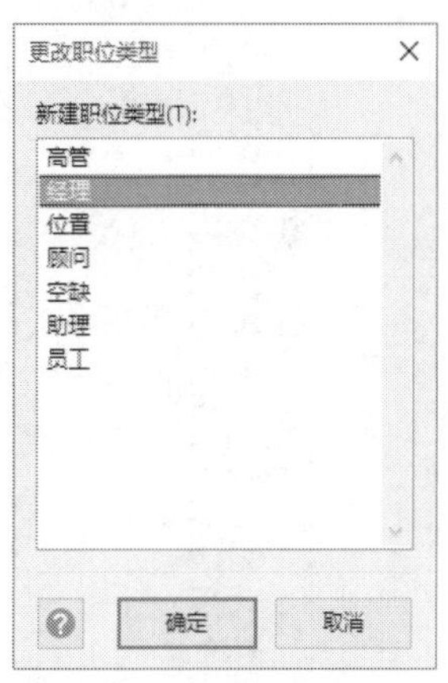

图 10-73　更改形状的职位类型

10.3.3　更改组织结构图的形状样式

使用 Visio 内置的“组织结构图”模板创建的组织结构图中的形状默认以“带”样式显示。自动打开的“带-组织结构图形状”模具的名称对应于模具中的形状样式。除了“带”样式之外，用户还可以为组织结构图设置其他样式，只需在功能区“组织结构图”选项卡的“形状”组中打开样式下拉列表，从中选择一种样式，如图 10-74 所示。

图 10-74　选择一种形状样式

图 10-75 是为同一个组织结构图应用两种不同样式后的效果。

在“形状”窗格中选择“更多形状”|“商务”|“组织结构图”命令，在弹出的菜单中显示了用于组织结构图的所有模具，如图 10-76 所示。从它们的名称就可以看出，这些模具与各形状样式相对应。

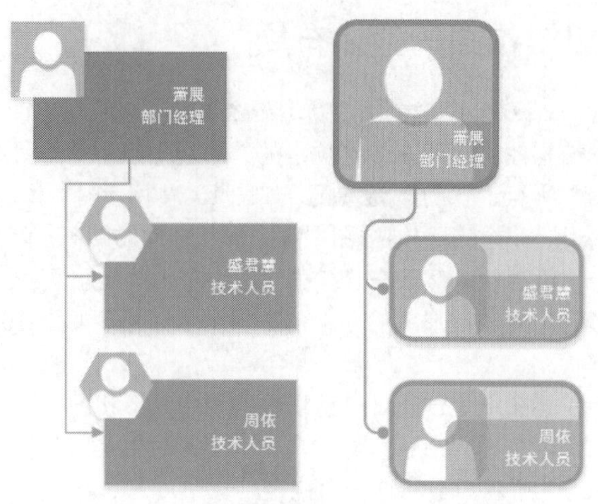

图 10-75　应用不同样式后的组织结构图

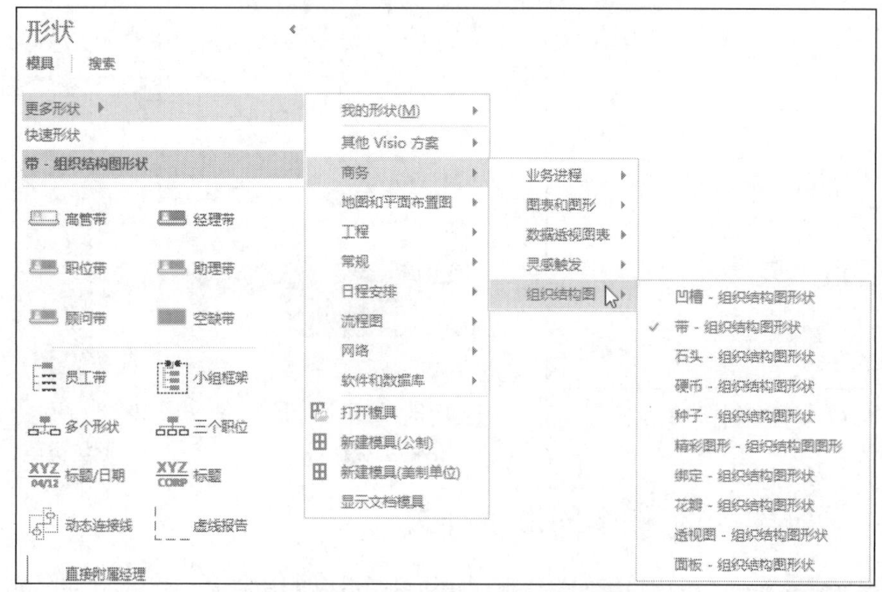

图 10-76　用于组织结构图的所有模具

10.3.4　指定在形状上显示的字段

默认情况下，组织结构图中的形状上会显示“姓名”和“职务”两个字段，通过为这两个字段设置具体的值，可以让组织结构图中的每个形状表示特定的实体。

如果想要在形状上显示更多信息，则可以单击功能区“组织结构图”选项卡“形状”组右下角的对话框启动器，打开“选项”对话框，选择“字段”选项卡。“块 1”和“块 2”表示形状上可以显示文本的两个区域，“块 1”对应的区域可以同时显示多个字段，而“块 2”对应的区域只能显示一个字段。通常在“块 2”区域显示最重要的信息，在“块 1”区域显示一些辅助信息。

在“块 1”列表框中可以同时选中多个复选框，以便将选中的字段同时显示在形状上，如图 10-77 所示。单击“上移”或“下移”按钮可以调整字段在形状上的排列顺序。在“块 2”下拉列表中选择一个字段。设置好后单击“确定”按钮。图 10-78 是在形状上同时显示姓名、职务、部门 3 个字段。

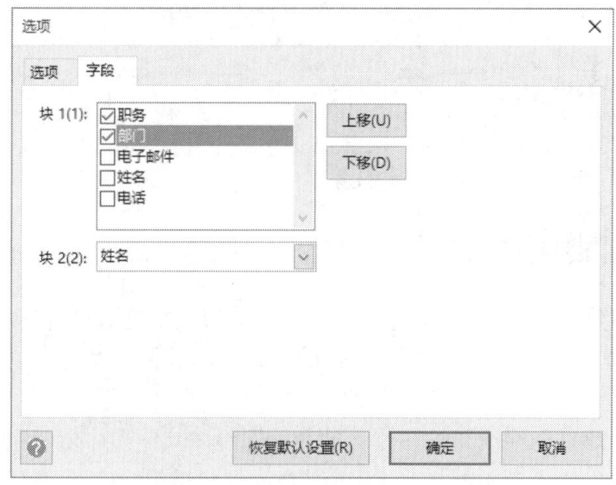

图 10-77　选择要在形状上显示的字段

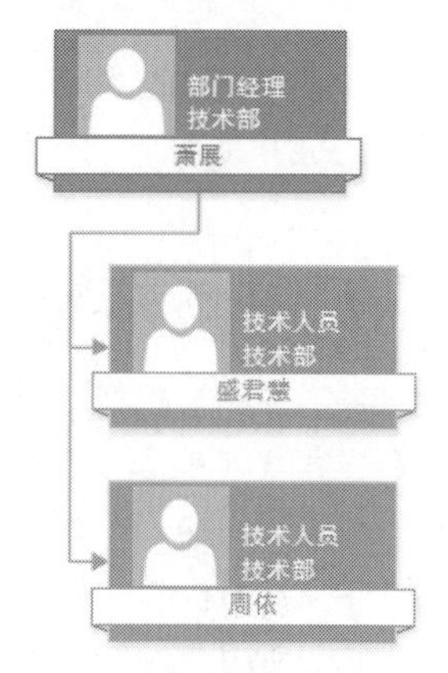

图 10-78　改变形状上显示的字段数量

10.3.5　为形状添加图片

在 Visio 中创建组织结构图后，其中的每个形状上都有一个半身人形图片。用户可以使用自己的图片替换这些默认的图片，操作步骤如下：

（1）在绘图页上选择要更改图片的形状，然后在功能区“组织结构图”选项卡的“图片”组中单击“更改”按钮，如图 10-79 所示。

（2）打开“插入图片”对话框，找到并双击要使用的图片，即可使用所选图片替换原有图片，如图 10-80 所示。

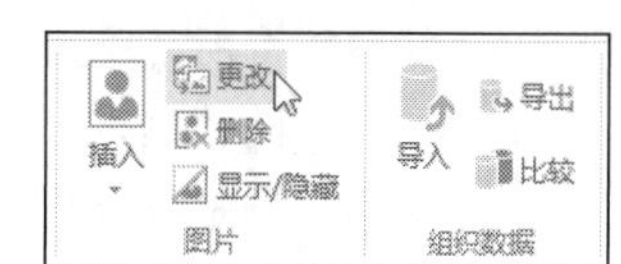

图 10-79　单击“更改”按钮

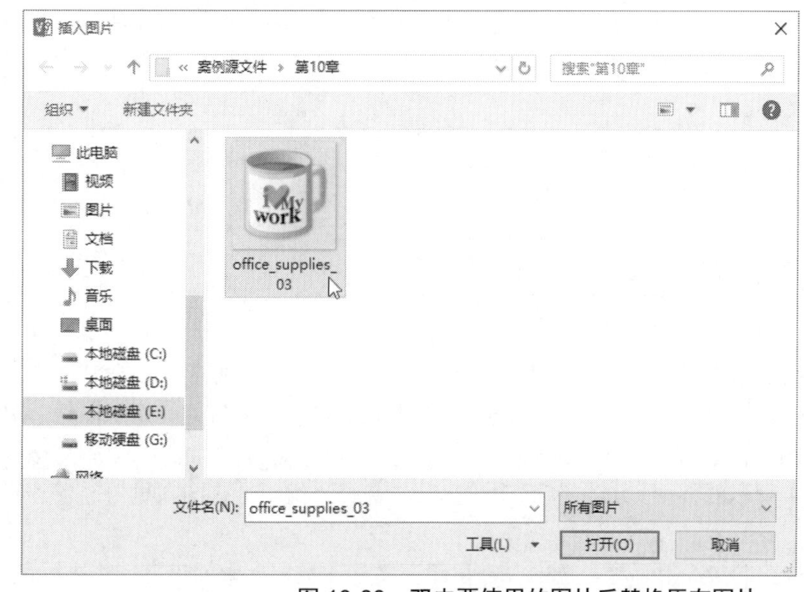

图 10-80　双击要使用的图片后替换原有图片

如果不想在形状上显示图片，则可以选择该形状，然后在功能区“组织结构图”选项卡的“图片”组中单击“显示/隐藏”按钮，隐藏形状上的图片，如图 10-81 所示。想要显示时可以再次单击该按钮。如果想要彻底删除形状上的图片，则可以单击“删除”按钮。

图 10-81　隐藏形状上的图片

10.3.6　案例实战：制作公司组织结构图

前面介绍了手动创建组织结构图的方法，以及对创建后的组织结构图进行设置和调整的方法，本节将以创建公司组织结构图为例，介绍使用向导通过导入外部数据自动创建组织结构图的方法。

如果组织结构图的内容比较复杂，而且与组织结构图相关的数据已经由其他程序创建完成，那么就可以使用“组织结构图向导”模板将外部数据导入 Visio 并自动创建组织结构图。关于在创建组织结构图时导入的数据，既可以是保存在文件中的现有数据，也可以是在使用向导创建组织结构图的过程中手动输入的数据。

用于创建组织结构图的外部数据必须满足以下两个条件：

- 外部数据所在的表中必须有一列表示的是姓名，该列的标题并不重要，但是列中的数据必须表示的是人员的姓名。
- 外部数据所在的表中必须有一列表示的是人员的隶属关系，该列的标题仍然不重要，但是列中的数据表示的是人员的上级领导的姓名或编号，Visio 通过该项可以自动确定组织结构图中各个形状的层次。如果人员的级别位于组织结构图的顶端，那么就不需要填写这项数据。

图 10-82 所示是本例要导入的数据，它位于一个 Excel 工作表中。可以看出共有两个部门，每个部门有 1 个部门经理和 2 个普通人员，“杨过”是最高领导，他的职务是总经理，因此此人在“上级领导”列中留空，因为他没有上级领导。

	A	B	C	D	E
1	姓名	部门	职务	上级领导	性别
2	杨过		总经理		男
3	萧展	技术部	部门经理	杨过	男
4	盛君慧	技术部	技术人员	萧展	女
5	周依	技术部	技术人员	萧展	女
6	柴绍臣	市场部	销售人员	樊令清	男
7	宋雨玉	市场部	销售人员	樊令清	女
8	樊令清	市场部	部门经理	杨过	男

图 10-82　要导入的数据

使用向导自动创建公司组织结构图的操作步骤如下：

（1）在 Visio 程序中选择“文件”|“新建”命令，在进入的界面中单击“类别”，然后单击“商务”类型的缩略图，在进入的界面中单击“组织结构图向导”模板，如图 10-83 所示。

（2）显示如图 10-84 所示的界面，其中包括 3 个选项，选择“组织结构图向导”选项，然后单击“创建”按钮。

（3）打开“组织结构图向导”对话框，选中“已存储在文件或数据库中的信息”单选按钮，然后单击“下一步”按钮，如图 10-85 所示。

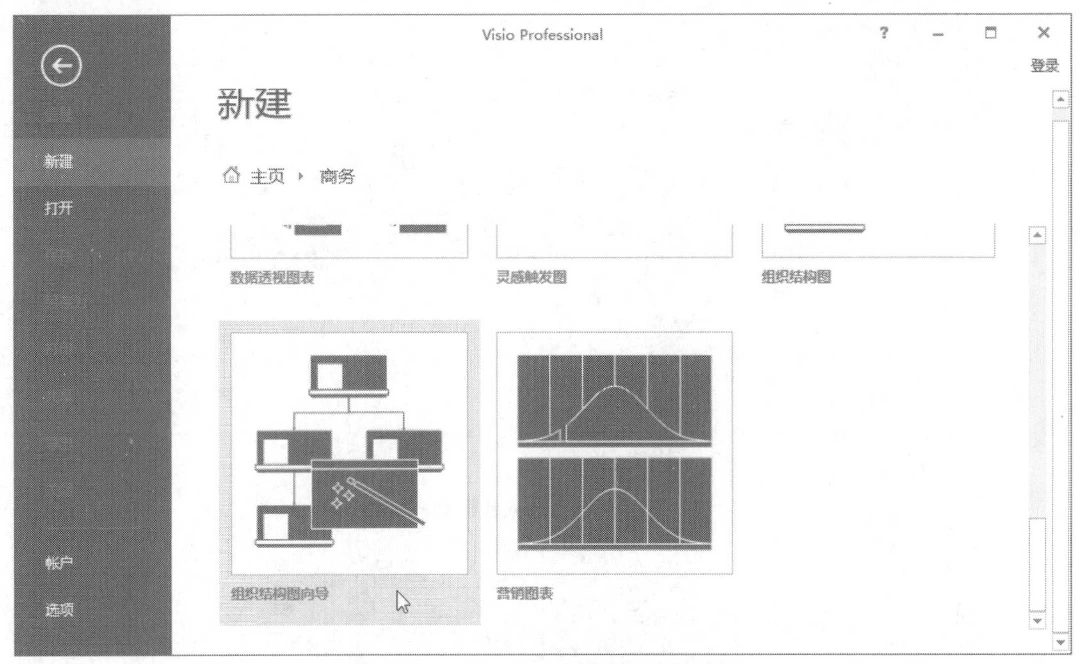

图 10-83　单击“组织结构图向导”模板

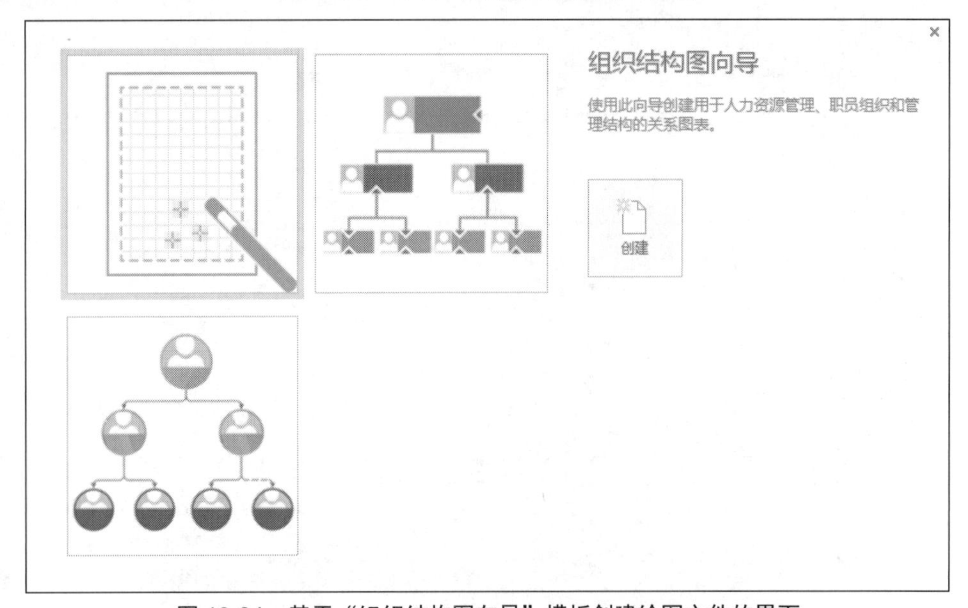

图 10-84　基于“组织结构图向导”模板创建绘图文件的界面

（4）进入如图 10-86 所示的界面，由于本例要导入的数据存储在 Excel 文件中，因此在列表框中选择“文本、Org Plus(*.txt)或 Excel 文件”选项，然后单击“下一步”按钮。

（5）进入如图 10-87 所示的界面，单击“浏览”按钮。

（6）打开“组织结构图向导”对话框，找到并双击要导入的文件，如图 10-88 所示。

（7）返回步骤（5）的界面，自动将所选文件的完整路径添加到文本框中，单击“下一步”按钮，如图 10-89 所示。

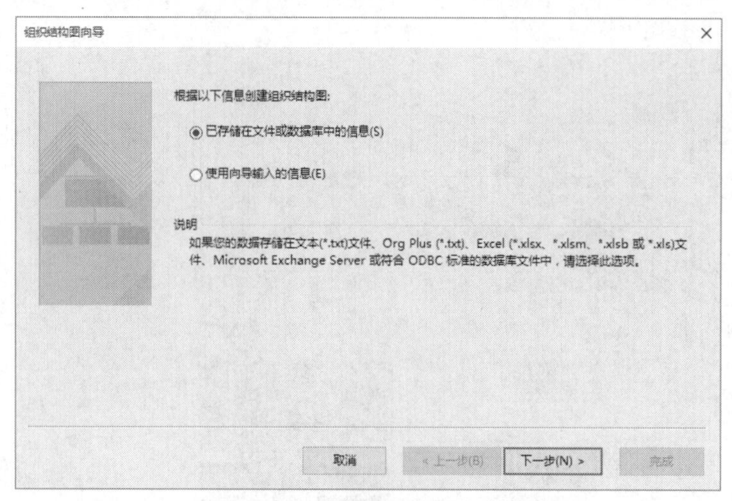

图 10-85　选择导入数据的方式

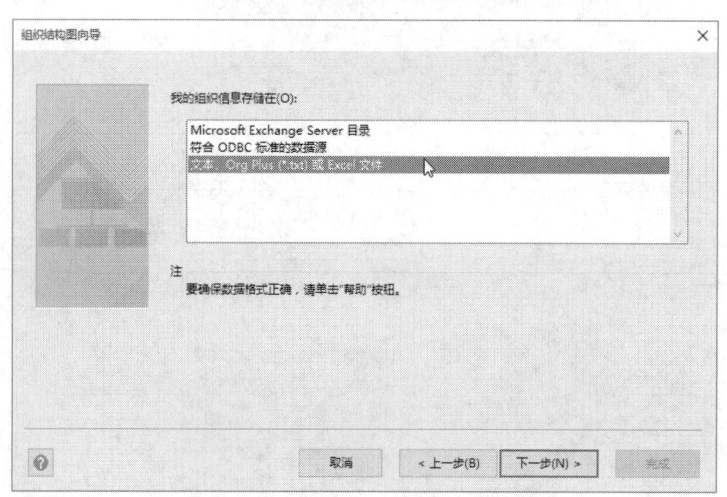

图 10-86　选择数据来源的程序类型

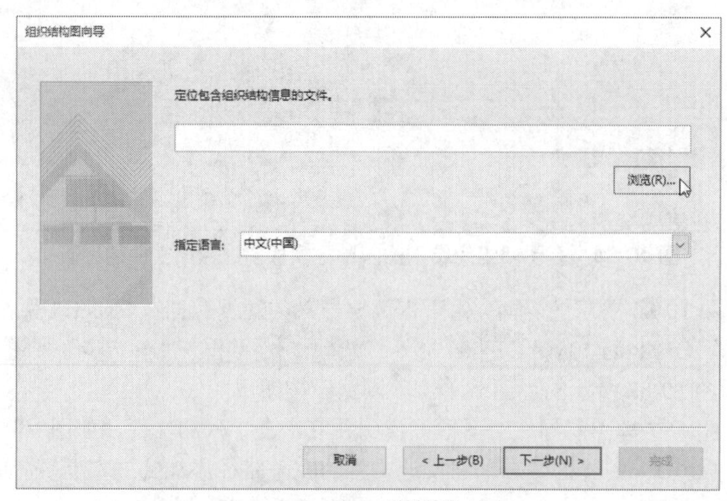

图 10-87　单击“浏览”按钮

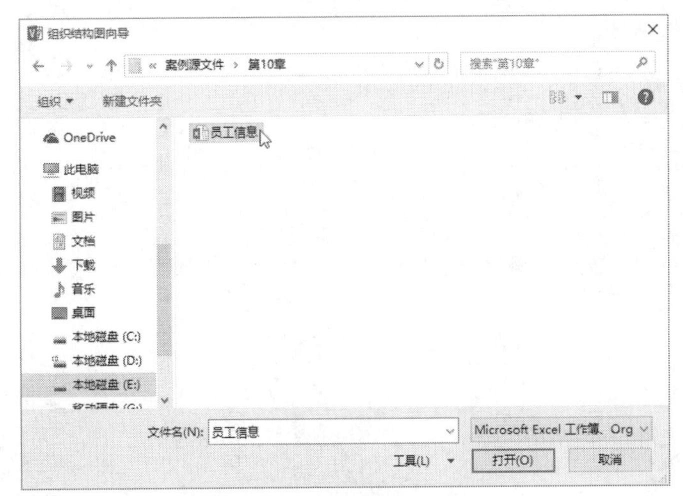

图 10-88　双击要导入的文件

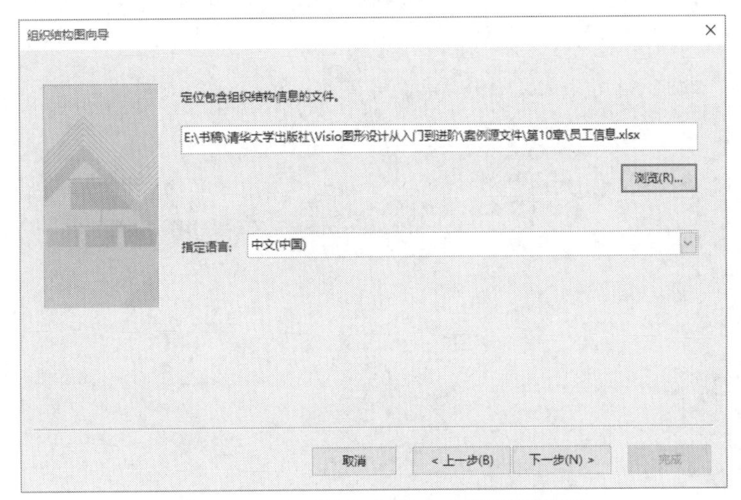

图 10-89　自动填入所选文件的完整路径

（8）进入如图 10-90 所示的界面，将“姓名”和“隶属于”设置为导入数据所在的表中的对应的列标题。这里将“姓名”设置为导入数据中的“姓名”列标题，将“隶属于”设置为导入数据中的“上级领导”列标题，然后单击“下一步”按钮。

（9）进入如图 10-91 所示的界面，左侧列表框中显示的是导入数据中包含的字段（列标题），右侧列表框中显示的是即将创建的组织结构图中的形状上显示的字段。在左侧选择一个要显示在形状上的字段，然后单击“添加”按钮，将该字段添加到右侧列表框中。现在右侧列表框中包含“姓名”“职务”和“部门”3 个字段，这意味着在创建的组织结构图中的形状上同时显示这 3 个字段的值。使用“向上”和“向下”按钮可以调整字段的显示顺序。设置好后单击“下一步”按钮。

（10）进入如图 10-92 所示的界面，选择将哪些字段指定为形状数据，这里将导入数据的 5 个字段都指定为形状数据，设置好后单击“下一步”按钮。

（11）进入如图 10-93 所示的界面，选择是否要为组织结构图中的形状插入图片，这里选中“不包括我的组织结构图中的图片”单选按钮，然后单击“下一步”按钮。

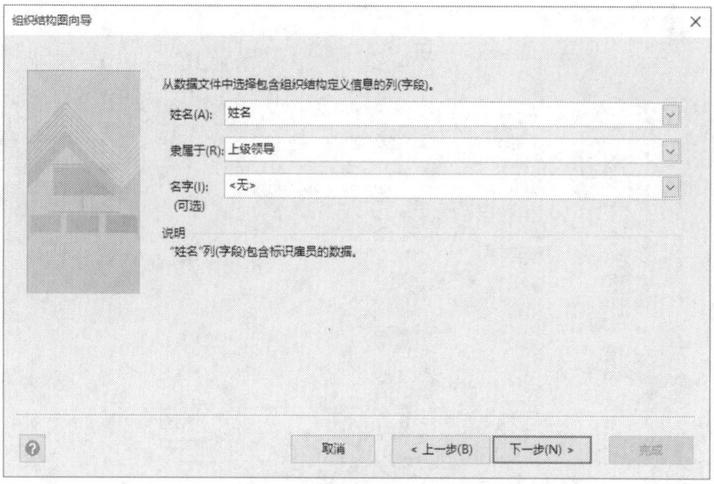

组织结构图向导
从数据文件中选择包含组织结构定义信息的列(字段)。
姓名(A): 姓名
隶属于(R): 上级领导
名字(I): <无>
(可选)
说明
"姓名"列(字段)包含标识雇员的数据。
取消
< 上一步(B)
下一步(N) >
完成

图 10-90　指定用于确定组织结构图信息的字段

组织结构图向导
从数据文件中选择要显示的列(字段)。
数据文件列(C):
上级领导
性别
显示字段(F):
姓名
职务
部门
添加(A) >
< 删除(R)
向上(U)
向下(D)
取消
< 上一步(B)
下一步(N) >
完成

图 10-91　指定要在形状上显示的字段

组织结构图向导
从数据文件中选择作为形状数据字段添加到组织结构图形状中的列(字段)。
数据文件列(D):
形状数据字段(S):
姓名
职务
部门
上级领导
性别
添加(A) >
< 删除(R)
取消
< 上一步(B)
下一步(N) >
完成

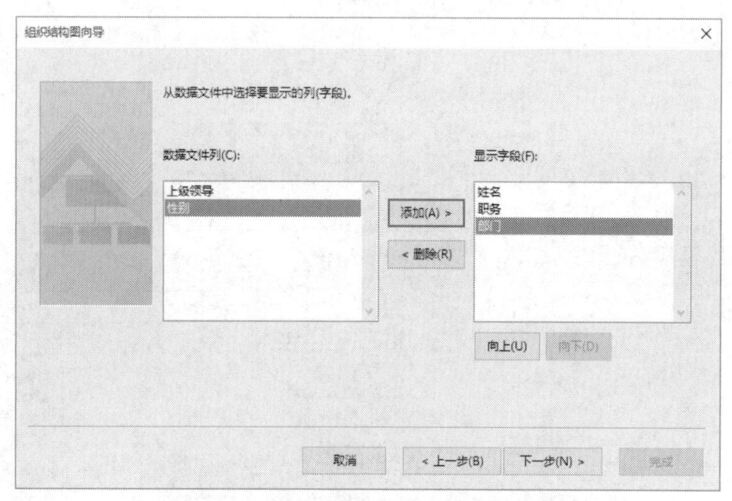

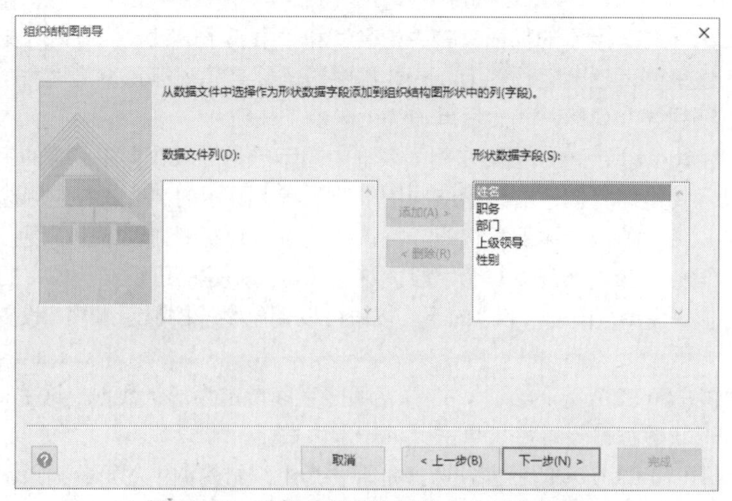

图 10-92　选择将哪些字段指定为形状数据

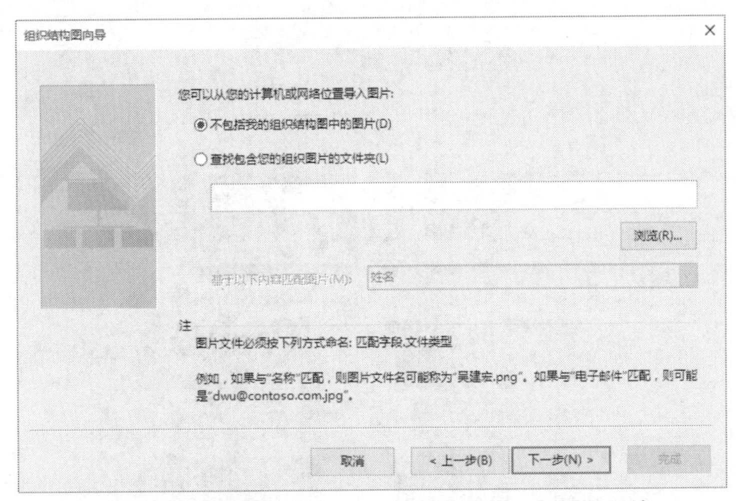

图 10-93 选择是否要为组织结构图中的形状插入图片

（12）进入如图 10-94 所示的界面，选择是否让 Visio 自动安排组织结构图的页面分布方式。这里选中“向导自动将组织结构内容分成多页”单选按钮，同时选中下方的两个复选框，然后在“页面顶部的名称”下拉列表中选择本例导入数据中的顶层人员“杨过”。

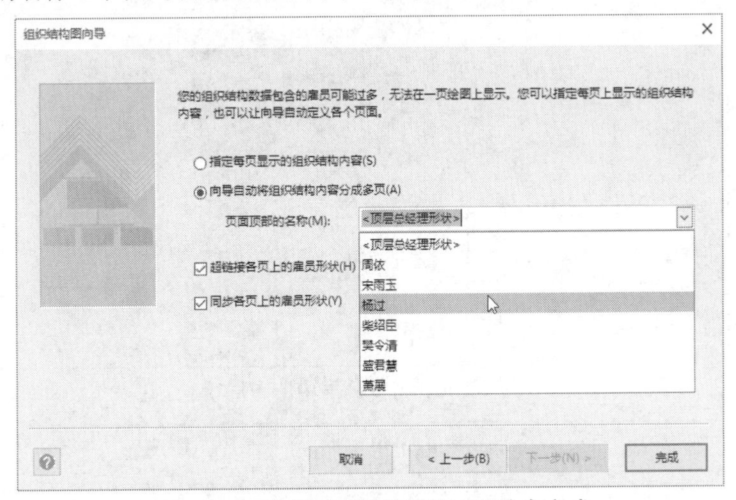

图 10-94 选择组织结构图的页面分布方式

（13）完成以上设置后，单击“完成”按钮，将在一个新的绘图页上使用导入的数据自动创建如图 10-95 所示的组织结构图。

（14）单击绘图页的空白处，取消对绘图页上任意形状的选中状态，然后在功能区“组织结构图”选项卡的“布局”组中单击“布局”按钮，在打开的列表中选择“水平”类别中的“居中”布局，如图 10-96 所示。

（15）在功能区“设计”选项卡的“主题”组中打开主题列表，从中选择名为“离子”的主题，如图 10-97 所示，将所选主题应用到组织结构图上。

（16）在功能区“设计”选项卡的“背景”组中分别单击“背景”和“边框和标题”按钮，为绘图页添加背景、边框和标题，如图 10-98 所示。

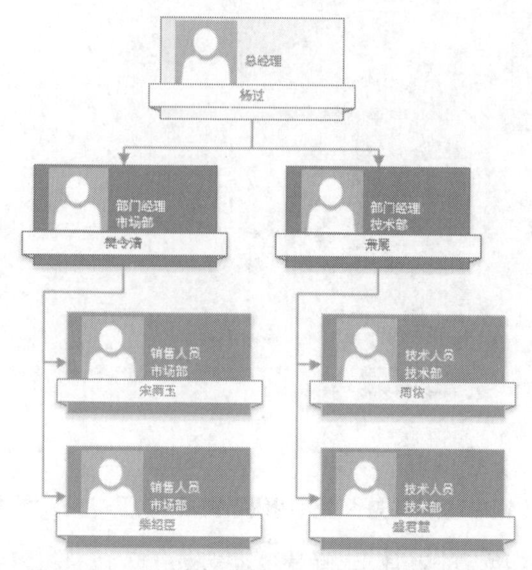

图 10-95　使用导入的数据自动创建组织结构图

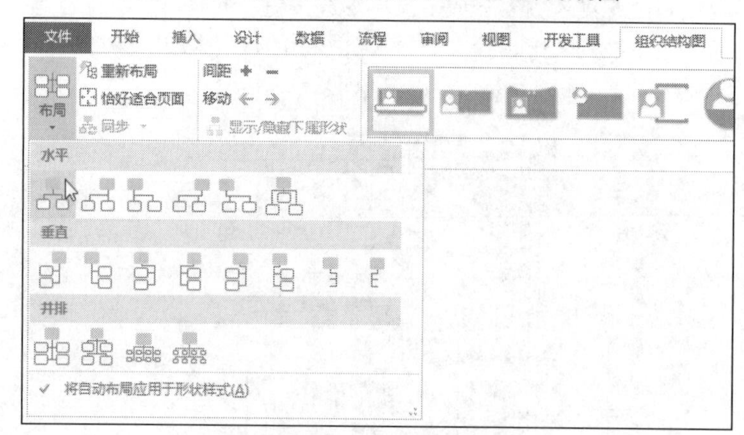

图 10-96　选择“居中”布局

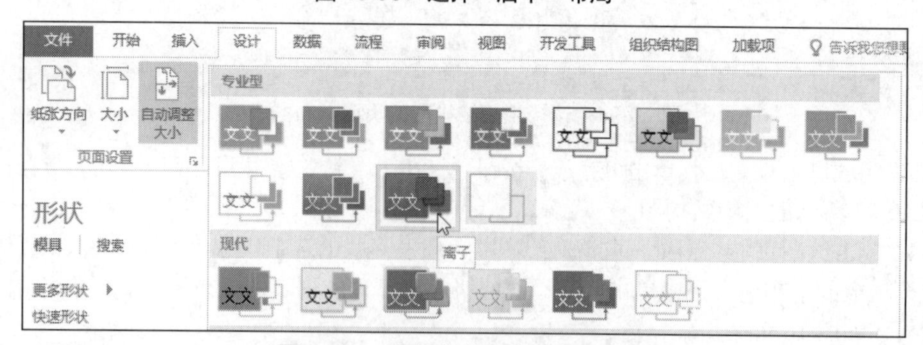

图 10-97　选择名为“离子”的主题

（17）切换到背景页，将标题设置为“公司组织结构图”，如图 10-99 所示，然后将绘图页右下角的文本框删除。完成后的公司组织结构图如图 10-100 所示。

图 10-98　为绘图页添加背景、边框和标题

图 10-99　设置图表标题

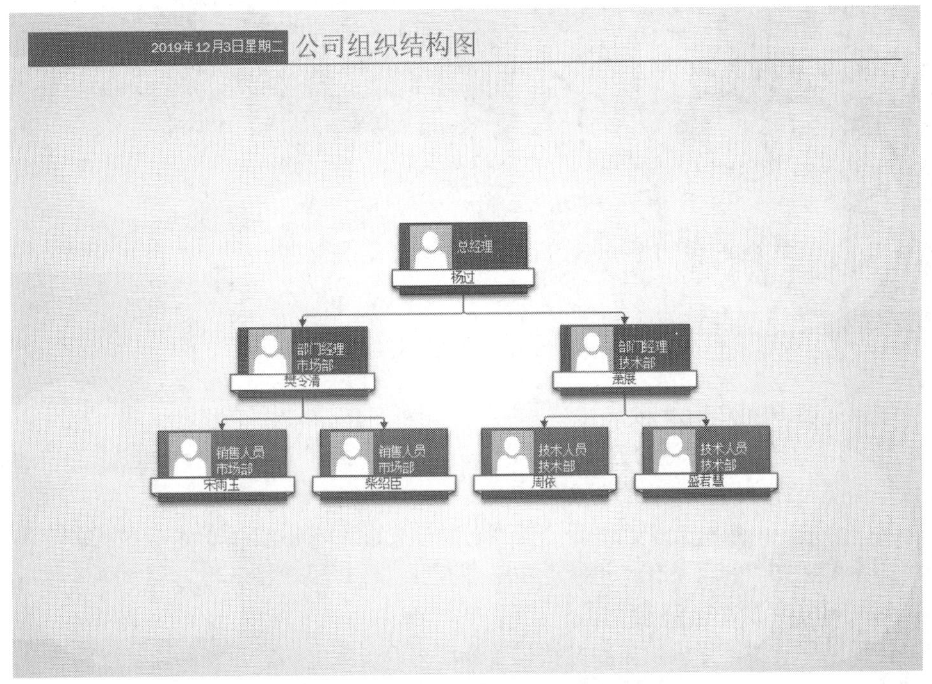

图 10-100　制作完成的公司组织结构图

10.4　创建网络图

在 Visio 内置的“网络图”模板类型中提供了“基本网络图”模板，使用该模板可以轻松创建出计算机和网络设备的布局连接示意图。如果想要创建更详细的布局图，则可以使用该模板类型中的“详细网络图”模板。这两种模板的主要区别在于“详细网络图”模板提供更丰富的网络形状。本节主要介绍使用“基本网络图”模板创建网络图的方法。

10.4.1　创建基本网络图

Visio 内置的“基本网络图”模板用于创建基本网络图，该模板位于“网络图”类型中。创建基本网络图的操作步骤如下：

（1）在 Visio 程序中选择“文件”|“新建”命令，在进入的界面中单击“类别”，然后单击“网络”类型的缩略图，如图 10-101 所示。

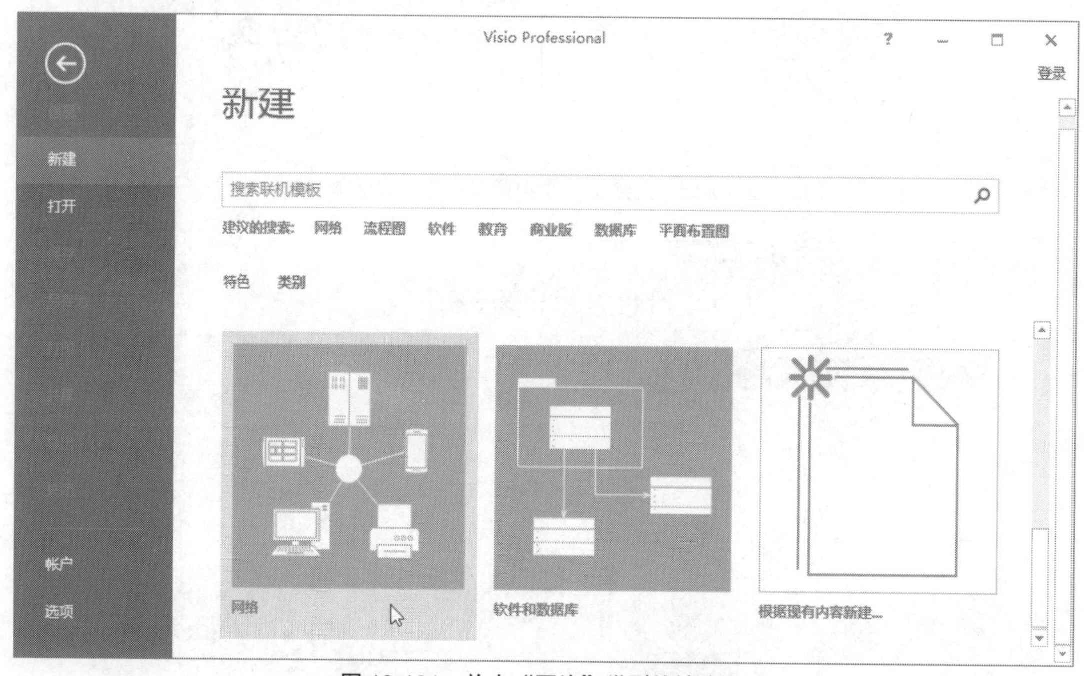

图 10-101　单击“网络”类型的缩略图

（2）进入如图 10-102 所示的界面，单击“基本网络图”模板。

（3）显示如图 10-103 所示的界面，其中有 3 个选项，用户可以选择创建空白的绘图文件，也可以选择创建包含样例图表的绘图文件。

（4）从 3 个选项中选择一个，然后单击“创建”按钮，Visio 将基于“基本网络图”模板创建一个新的绘图文件，并自动在“形状”窗格中打开“计算机和显示器”和“网络和外设”两个模具，如图 10-104 所示。

（5）将模具中所需计算机设备和网络设备拖动到绘图页上，然后使用连接线将各个形状连接在一起即可。

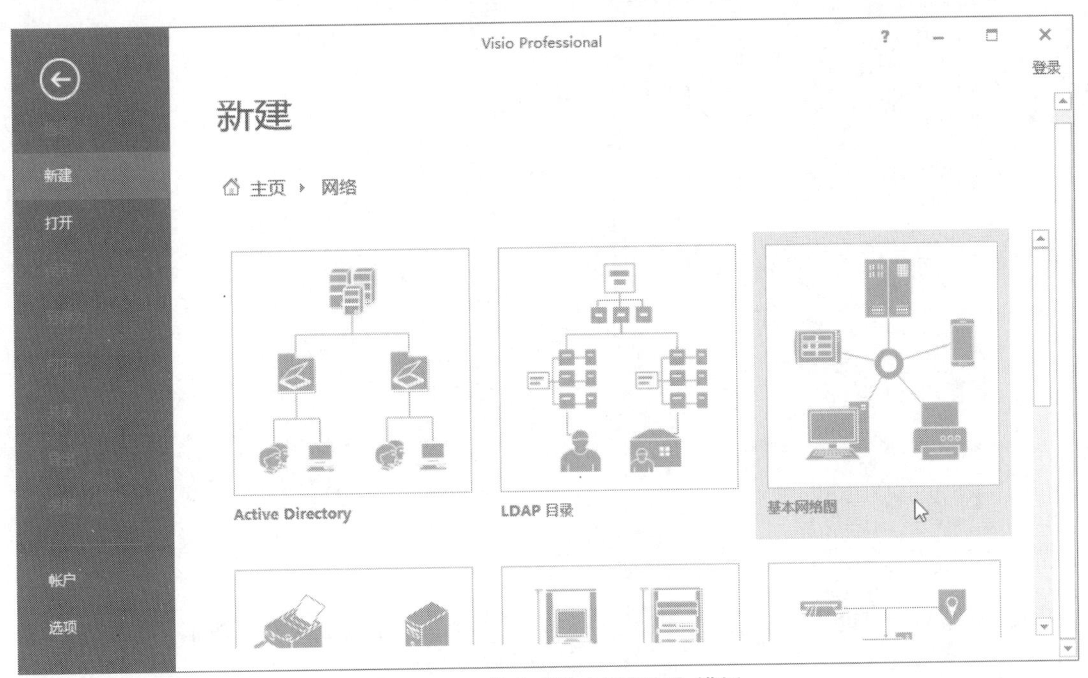

图 10-102　单击“基本网络图”模板

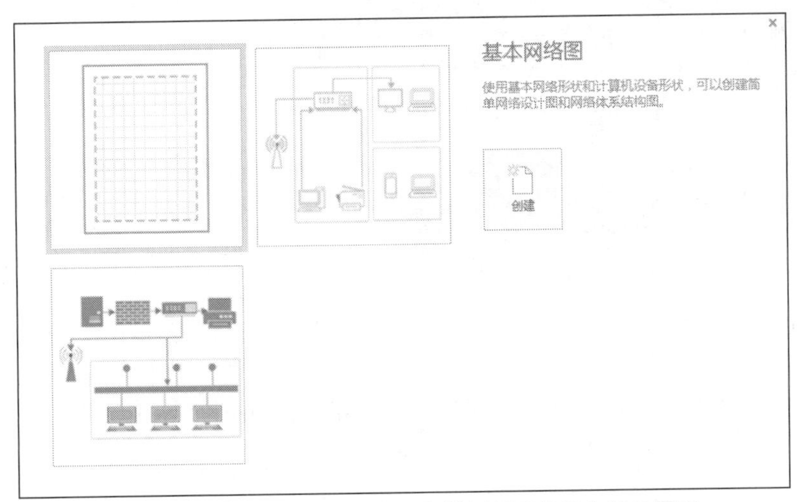

图 10-103　基于“基本网络图”模板创建绘图文件的界面

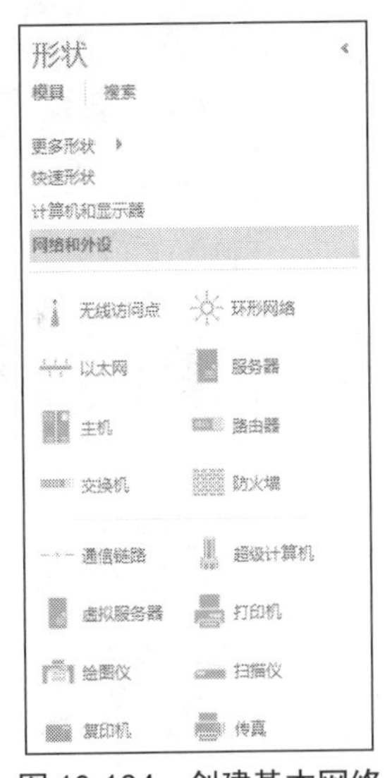

图 10-104　创建基本网络图时自动打开的模具

10.4.2　案例实战：制作家庭网络设备布局图

本节将以“基本网络图”模板中的“基本家庭网络”图表为目标，创建一个完全相同的图表，目的是介绍网络图的创建方法。家庭网络设备布局图如图 10-105 所示。

制作家庭网络设备布局图的操作步骤如下：

（1）使用 10.4.1 节中的方法，基于“基本网络图”模板创建一个空白的绘图文件。

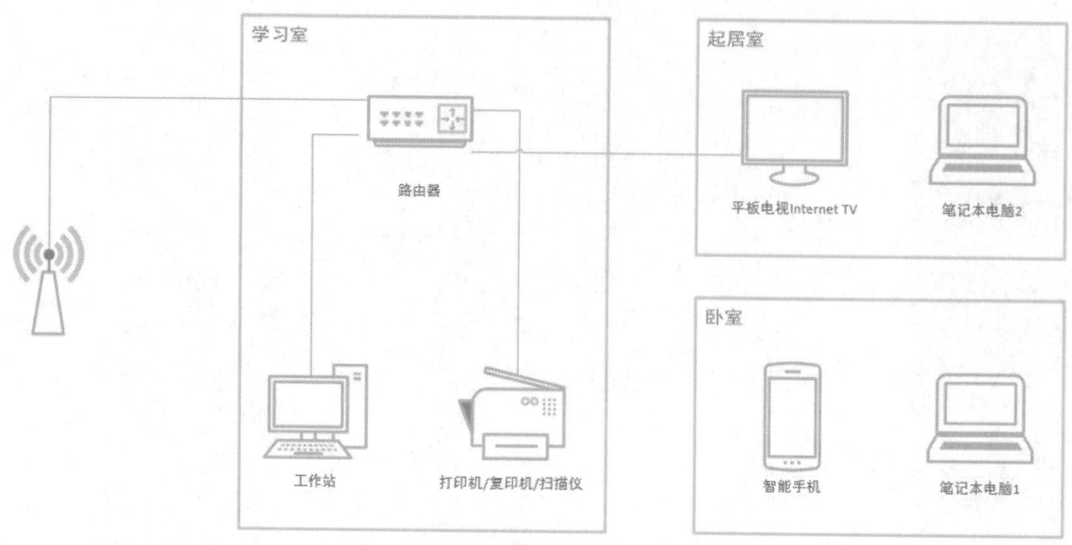

图 10-105　家庭网络设备布局图

（2）在功能区“设计”选项卡的“主题”组中，将绘图页的主题更改为“序列”，如图 10-106 所示。

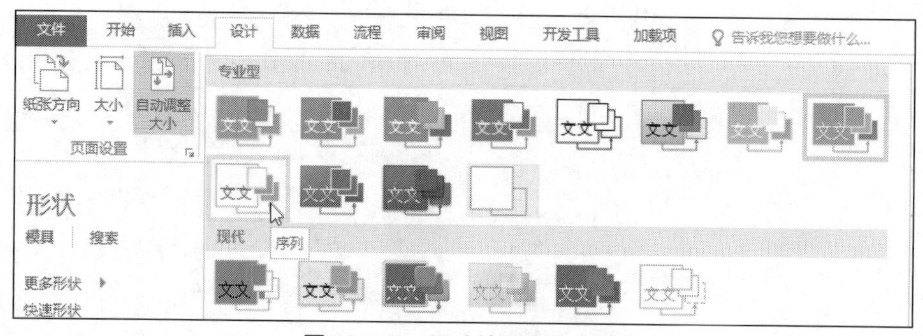

图 10-106　更改绘图页的主题

（3）将“网络和外设”模具中的“无线访问点”形状拖动到绘图页上，如图 10-107 所示。

（4）将“计算机和显示器”模具中的 PC 形状拖动到绘图页上，然后将“网络和外设”模具中的“路由器”和“多功能设备”两个形状拖动到绘图页上，并调整它们的位置，如图 10-108 所示。

图 10-107　添加“无线访问点”形状

图 10-108　添加 3 个形状并调整它们的位置

（5）同时选中上一步添加的 3 个形状，然后右击其中的任意一个形状，在弹出的快捷菜单中选择“容器”|“添加到新容器”命令，如图 10-109 所示。

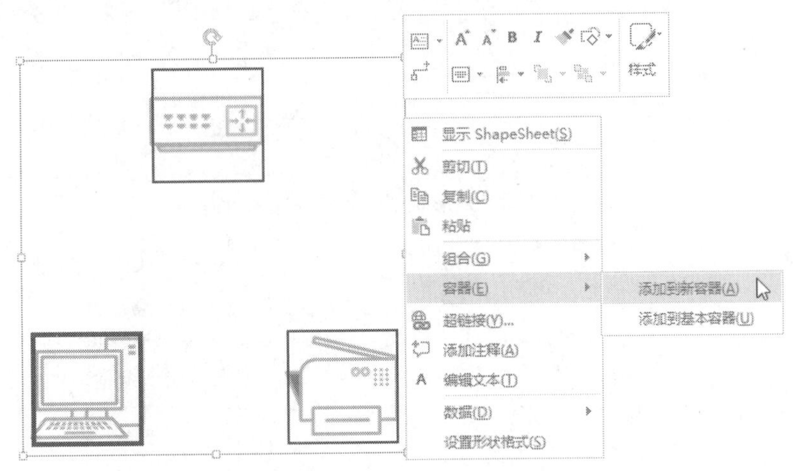

图 10-109　选择“容器”|“添加到新容器”命令

（6）将 3 个形状组织到一个容器中，然后为这 3 个形状输入文字，并为容器输入标题，如图 10-110 所示。

（7）将“计算机和显示器”模具中的“LCD 显示器”和“笔记本电脑”形状拖动到绘图页上，需要添加两个“笔记本电脑”形状，然后将“网络和外设”模具中的“智能手机”形状拖动到绘图页上，并为这 4 个形状输入文字，如图 10-111 所示。

图 10-110　为形状和容器输入文字

图 10-111　添加 4 个形状并输入文字

（8）为“平板电视 Internet TV”和“笔记本电脑 2”形状创建一个容器，然后为“智能手机”和“笔记本电脑 1”形状创建一个容器，并为两个容器输入标题，如图 10-112 所示。

（9）调整一个无线访问点形状与 3 个容器之间的排列位置，如图 10-113 所示。

（10）确保已经选中功能区“视图”选项卡“视觉帮助”组中的“自动连接”复选框，然后通过拖动形状上的自动连接箭头为形状之间添加连接线，如图 10-114 所示。

（11）将所有连接线的箭头端改为普通线条，并将线型从原来的虚线改为实线。所需的命令位于功能区“开始”选项卡的“形状样式”组的“线条”按钮中。

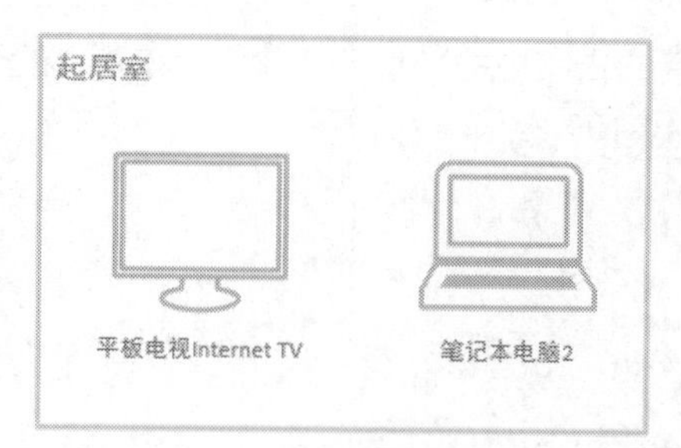

图 10-112　为形状创建容器并输入标题

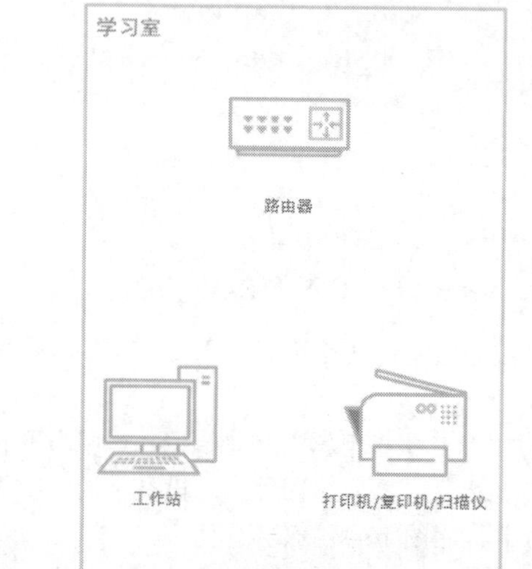

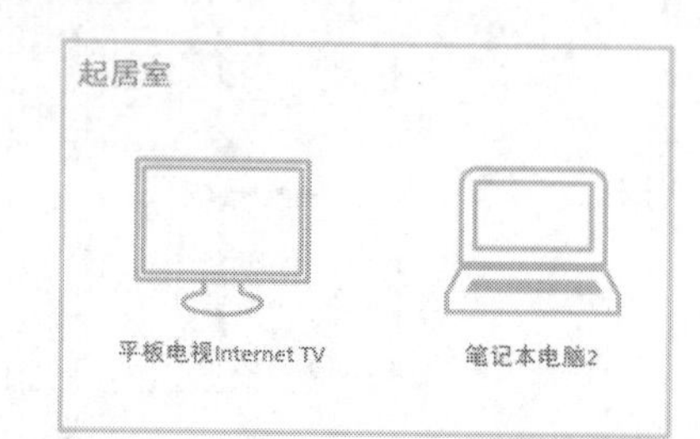

图 10-113　调整形状和容器的位置

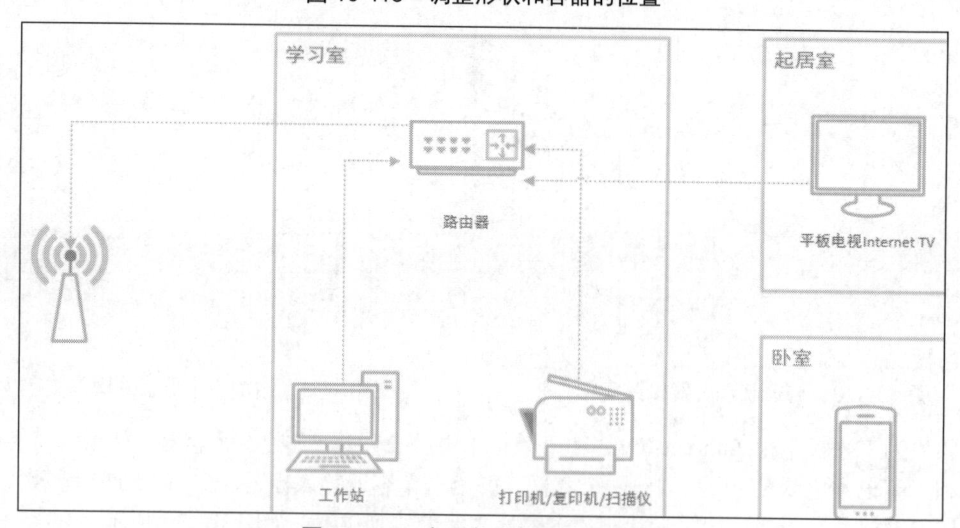

图 10-114　在形状之间添加连接线